栽培植物の自然史 II

【東アジア原産有用植物と照葉樹林帯の民族文化】

山口裕文 編著

北海道大学出版会

はじめに

　広い田畑や屋敷林や花壇など私たちの身の回りに生育する植物のほとんどは，雑草と栽培植物である。栽培植物をざっと眺めると，穀物，豆，芋，果物，野菜などの農作物のほかに，生活に潤いをもたらす観賞植物，儀礼や身だしなみに使われる植物がある。この栽培植物は，経済活動の基盤となるだけでなく，緊密さの異なる多様な人間との関係のなかで地域に固有の文化をつくっている。

　栽培植物の成立という課題は，人間の定住生活をもたらした農耕の起源にかかわる農作物，特に穀物をめぐって論考されてきた。栽培植物は，どのような祖先から，どこで，いつ，どのような担い手によってつくられたのか。栽培植物が文明の発祥にどのようにかかわり，結果としてどのような特徴が栽培植物に組み込まれているのか。このような課題が，科学者のこれまでの興味の中心であった。食用や工業原材料として重要な農業用植物の栽培化のイベントは，約1万2,000年前から継続的に見られ，今からおよそ8,000年前と4,000年前ごろに集中している。この時期に野生種から栽培種への改変の多くがすすんでいるのである。一方，観賞や癒しに使われる植物が，いつごろ栽培化されはじめたのか，食用の植物と併行して栽培化されたのかはよくわかっていない。栽培植物が地域の野生植物の多様性を基につくられたことは疑いないが，それぞれの進化のできごとは単純な道のりではなかったであろう。

　栽培に付された植物が，人間との関係だけでなく，どのように自然とかかわり続けているのかも重要な課題である。日本を中心とした東アジアの多様な生活文化を形成してきた地域固有の食用と観賞用の栽培植物は，人為的環境だけでなく，野生祖先種や類似した生態系機能を果たす植物や自然環境とかかわった状態で生活してきたはずである。人とかかわることによって伝播した場所では新たな関係が生まれたにちがいない。

　本書は，前書『栽培植物の自然史——野生植物と人類の共進化』に引き続

いて栽培化にかかわる諸問題を扱うとともに，このような栽培植物にまつわる文化的側面や逆栽培化とでもいうべき野生化を含めた自然とのかかわりに関する論考を中心として構成している。特に日本からヒマラヤ東部に至る照葉樹林帯とその周辺に原産する栽培植物を取り上げている。読者には身近に見られる栽培植物の世界を堪能していただきたい。栽培植物の成立過程やその特徴を十分に理解するには，生物学的側面だけでなく，社会や歴史，経済など人間側の問題の議論も重要であるが，それは次の機会に譲りたい。

　本書の各章の多くは，著者それぞれの取り組みに加えて，科学研究費補助金やサントリー文化財団助成などに支えられた研究に拠っている。また，照葉樹林文化研究会での議論を踏まえて執筆されている。討論でコメントいただいた会員および編集にあたられた北海道大学出版会の成田和男・添田之美両氏にはたいへんお世話になった。併せて，篤くお礼申し上げます。

　　2013年5月9日

編者　山口　裕文

目　次

はじめに　i

序　章　栽培植物の栽培化と野生化──適応的進化の視座から
　　　　　（山口　裕文）　1
　1. 植物多様性　1
　2. 栽培植物と雑草　2
　3. 栽培化とは　5
　4. 半栽培と二次作物　7
　5. 癒し植物と人為的拡散　12
　6. 知恵の崩壊・野生化と遺伝侵略　16

第Ⅰ部　「栽培化」の成立機構とその伝播

第1章　セリ──遺伝的多様性と栽培セリ
　　　　　（瀬尾　明弘）　21
　1. 古くから親しまれてきたセリ　21
　2. 葉緑体DNAハプロタイプを解析　24
　3. 外部形態・生態的特性を解明　24
　4. 日本に生育している「セリ」は2種　28
　5. セリは日本のあちこちで栽培化？　29

第2章　栽培アズキの成立と伝播──ヤブツルアズキからアズキへの道
　　　　　（三村真紀子・山口　裕文）　31
　1. アズキ亜属の成立とヤブツルアズキの伝播　32
　2. アズキの栽培化　37
　3. 栽培化における形質進化　38
　4. 雑草型──雑草アズキの来た道　40

第3章 野生種ツルマメ──栽培ダイズとの自然交雑の傷跡を探る（黒田　洋輔・加賀　秋人）　45

1. 日本のダイズと世界各地のツルマメとの遺伝的な関係　46
2. ジーンバンクに保存されているダイズとツルマメの「中間体」　47
3. 日本に自生する「中間体」　49
4. 「中間体」はダイズとツルマメとの雑種なのか？　51
5. 自然交雑の方向　53
6. ダイズからツルマメへの自然交雑率　54
7. 雑種はどのくらい自生するのか？　55
8. 自然交雑とダイズ・ツルマメの進化　56

第4章 日本列島のタケ連植物の自然誌──篠と笹，大型タケ類や自然雑種（村松　幹夫）　59

1. タケ連植物と分布　61
2. 日本における特異的な区分──タケ（竹）とささ（笹）　62
3. 日本各地のタケは日本の固有種か？　62
4. 日本の伝統文化とタケ類やササ類の呼び名　65
   タケとササ　67 / しの（シノ）とすず（スズ）　68
5. 生物学的側面から見た日本列島のタケ連植物　71
6. タケ連の分布と樹林帯　73
   第1地帯──針葉樹林帯〜夏緑樹林帯　74 / 第2地帯──照葉樹林帯　75 / 第3地帯──亜熱帯林帯〜熱帯樹林　76
7. 「ささ」の属と属の間の中間型植物の生育地点や様相　77
8. 日本産タケ連の遠縁交雑親和性──人工交雑による属間雑種の育成　79
9. タケ連の自然雑種と雑種属　82
10. 日本産タケ連の交雑親和性と生物学的種　85
11. 広義に見たタケの仲間の植物──タケノホソクロバの食性から　86
12. 「人びと，栽培，自然雑種属」とインヨウチクの伝承　90

第5章 多目的植物タケの民族植物学（大野　朋子）　95

1. 沖縄のモウソウチク？　95

2. タイの一民家で　99
　3. 東南アジアにおけるタケの利用　101
　　食に関わるタケ　101 / 材に関わるタケ　108 / アメニティに関わるタケ　115
　4. 栽培利用　117

第6章　野生化した薬用植物シャクチリソバ（山根　京子）　119

　1. ソバ属におけるシャクチリソバ　120
　2. シャクチリソバから種分化した野生ダッタンソバ　120
　3. シャクチリソバの倍数性と地理的分布　123
　4. 自生地でのシャクチリソバの利用　123
　5. 帰化雑草としての帰化植物シャクチリソバ　126
　6. 古文書からの来歴推察　127
　7. 標本調査　128
　8. 庄内川（愛知県）に見られる大群落　130
　9. 大宇陀のクローン繁殖による大規模群落形成の可能性　131
　10. 二倍体の謎　134

第II部　美しさと香りの栽培史

第7章　イエギク——東アジアの野生ギクから鮮やかな栽培品種へ（谷口　研至）　139

　1. 野生ギクの種類　139
　　無舌系統　140 / 黄花系統　140 / 白花系統　142
　2. キクの細胞学的特性　143
　　交雑親和性　144 / 同親対合――キク属倍数体種は同質倍数体である　145 / 倍加する染色体　147
　3. 多様なイエギク　148
　　イエギクの染色体数の変異　149 / キクの細胞キメラ "Sport"　151
　4. 栽培ギクの起源　153

白花種と黄花種の雑種説　154 / 原始イエギクの染色体数は？
　　　155 / チョウセンノギクは片親か？　155

第 8 章　サクラソウ——武士が育てた園芸品種
　　　　　（大澤　良・本城　正憲）　159

　1. サクラソウという植物　159
　2. 野生サクラソウの遺伝的分化　162
　3. サクラソウ園芸文化の始まり　167
　4. サクラソウ園芸品種の起源　169
　5. 江戸の育種家の眼と画像解析　172

コラム①　江戸中期に園芸目的で栽培された水草(石居　天平)　175

　　　種内に生じる変異の人為的な選択　175 / 品種改良の対象となった水
　　　草　177

第 9 章　雲南の野生バラ——気品の起源(上田　善弘)　179

　1. 雲南の野生バラ　179
　　　R. gigantea　179 / *R. banksiae* var. *normalis*　181 / *R. brunonii*
　　　181 / *R. praelucens*　182
　2. 現代バラの系譜と中国のバラの役割　183
　3. 中国の栽培バラの起源地　186
　4. ラオスの中国栽培バラ　188
　5. 香りの系譜から見た中国のバラ　189

第 10 章　チャ——癒し空間をつくる植物，その起源(山口　聰)　193

　1. チャなのか，茶なのか　193
　2. チャ利用の発展　194
　3. 中国から日本へ　196
　4. 日本独自の茶育種の始まり　198
　5. 茶のルーツを探す遺伝子レベルでの解析　198

6. 日本緑茶には2つのグループが存在する　199
　　7. 茶の嗜好についての日中両国の国民性　202

コラム②　栽培菊と外来ギクによる日本産野生ギクの遺伝的汚染
　　　　（中田　政司）　209

　江戸時代に始まるキクと野生ギクとの交雑　209 / キクとシマカンギクとの雑種だったサンインギク　209 / キクと野生ギクとの交雑の増大　210 / 外来キクタニギク，外来イワギクの日本への侵入　210 / 外来シマカンギクの侵入と在来ギクとの交雑　212

第Ⅲ部　栽培植物が支える文化多様性

第11章　黒潮洗う八丈島におけるコブナグサの栽培化
　　　　（梅本　信也）　215
　　1. 八丈島におけるコブナグサの利活用史　216
　　　江戸時代　216 / 第2次世界大戦前後　218 / 昭和後期から平成時代　219
　　2. 八丈島のコブナグサ栽培慣行　220
　　　樫立地区の事例　220 / 中之郷地区の事例　222 / 栽培コブナグサの変異と染色力　223
　　3. 八丈島のコブナグサの出穂と形態的変異の特徴　223
　　　出穂，形態形質，種子脱粒性の変異　224 / 主成分分析　226
　　4. 八丈島におけるコブナグサの栽培化　227

コラム③　十字架の島とカタシ文化（歌野　礼）　229

第12章　ヤナギタデの栽培利用──「葉タデ」と「芽タデ」と愛知県佐久島の半栽培タデ（中山祐一郎・保田謙太郎）　231
　　1. 愛知県佐久島におけるタデの半栽培と利用　233
　　2. 野生・半栽培・栽培ヤナギタデの形態的特徴と分類　236
　　　野生系統の多様性　236 /「葉タデ」の変異　240 /「芽タデ」の変異

241／佐久島の「タデ」の正体　242
　　3. ヤナギタデの生育環境と適応　243
　　　　「葉タデ」の栽培と適応　245／「芽タデ」の栽培と系譜　248
　　4. ヤナギタデの多様性と人との関わり　251

第13章　タイワンアブラススキの民族植物学（竹井恵美子）　253
　　1. タイワンアブラススキの発見と認識　254
　　2. タイワンアブラススキの呼称　254
　　3. タイワンアブラススキの栽培の分布　258
　　4. 現地の栽培状況　259
　　　　ルカイ族　259／パイワン族　264／ブヌン族　266／ツォウ族，タイヤル族，セデック族　269
　　5. 栽培と利用についてのまとめ　269
　　6. タイワンアブラススキの生物学的な起源　271

第14章　東南アジアの極小粒ダイズ——山戎菽の末裔か？
　　　　（阿部　純）　275
　　1. 極小粒ダイズ——ミャンマーのトーアン　275
　　2. 中国古文書に記されたダイズ　278
　　3. 葉緑体DNAの解析からダイズの母系をたどる　280
　　4. 葉緑体ゲノムの多型解析が示唆するダイズの起源と進化　286
　　5. 東南アジアの小粒ダイズ在来品種の葉緑体ゲノム型と核の遺伝的構成　288

第15章　雲南の植物食に見られる文化多様性
　　　　（魯　元学・管　開雲）　291
　　1. 植物王国・雲南　291
　　2. 雲南省の少数民族における植物食文化　293
　　　　穀物食　293／竹飯　295／粽　296／少数民族の蔬菜食―野生種と新たな栽培種の利用　296／全株を食用とする　299／若茎や若葉を食用とする　299／花や花芽を食用とする　303／果実を食用とする　308／

塊根や貯蔵茎を食用とする　309／若茎や根(根茎)を食用とする
　　　310／若茎，葉，花，果実を食用とする　313／シダ植物や地衣類を
　　　食用とする　313
　3. 雲南省少数民族の植物食文化の多様性　313

引用・参考文献　337
索　　引　357

栽培植物の栽培化と野生化
適応的進化の視座から

序章

山口　裕文

1. 植物多様性

　極寒の寒帯から猛暑の熱帯までを含む東アジアに自生する植物は，地域の豊穣さに合わせて多様性を育み，標高差の大きい低緯度地帯と大きく広がる高緯度地帯にそれぞれの種群を揺籃してきた。しかし，その地域の多くは人類活動の影響を受け本来の自然は残されていない。北東アジアの日本列島は，厳しい自然に守られて高い生物多様性を維持してきたホットスポットの1つである。日本人は，温帯極東の島嶼に住み，縄文時代から延々と民族文化を続けてきている。同じ東アジアでも中国や朝鮮半島では民族の置き換わりをともなった王朝の盛衰があり，文化はいうまでもなく人間生活にかかわる自然すら断絶の歴史を辿っている。このなかに住みついた我々の祖先たちは，さまざまな知恵を醸成して植物を生活に利用・活用してきた。それは，初期の自然資源への食糧の依存から地域内外の動植物の飼養栽培への依存に至る人と生き物との関係の歴史である。人間は，食への依存の重心を自然の生物から人為的環境下の生物へと徐々に移しつつ，社会体制や王朝をつくって命の繋がりをつづけてきたのである。人間と植物とのかかわりは，自然要素としての視座と人間生活の利便さの視座からのみ鳥瞰され，我々は，ややもすると本来の人の幸せと乖離した価値観に支配されて現実を考えてしまうこと

がある。

　人間による生物への働きかけは，生物そのものと生物の住む環境を変え，人間と生物との関係性を制御してきた。その関係性の歴史のなかで，人間は，かかわり合う生物や環境への認識を醸成させ，人間に支配される空間や生態系を発達させてきた。その結果として，意図したか意図せざるかにかかわらず，人間と生物との関係が文化として形づくられ，民族や地域に固有の生物文化多様性が実在している。東アジアは，穀物の祖先も家畜の祖先も少ないなかで，ユーラシアで発祥した2つの農耕文明を取り入れつつ，固有の自然とのかかわりを発展させ，中国と東南アジアを中心として多様な生活文化を形成した。そこでは動物の飼育や漁労とともに植物を上手に活用する技術を涵養してきた。これが，人間とかかわって存在する東アジアの植物の世界である。

　東アジアとくに日本における農耕と栽培植物の起源の考証では，農作物の種類あるいは伝来の過程に論点が集中し，人間生活と栽培植物や野生種との関係性にはさほど注目されてこなかった。これに対して，野生と純栽培や家畜飼養，栽培化あるいは家畜化という視座からのいくつかの論考がある。栽培植物をめぐる問題には明らかに2つの要素，類型の存在にかかわる課題と成立過程にかかわる論考がある。しかし，栽培植物をめぐる多様性の理解においては逆栽培化あるいは野生化も重要な要素である。本章では，植物の栽培化と野生化について栽培植物からの自然への影響も含めて問題点を整理しておきたい。

2. 栽培植物と雑草

　さまざまな形で人間と緊密な関係を築きあげた植物は，人間の生活圏に存在している。そのほとんどは栽培植物と雑草に類型される。この両者は，手つかずの自然の植物と違って，人間の影響の下で生育している植物である。栽培植物は人間に食料などの生物資源を提供し，雑草は農業などの生物生産に負の影響を与えるが，両者は人間生活の周囲にあって時として遊びや癒しに使われる。

人間活動の影響によって第4紀の後半に地球上に現れた栽培植物や雑草は，自然にはないいくつかの特徴を持っている。この両者の特徴は，これまで生物学者や進化学者によって次のようにまとめられている。

　栽培植物は，巨大な植物体や器官，種子散布能力の喪失，種子休眠性の欠如，散布体数の減少，刺や苦みなど外敵に対する保護機構の喪失，器官の同調成熟，生育期間の変更，根や茎など利用器官の変形，雌雄性の変更，枝の退化と草型の変更など栽培化症候群 domestication syndrome と呼ばれる特徴を持っている（Schwanitz, 1966；山口, 2001）。これらの特徴が当該の植物種のなかに増えてゆく過程が栽培化あるいは馴化と呼ばれるドメスティケーションである。

　一方，雑草は，多様な環境条件に適した発芽要求性，種子の不連続な発芽と長い寿命，連続した種子形成，早生で短命，自家和合性，特殊な送粉昆虫の不必要性，長距離と短距離の種子散布，断片からの高い再生能力，ちぎれやすく引き抜きや刈り取りに強いなどの雑草性 weediness と呼ばれる特徴を示す（Baker, 1976）。このほか，望まれない場所に生える，競争的で攻撃的，野性的で強大になる，人に嫌われる，除草に強い，人間や家畜に害をなす，役に立たないなどの性質を示す（King, 1966）。雑草性の特徴は，主に耕地に侵入して生育する雑草に見られ，日本人の持つ雑草の概念とは一致しない。日本で一般にいう雑草には攪乱依存性植物または人里植物と呼ばれる多年生草本が多い。温度と水分の豊富な環境のなかで営まれる日本人の生活は耕地周りに草刈りで管理される植物を発達させ，害になる田畑の雑草だけでなく，時に有用性をもたらす畦や法面(のりめん)の草へも雑草という認識を生んでいる。

　栽培植物を見渡してみると，農業に使われる農作物以外に，観賞用や癒しの資源となる植物がある。これらについて，先の栽培植物の概念や特徴を照らしてみると，多くの特徴に範疇に沿わない点がでてくる。それが栽培化された観賞癒し植物である。花木や草花などの観賞植物も農業の一部である園芸業によって提供される農産物と扱われるため，これらの栽培化は文明の発達に追随して進行したと片づけられて農作物との違いにはあまり注目されてこなかった。しかし，農作物と観賞作物（観賞癒し植物）では，栽培や管理の担い手が大きく異なっている。この点に視線を当てて，その高度化の歴史を整

表1 2つの栽培植物をめぐる変遷段階と担い手

段階	農作物 様態	農作物 担い手	観賞癒し植物 様態	観賞癒し植物 担い手	備考
採集段階	野生植物	ヒト	野生植物	ヒト	
半栽培段階（プレ農耕）	撹乱依存性植物・半栽培	人間	人里植物・半利用	人間	
農耕段階	栽培植物	農民	癒し・祭祀植物	支配層, 巫女, 宗教者	民族・国家の成立, 文明の発達, 文化の揺籃
複合段階	栽培品種	篤農家, 農民	観賞用品種	庭師, 中層階級	都市と王朝の成立, 文化の成熟
高度化・単純化段階 専業化・分業化	合成品種, バイオ生物	農業技術者, 労働者	人工交雑品種, プランテーション（医薬, 香辛植物）	庶民, 園芸技術者, セラピスト	グローバル化（無国籍化）
利用放棄	野生化, 雑草化	保全技術者	野生化, 雑草化	保全技術者	現代社会

理すると，表1に示す違いが歴然とする。その栽培化の過程を人と植物との関係性の緊密化ととらえると，野生(種) → 半栽培 → 栽培(種)という変化の流れは同じであっても植物の側に及ぶ影響の性質が大きく異なるのである。

　農作物でも観賞癒し植物でも，野生種から栽培化が進み，栽培の条件のもとで品種を分化させ，その歴史を受けて人為交雑や遺伝子操作などの高度な技術によって人間の目的にあった多様な品種に改良されている。しかし，農作物と観賞癒し植物では初期の選抜過程における人為介入のあり方が異なっている。農作物では利用者と維持管理(育種)の担い手が同じであるのに，観賞癒し植物では利用者と維持管理の担い手が必ずしも同じではない。農作物では意図とせざる選択が初期の栽培化(栽培化症候群の獲得)に大きな役割を果たしたと想定されるのに対して，観賞癒し植物では人間の嗜好性が植物の特徴に大きく反映される形で栽培化への選択が働いたとみられる。また，植物

が維持管理される場の面積と個体数にも大きな違いがある．大量生産される農作物に比べて観賞癒し植物では小規模の栽培が普通であり，画一的ではない多様な目的に沿って栽培される．野生祖先種を見ても農作物の祖先種が比較的大きな純群落をつくり，年間を通してあるいは複数年にわたって継続的な採集に耐えうる生態的特徴を持つのに対し，多くの観賞癒し植物の野生種は森林や岩場や草原において副次的群落機能を示すものが多い．

　この農作物も観賞癒し植物も雑草とともに，古代に始まる隣接した地域間の移動と中世の航海技術の発達にともなう地球規模の移動によって，地域固有性が喪失するようになる．さらに近代的遺伝子操作は，地域や種の範囲を超えて遺伝子を移動させ，植物の特徴を改変している．生産や利用技術における専門化の進行は，植物そのものへの人間の知恵や知識を偏らせ劣化させる要因となり，意図せざる形で生物多様性の劣化というさまざまな問題を引き起こしている(後述)．

3. 栽培化とは

　栽培化にともなう植物の形態や生態的特徴の変化は，農作物で顕著にみることができるが，観賞や香料などの植物でも栽培行為にともなっていくつかの変化が進む．しかし遺伝的変化をともなわない場合もある．次の2つの写真(図1, 2)は，日本の照葉樹林帯に普通にみられるヒサカキ *Eurya japonica* の栽培風景である．ツバキ科のヒサカキは，関西でビシャコ，九州でシバ，関東でヤマシバなどと呼ばれ，墓花として使われ日本人にはなじみ深い植物である．マーケットで相当量の流通があり，近年は価格3分の1程度の中国産ヒサカキも売られている．ヒサカキでは種子の大粒化も難脱粒も，利用部位の巨大化や特殊化も起こっていないので，ヒサカキは栽培されても形態的あるいは遺伝的には野生のままである．しかし，生育する場の管理や収穫という働きかけは植物の側に影響を与えている．樹の型は素人目には変化を読み取れないが，図1では根本での切り返し，図2では樹高1～1.5 mほどで切り返えされている．ヒサカキの生産林をつくるときには，株を移植することもあるがおおよそは自然生えの幼樹を選択的に残して保護管理する．高位で

6　序章　栽培植物の栽培化と野生化——適応的進化の視座から

図1　和歌山県龍神村のヒサカキ栽培

図2　和歌山県日高町のヒサカキ栽培

の切り返し栽培(図2)では，長さ2m前後の太い枝ごと切り取り，その枝につく小枝を切り取り，墓に供える姿に合う状態で収穫する。根本からの切り返し株では，墓の花立てに供えるのに適した大きさの小枝を樹から直接取る。この場合には，古い枝が残るので，その枝には両全花や雌花が多くつき，夏には紫色の漿果がつく。家庭用に維持されている里庭のヒサカキは垣根や単立樹として里地の景観をつくり，供花用にも使われるために図1の樹形よりさらに丸みを帯びた樹冠の状態で維持されている。ヒサカキの生育地の里庭の風景は人とかかわり合った植物の振る舞いを映している。

自然の植物への人間の働きかけは，植物の側にこのような変化をもたらすが，人間の側に創造される栽培技術とその知恵は，植物を単純に採集して使う段階から商業的に扱われる段階への移行にともなって速い速度で高度化していく。

4. 半栽培と二次作物

手つかずの自然のなかの植物は野生植物，雑草は人間の影響下の場所に自生する植物，栽培植物は人間の意図的な管理によって維持される植物である。この栽培植物とも野生植物とも決めかねる状態の植物があり，それは半栽培植物に当たる。半栽培の植物が育つ環境や栽培管理技術の発展段階でも同様に半栽培と認識されている(宮下，2009など)。半栽培は，中尾(1966, 1967, 1977, 1982)が提唱した概念で，環境条件と植物の遺伝的・形態的・生態的特徴の変化を含んだ中間段階を示している。彼は，栽培植物と農耕の起源に関する座談会のなかで(阪本ほか，1976)，「自然生態系の人間による撹乱のもとに植物が利用される状態」で，「自然の撹乱から始まってほとんど栽培に近いところまで農業の全過程にあたる」「ものすごくたくさんの段階がある」と述べて，栽培植物と野生植物の間あるいは農耕と野生採集の間のグレーゾーンを認識することによって(中尾，1990)，植物の栽培化や農耕の成立の過程を流動的にとらえようとしている。中尾の半栽培とよく似た概念が1989年に提唱されたセミ・ドメスティケイションであり(松井，2011)，ここでは家畜化を中心に緻密に考証されている。この野生と栽培をつなぐ中間的

存在を数量的概念として示すと図3のようになる。

　図3の縦軸は自然度と人為的管理度，横軸は植物の持つ形態的・生態的特徴からはかられる野生と栽培化の度合いである。いま，栽培化症候群の重要な要素である種子能力の喪失にかかわる特徴である脱粒性を見ると，脱粒は野生種の特徴，非脱粒は栽培種の特徴になる。一般に，種子(果実)の脱粒は種子基部の離層のあるなしによって決まるが，難脱粒性あるいは半脱粒は離層が不完全に形成されたり，種子(果実)の成熟の進み具合によって離層の発達が変化する。普通，種子の非脱粒は栽培種に見られるが，非脱粒は，栽培条件でのみ見られるのではなく，時として野生の状態でも発達する。私は，ある年の秋，収穫間際の中国の水田で雑草として生育しているタイヌビエとイヌビエから穂を抜き取り，種子の落下する性質を調べてみた(図4)。日本の雑草ヒエは，未熟のころから種子の落下が始まるのに対して，中国には成熟しても種子が落ちない難脱粒のタイヌビエやイヌビエがある。この難脱粒のヒエを図3で示すと，種子散布能力を欠くので右側の限りなく1に近い位

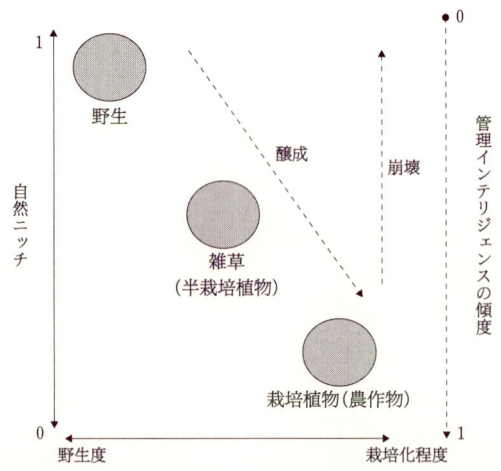

図3　植物の栽培化と人間活動との生態的関係(山口，2006，2012を加筆修正)。野生の植物が雑草(半栽培)や栽培植物に進化するに従って植物と自然との緊密さがうすくなる半面，利用管理の技術の知恵(インテリジェンス)が醸成される。一部では現在，人間と植物を繋ぐ知恵の崩壊が始まっている(右)。ニッチ(生態学的地位 ecological niche ともいう)は，種が存続できる環境条件の総体を指す。

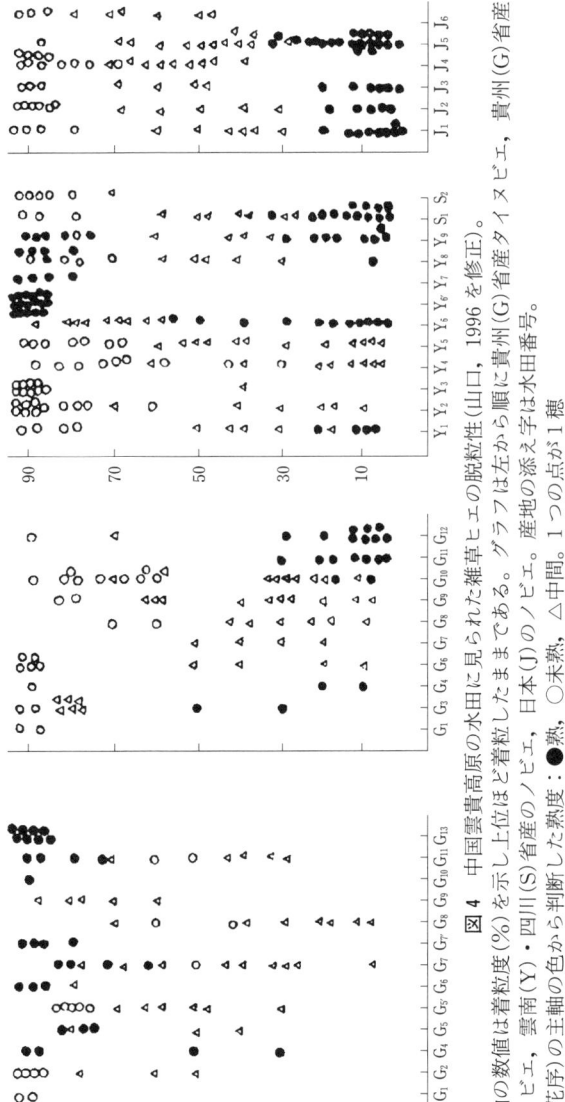

図4 中国雲貴高原の水田に見られた雑草ヒエの脱粒性（山口，1996を修正）。

縦軸の数値は着粒度（%）を示し上位ほど着粒したままである。グラフは左から順に貴州（G）省産タイヌビエ，イヌビエ，四川（S）省産のノビエ，雲南（Y）省産のノビエ，日本（J）のノビエ。産地の添え字は水田番号。穂（花序）の主軸の色から判断した熟度：●熟，○未熟，△中間。1つの点が1穂

置になる。しかし，難脱粒のタイヌビエは水田の自然条件下に生育するから図3では上位から中位に位置する。株の直立の状態は水稲によく似ているが，種子休眠性や茎の太さなど他の特徴は野生（雑草）のタイヌビエと変わらない。草型は栽培と野生の中間に当たる。栽培化症候の特徴をいくつか併せて見るとこのような類型は図3では中央部からやや右下に位置することになる。中国雲南省の奥地にはモソビエと呼んでいるタイヌビエの栽培種があるが，これは茎が太く柔らかく，種子は大きく，休眠性を欠いている。酒に醸される栽培種のモソビエは図3の右下に位置する。このようにしていくつかの類型について栽培種らしさと野生種らしさを比較すると，栽培と野生のグレーゾーンに位置する移行型はある揺らぎを持った状態で図の中央部に位置する。半栽培の形態的特徴と生態的状態は，このような概念である。そしてこのような類型の生育する場所には人間の影響が緩やかにかかっていることが多い。

　中間的類型のうちには，利用をともなって意図的に保護されるものがある。図5，6の2枚の写真は，ミャンマーのシャン高原の陸稲畑で見た非脱粒のイヌビエである。この雑草のイヌビエは，収穫時に取り残され，時間を置いて収穫される（梅本ほか，2001）。刈り取られたイヌビエは，藁と種子とに分けられ，多くは家畜や家禽の飼料とされるが，種子の一部は脱穀・脱稃されて飯に混ぜて食べられることもある。難脱粒あるいは非脱粒性のイヌビエやタイヌビエは打ち付け脱穀によって米粒が収穫される稲作地によく見られる。このような類型が意図的に栽培に移されると，二次作物の成立ということになる。この状態は栽培化の中間段階であり，形態的な特徴からもシャン高原の難脱粒イヌビエは半栽培の段階にあるといえよう。

　この半栽培の典型がノラアズキである。私は，アズキの野生祖先種のヤブツルアズキの生育地より人為攪乱の頻繁な場所に生育するノラアズキを「雑草型」と認識して，アズキの栽培化の過程を類推したことがある（Yamaguchi, 1992）。ノラアズキには莢が裂開する，種子休眠性があるなど，野生の特徴を示すものの，草型や莢の大きさ，茎の緑色の程度など多様で，草型には草むらや攪乱された場所の状態に沿った変異が見られる。やや大きい種子は時としてマサラやノラッコなどと呼ばれ，集められた種子は2回の灰汁だしをしてアズキ同様に利用されている。ノラアズキは，見事に図3の中央に位

図5　ミャンマー・シャン高原の陸稲畑で取り残されたイヌビエ

図6　ミャンマーの陸稲畑に見られる非脱粒性のイヌビエ

置し，その揺らぎは右下と左上に大きな幅にわたっている。

　農作物として使われる栽培種の特徴は，通常，種取りの作業によって保存されており，種取りの作業を曖昧にすると変わり種や落ちこぼれのこぼれ種が生じて生産効率が落ちるのはよく知られた事実である(山口，2006)。普通，落ちこぼれの種の生育する場所は，耕地の内部から耕地外の広い範囲にあり，中間型は利用の操作が入ると栽培種に似た形態に変わり，利用されなくなると野生種の形態に近づいてしまう。中尾(1966, 1977 など)が呼んだグレーゾーンを示す半栽培は，生態的に中間に当たる類型の認識から栽培化というプロセスを読み取ろうとした概念である。

5. 癒し植物と人為的拡散

　人間は，生物資源として経済や食糧として重要な植物のほかに，みたり，さわったり，香って，リラックスし，リフレッシュするために植物をさまざまな形で使っている(山口，2012)。その程度は多様であり，森林の樹木や精霊植物，ハーブ，飲料と嚙み料，観賞植物，香源(アロマ)植物，化粧植物，ナルコティクス植物まで広汎にわたっている。人は，登山やハイキングの際に経験する森林や草原など野生植物のつくる広々とした空間で癒され，里地では大木や鎮守の森に育つ巨樹や神木や精霊樹を持ち，平素の生活の切り花や花壇の植物のほか葬送やブライダルで緑の枝や花を使う。また，香りの高い野菜やハーブには，地域独特の植物が使われる。癒し植物の典型には飲料のチャ *Camellia sinensis* やコーヒー *Cafea arabica* のほか，ベテルチュウイングに使うキンマ *Piper betle* やビンロウ *Areca cathechu* などの嚙み料植物がある。トイレタリーとしての石けんやシャンプーにはアブラヤシ *Elaeis guineensis* やココヤシ *Cocos nucifera* のヤシ油が使われ，サボンソウ *Saponaria officinalis* やバラノス *Balanites aegyptica*，ムクロジ *Sapindus mukorossi* の仲間は界面活性剤サポニンを含む伝統的な洗濯植物である。ゲッキツと混同されていた *Hesperethusa crenulata* はミャンマーのバーマ族のタナーカ(陽焼け止めを兼ねた美顔料)に使われ，日本ではヘチマ水やツバキ *Camellia japonica* の髪油もある。ナルコティクス植物には，コカインやモルヒネを含むコカノキ *Erythroxylum coca* やケシ *Papaver samniferum* などがある。

　観賞植物を大きく見ると，世界の農耕文明の発達した地域に農作物とともに集中して見られる傾向にある(表2)。栽培植物の種類が集中して分布する地域は作物の多様性センターとされているが，観賞植物をはじめとした癒し植物にも明らかな地域複合が見られる。花や葉を愛でる観賞植物は，王朝の発達した場所を中心に栽培化され，自然にはない園芸品種がつくられている。地中海農耕文明の歴史を持つ西洋には，ヒナゲシ *Papaver rhoeas* やヤグルマギク *Centaurea cyanus*，スイートピー *Lathyrus odoratus* など麦畑の雑草から観賞植物になった花やキンセンカ *Calendula officinalis* やチューリップ *Tulipa* spp. などがあり，中国の王朝の歴史を刻んだ東洋にはボタン *Paeonia suffruticosa*，フヨウ *Hibiscus mutabilis* やキク *Chrysanthemum moriforium* など，花木や多年草の草花が発祥している。そして新大陸にはアステカとインカの王朝が育てたマリーゴールド *Tagetes erecta* やダリア *Dahlia pinnata*，マツバボタン *Portulaca grandiflora* などがある。観賞植物の多様性は，大きくこの4つの花文化センター(東洋センター，西洋センター，アステカセンター，インカセンター)に集中している。その多くは，農耕文明が育んだ生活文化と一体化して文化複合を形成している。根栽農耕文明や木菜文化を産んだ東南アジアからニューギニアには王朝の発達をともなわない庶民の育てたセンネンボク *Cordeline terminalis* やサンタンカ *Ixola chinensis* などの観賞植物の集積が見られ，これはオーストロネシア花文化センターと呼ばれる(中尾，1999)。雑穀の農耕がつくりあげた文明には顕著な花文化は見られない。インドやチベットには王朝や巨大な宗教はあっても品種分化をともなう観賞植物の発達はなく，アフリカでも同様である。この地域にはプラントハンターによって集められた観賞植物の原種はあっても自前の園芸品種は発達しておらず地域の生活文化に溶け込んだ花の文化は見みられない。

　高度な品種分化を遂げた園芸植物は，生活文化のグローバル化にともなって人為的に拡散されており，特に熱帯において顕著である。

　農作物と観賞植物の分布傾向とはやや違って，ナルコティクスや宗教儀礼植物は原産の地域を中心に使用されている。これらの一部では持続的な要求に応じる形で栽培化されており，その多くは工業的利活用の発達をともなっ

表 2　観賞・癒し植物の文化類型

栽培植物センター	主な農作物	花と木の文化センター		観賞用植物		癒し・ナルコティックス植物
		一次センター	二次センター	原種および品種分化した種（交雑種を含む）		宗教儀礼/香木・癒し・石けん
1 地中海センター	オオムギ、コムギ、マカロニコムギ、ライムギ、エンバク、エンドウ、ソラマメ、ヒヨコマメ、ヒラマメ、ピスタシオ、ザクロ、オリーブ、イチジク、ヨーロッパブドウ、レモン、セイヨウナシ、ウメ、ニンジン、レタス、ダイコン、カブ、ハクサイ、セイヨウアブラナ、シュンギク、キャベツ、ベニバナ、ホウレンソウ、ルタバガ、ケシ、テンサイ、アマ、ダイズ	西洋（バビロニア）センター	西ヨーロッパセンター、ペルーアメリカセンター	アイリス、アネモニウム、アネモネ、アラセイトウ、イキンチョウゲ、カスミソウ、カーネーション、クリスマスローズ、クレマチス、クロッカス、グラジオラス、サンシキスミレ、サクラソウ、シネラリア、シバザクラ、スイートピー、スズラン、スターチス、セイヨウヒイラギ、ゼニアオイ、タチアオイ、ダマスクローズ、チューリップ、ツルニチニチソウ、デルフィニウム、パイオレット、ハナダイコン、ヒナギク、ムスカリ、ベゴニア、ポインセチア、ヒアシンス、プリムラ、ムスカリ、ペニーロイヤル、セイヨウシャクヤク、マヨラナ、ユリ、ライラック、ラナンキュラス、ワスレナグサ	ゲンゲイジュ、イチジク、ギンバイカ、オリーブ、アカシア、ケシ、ダイユーカリ、バラ、ラタンソウ、ジャコウソウ、サボンソウ、コギリ、インドアンゼリカ、ダマスクバラ、ラベンダー
2 アフリカセンター	アブラヤシ、モロコシ、ニガウリ、フォニオ、シコクビエ、サヤ、フジマメ、キマメ、エンサイ、ピーナッツ、バルミラヤシ、アニセード、スイカ、ヒョウタン、ゴマ、スイカ、オクラ、コーヒー			アンダンテラ、アフリカホウセンカ、アロエ、オリズルラン、カタバミ類、シコタンソウ、ガーベラ、カラー、シシラン、サンセベリア、ストレプトカーパス、スパラキシス、セントポーリア、タヒビトノキ、テンジクアオイ、ヒオウギスイセン、ホシクサリ類、マンゲツタク、ムラサキタマシシラン (アガパンサス)、ルリハナクワショウ、レースソウ	ニュウコウジュ、コーラ、コーヒー、チャット
3 インドセンター	イネ、インドピエ、キビ、アワ、コルネ、リョクトウ、ケツルアズキ、インドコンニャク、サゴン、ミカン類、ナス、キュウリ、マクワウリ、キュウリ、ショウガ、キダチナタネ、ハス、イチゴ、ノゲイトウ、ヘチマ			アンスカ、アセビ、アケハナ、バクヤクニエ、キョウチクトウ、コピダラ	インドボダイジュ、チャ、シバカ、アシンカ、サラソウジュ、インドジュ、ソーマ、アカシア、インドカシア、Trife liatus、カカシア、コニカ、カレダモン
4 東南アジアセンター	ハトムギ、タケタイモ、ココヤシ、パンダンス、サトイモ、コンニャクイ、クロ、ハスイモ、リュウキュウアイ、クロトン、ミカン類、レイシ、サトウキビ、ハッショウマメ、ダイジョ、バナナ、トガイモ、ドリアン、リュウガン、マンゴー、サボナツ、ヒョウタン、ナナカマラクサ、ニオイタダ	オーストロネシアセンター		イランイラン、オオバナサルスベリ、キブリンプアカリ、カナ、ギジュラン、キンコウボク、クジャクヤシ、トン、グレビア、クレロデンドロン、ゲットー、チャ、コチョウラン、サボラン、サンショウボク、サンキリョウ、サンセナンニチ、トックリラン、ツルムラサキ、デンニンジカ、プーゲンビリア、ボラ、ホヤセンカ、ムーセンダ、ボトス、ラベンダ、ルリマツリ	ジンコウジュ、ブッソウゲ、ウコン、ハス、カナカウカオ、ダナナ、カヘデル、インドロウ、ヒンロウ、カシア、クローブ、ラララ

栽培植物センター	主な農作物	花と木の文化センター 一次センター	花と木の文化センター 二次センター	観賞用植物 原種および品種分化した種(交雑種を含む)	観賞用植物	癒し・ナルコティックス植物 宗教儀礼・香木・癒し・石けん
5 東アジア(照葉樹林)センター	イネ、ヒエ、モツビエ、アズキ、ダイズ、ソバ、ダイコン、ダイコン、クリ、シナノキ、ミザクラ、ユズ、カキ、キンカン、ナツメ、イチョウ、ビワ、ミツバ、シナクロダケ、オオバクサ、レンゲ、ラッキョウ、ニラ、ミツマタ、レンコン、ツツジ、ハッカ、モクゾウチク、チョロギ、ボクショウ、リュゼンサイ	東洋(中国)センター	日本	アオキ、アジサイ、アセビ、アヤメ、イブキビ、イロハモミジ、ウツギ、ウメ、エンダイギク、オモト、カエデ、カキツバタ、キキョウ、キク、キスゲ、キボシ、クチナシ、クレマチス、コデマリ、サクラ、サクラソウ、サザンカ、サツキ、シャクヤク、ジャノヒゲ、シュウメイギク、ショウブ、ジン、チョウジソウ、セキチク、センリョウ、ツバキ、ツツジ、ツツジ(サツキ、ツクシシャクナゲ)、トウツバキ、ナデシコ、ナンテン、ハナショウブ、ハマギク、バラ、トリカブト、バラ、ムクゲ、モクレン、マンリョウ、ミセバヤ、モモ、ヤブキラン、ブッソゲ、ヤブラン、ヤマフジ、ヤマブキ、ユリ(雑種)、ロウバイ	サカキ、シキミ、ヒガンバナ(曼珠沙華)、イラギ、エノキ、チャノキ、ホウノキ、ボクソウ、チョウセンニンジン、サシトチ、ムラコジ、サイカチ、ショウブ
6 北・中央(メソ)アメリカセンター	トウモロコシ、サツマイモ、セニコニコウ、インゲンマメ(小粒)、ベニンバナインゲン、ヒマワリ、サツマイモ、キクイモ、トウガラシ、ベカダミア、トウガラシ、ペッパー、サイザルアサ	アステカセンター		アサガオ類(雑種)、イトラン、イロマツヨイ、オオキツネノマゴ、オシロイバナ、カンナ、キバナコスモス、コスモス、シソメギク、ジャスミン、センナリチ、ジニア(ヒャクニチソウ)、ダリア、トウアズキ、トルコギキョウ、ニオイバンマツリ、ハナキリン、ハナシュクシャ、ハナビシソウ、ハルシャギク、ヒマワリ、フロックス、ベニゴウカン、ホウズキ、サボテンサボテン、モロヘイヤ、ユッカ、リアトリス、リュウゼツラン、ルイジアナアイリス	ペヨーテ(メスカル)、カカオ、マニラ、Sapindus saporia、サボジラ(チクル)
7 南アメリカ(アンデス)センター	ムンゴ、ヒモゲイトウ、キノア、インカイモ、ヒモマメ(大粒)、ラッカセイ、ジャガイモ、ショウヨウカントウ、キャッサバ、ヤヤブラ、チェリモヤ、カイトウヤ、マカダミヤ、アボガド、セイヨウカボチャ、パイナップル、トマト、タバコ、パラゴム	インカセンター		アキメネス、アマリリス、ウキツリボク、オオニトバス、カエンボク、カトレア、カルセオラリア、キンチャクソウ、クロキュシニア、コンショウボク、サルビア、サンゴシ、ナナス、サンパチナ、ジャスパミ、セシキチュ、ウ、ダマスダレ、トウイモ、ドクザラン、ノウゼンハレン、パーベ、フィロドドロン、フクシア、ベチュニア、マツバボタン、マツヨイグサ、モノヨウショウ、ユーチャリス	タバコ、コカ、マテチャ、グアラナ

てプランテーションなどとして商業栽培されている。

　人間の生活文化に強い絆をつくった栽培植物は民族の移動とともに地域を越えて拡散することもあり，商業栽培では栽培技術とともに産地移動するのが通例である。ココヤシの例に見られるように新たな品種の作成のために，花粉だけが人為的に移動させられる場合もある。

6. 知恵の崩壊・野生化と遺伝侵略

　栽培植物をめぐる人間の知恵は，時とともに熟成され高度化してきた（表1，図3）。しかし，グローバル化にともなう栽培植物の地域間移動は，さらに生活空間における利活用植物の無国籍化を進め，技術の専門化による知恵の偏在と劣化もともなってさらなる問題を引き起こしている。それが栽培植物の野生化と栽培植物からの野生種への遺伝的侵略である。

　観賞植物として世界的に広がった植物のうち，約240種が本来の分布地域外で侵略植物として地域の生物多様性を脅かしている（Reichard, 2011）。樹木もしくは灌木125種のうち24種(19%)，ツル植物29種のうち9種(31%)が日本をはじめとする東アジア原産で欧米やオーストラリアで地域の生態系を侵略している。草本では84種のうち9種(11%)がアジア原産であるが，そのなかにはイネ科植物9種のうち4種が含まれるので東アジア原産の観賞草花から野生化した種は極めて少なく，野生化して生態系をおびやかしている草本性草花のほとんどが地中海地域原産種である。草花や花木のような栽培化の進んだ観賞植物からの侵略種は少ないが，野生度の高い緑化植物からの野生化品は土壌改変をともなって侵略を始めている。

　人間活動の影響下での植物の適応によって栽培化が進み，栽培化の度合いの低い類型で野生化が進んでいても，それらが地域内のできごとでおさまっている間はなんら問題にはならなかった。植物の利活用が栽培植物の地域間移動をともない，遺伝子操作などの技法によって人為的に遺伝子を生物学的種を超える範囲で移動させられるようになると，これらは生態系や生物多様性の劣化原因の1つになってしまう。農作物の組み換え体からの遺伝子の漏出の管理に対する議論が沸騰しているが，栽培化をともなう植物の多様性の

変更は観賞植物や癒し植物においてより深刻な問題を抱えている。観賞園芸植物では，人為交雑によって品種改良が進んでいる。特に近年は地域間・大陸間の異種間交雑による新品種がつくられている。バラ，シャクナゲ(ツツジ)，ユリ，プリムラ，ナデシコ，クレマチス，ベゴニアなどでは雑種化が進み，どこが原産地か特定できない品種も多い。しかし，その育成の過程を見ると地域固有の特徴のほかに地域外の遺伝子を持っていることは明らかである。ガーデニングや路傍の美化に使われている観賞植物から遺伝子が逃げ出した事例は多くはないが，雑種品種は潜在的に地域外の遺伝子を拡散させる原因になりうる。癒しを求めて傍らに置いた植木鉢の観賞園芸植物のなかに秘められているこのような危機の多くは看過されている現状にある。一時期流行ったワイルドフラワー・ガーデニングの種子は英国のナチュラルトラストとしての自生種であっても，移入されて遠い東洋で使われれば生態系を脅かす侵略種に過ぎないのである。栽培化がどこの地域でもいつでも起こり得るのであれば，人為的に移動させられた植物の野生化や園芸品種による地域外への遺伝子の拡散は，どこででも起こりうる事象である。

第 I 部

「栽培化」の成立機構とその伝播

第1章 セリ──遺伝的多様性と栽培セリ

瀬尾　明弘

1. 古くから親しまれてきたセリ

「せり，なずな，ごぎょう，はこべら，ほとけのざ，すずな，すずしろ」。
セリは，春の七草の一種として知られ，日本では古くから野菜として栽培利用されてきたフキやウドなどとともに数少ない日本特産野菜の1つである（林，1987；高橋，1989）。セリは，各地で古くから栽培されているものの，ほかの日本原産野菜に比べて栽培品種の分化が低く，栽培化はあまり進んでいない。栽培されているセリは日本に自生をしていた植物から栽培化されたと考えられているが，日本に自生していたセリの実体はどうなっているのだろうか？

セリの含まれるセリ科セリ属 *Oenanthe* には北半球温帯域，東南アジアの熱帯，アフリカの山地などに約30種が知られている（Mabberley, 2009）。セリ *Oenanthe javanica* DC. は，湿地や溝，そして水田に生育する多年草であり，7～8月に開花し，白色の複散形花序をつける。セリは，種子によって有性繁殖するほかに，茎の基部からストロンを伸ばしてさかんに栄養繁殖（無性繁殖）する。その地理的分布は，非常に広く，北はウスリーから南はオーストラリアのクイーンズランドまで東は千島列島から西はネパールまである（Murata, 1973; Ohba, 1999；図1）。

普通のセリによく似ているが，セリの生育地よりも乾いた場所（林道沿い

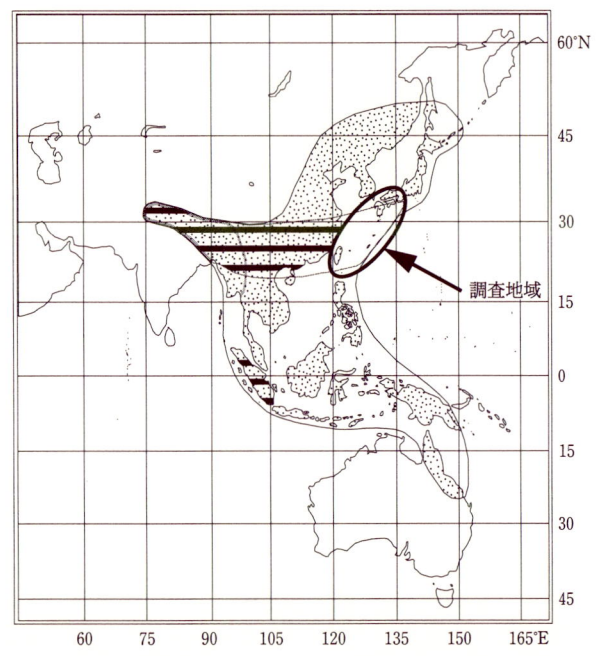

図 1 広義のセリの分布(点域)(Murata(1973)に瀬尾(未発表)の解析結果を加えて修正)。横線域はサケバゼリ,灰色線域は *O. javanica* subsp. *stolonifera*.

の側溝など)に生育する開花期の早いセリが九州南部や奄美大島に知られている。サケバゼリ(またはイトゼリ)と呼ばれるこのセリは,葉の形態に特徴がある。サケバゼリの茎の基部に生じる葉の特徴はセリとほとんど同じであるが,開花時に伸長する花茎につく茎上葉の小葉片は,セリと異って花茎の上部になるにしたがって細く,鋸歯が深く切れ込むようになる。アジア東部に生育するセリは形態的形質において非常に多型で,研究者によっては多くの種内分類群を認識している(Murata, 1973)。サケバゼリはそのようなセリの種内分類群の1つとされるが,堀田(私信)はサケバセリを生物学的にはっきりした別種と考えている。

最近の分類学的知見をまとめた "Flora of Japan"(Ohba, 1999)では,日本にはセリ属にセリの1種のみが分布しているとされ,そのなかにはイトゼリという亜種がある(表1)。しかし,Hiroe and Constance(1958)や北川(大井,

表1 セリ科をとりまとめた最近50年の文献中における日本産の広義のセリの分類学的取り扱いの変遷。和名はそれぞれの著者の記述を使用。

Hiroe & Constance (1958)	Murata (1973)	Ohba (1999)	Yamazaki (2001)
セリ *O. javanica*	*O. javanica* var. *javanica*	セリ *O. javanica* subsp. *javanica*	セリ *O. javanica* var. *javanica*
	O. javanica var. *japonica*		サケバゼリ *O. javanica* var. *japonica*
	O. javanica subsp. *linearis*	イトゼリ *O. javanica* subsp. *linearis*	イトバゼリ *O. linearis*

1992)らの日本産セリ科植物のモノグラフではサケバゼリなどの種内分類群をセリには認めてこなかった。一方，Yamazaki(2001)は，Ohba(1999)が認めたイトゼリ(イトバゼリ)を別種として，セリのなかにサケバゼリ var. *japonica* を認識している(表1)。このように，いわゆる広義のセリは複数の種内分類群または異なる種を含む集合と認識されている。それは，葉形などの外部形態が非常に多様で，誰もが認識できるような外部形態の不連続性が見つからなかったためである。これ以降では群の認識の混乱を避けるため，複合体としてのセリの集合を広義のセリ，葉が細く切れるセリをサケバゼリと呼び，サケバゼリを除く普通のセリをセリと呼ぶことにする。

　Murata(1973)は広義のセリの分布域を網羅して標本を再検討し，広義のセリに4つの種内分類群を認識している(表1)。それによれば，subsp. *stolonifera* を除く3種類は日本に分布していることになる。日本列島においては，特にサケバゼリ(またはサケバゼリに当たる植物)は九州南部から琉球列島以外では稀である。そのため，これまでその正体が不明瞭であったのだろう。今津・織田(1965)は，日本の栽培セリと野生セリの形態を比較しているが，両者には形態的特徴と地理的分布に明瞭な違いは見出せなかった。これは対象のセリが九州以北の産であったためであろう。

　古くから親しまれてきた植物であるにもかかわらず，セリの実体はまったく不明であったのである。

2. 葉緑体DNAハプロタイプを解析

サケバゼリを含む広義のセリの遺伝的多様性を知るために，西南日本から台湾までの野生セリならびに栽培セリの葉緑体DNAの塩基配列を解析したところ，本州・九州・琉球列島ならびに台湾の広義のセリには3つのハプロタイプ(葉緑体DNA塩基配列のタイプ)が見られた(図2)。ハプロタイプ間の関係を示すためにハプロタイプネットワークを構築すると，ハプロタイプIとハプロタイプII・IIIは異なった系図にあった。これら3つのハプロタイプは地理的分布に違いを示しており，ハプロタイプIは主に九州や本州に分布し，ハプロタイプIIは九州から琉球列島に広く見られ，ハプロタイプIIIは台湾と九州南部に見られる，というようにハプロタイプは地理的に離れた地点に分布していた。また，比較のために解析した栽培セリ(茨城県産，京都府産，熊本県産)はすべてハプロタイプIを示していた。

3. 外部形態・生態的特性を解明

日本に分布する広義のセリでは，葉形とハプロタイプはどのように対応しているのだろうか。セリ属植物の葉は，羽状複葉であり，広義のセリでは2回羽状複葉か3回羽状複葉である(Hiroe and Constance, 1958)。葉位(節位)によって広義のセリの葉形は変化するので，比較は容易ではないが，セリ亜科ハクサンボウフウ属のボタンボウフウ *Peucedanum japonicum* Thunb. の種内分類(瀬尾・堀田, 2000)で有効であった小葉片の形状を見ると群を認識できる。広義のセリの小葉片は卵形から線形で粗い鋸歯や鋭い鋸歯を持つので(Murata, 1973)，小葉片の形と鋸歯の形ならびに切れ込みに着目して検討した。

多数の標本を観察した結果，Murata (1973) にも記述されているように広義のセリでは小葉片は，卵形から楕円形，披針形や線形であった(図3)。また，鋸歯は丸い形状から尖った形状までさまざまであった。さらに，小羽片は浅く切れ込んだり，深く切れ込んでいろいろであった。広義のセリの小羽片は非常に多様であった。小葉片の形は，多様で連続的に変化するようにも

図2 広義のセリの葉緑体ハプロタイプの分布(上)ならびにハプロタイプネットワーク(右)(瀬尾,未発表)によるrps16イントロン領域を増幅させるプライマー(Nishizawa and Watano, 2000)を使用してダイレクトシークエンス法で塩基配列を決定した。ハプロタイプネットワークは外群としてO. pimpinelloides (Downie et al., 2000)を用いて構築した。黒棒は塩基置換,白棒は挿入欠失。

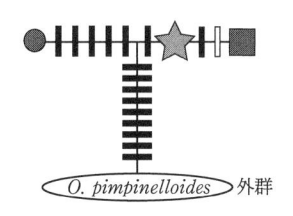

見える。これが,広義のセリに種内分類群を認めたり,複数の種と認識するなど,研究者によって見解が分かれた原因であろう。

　ハプロタイプの違いに沿って小葉片の形を調べると,明らかな違いが見られる。ハプロタイプⅠでは小葉片の変異は,個体間で非常に大きかったが,個体内では小さかった。このタイプの個体の小葉片は卵形や楕円形であり,その鋸歯は丸い形から尖った形まで見られた。これらの鋸歯の切れ込みは多

[ハプロタイプI]

奄美大島　　九州南部　　九州南部　　九州南部
(笠利町)　　(南さつま市)　(鹿児島市)　(阿久根市)

[ハプロタイプII, III]

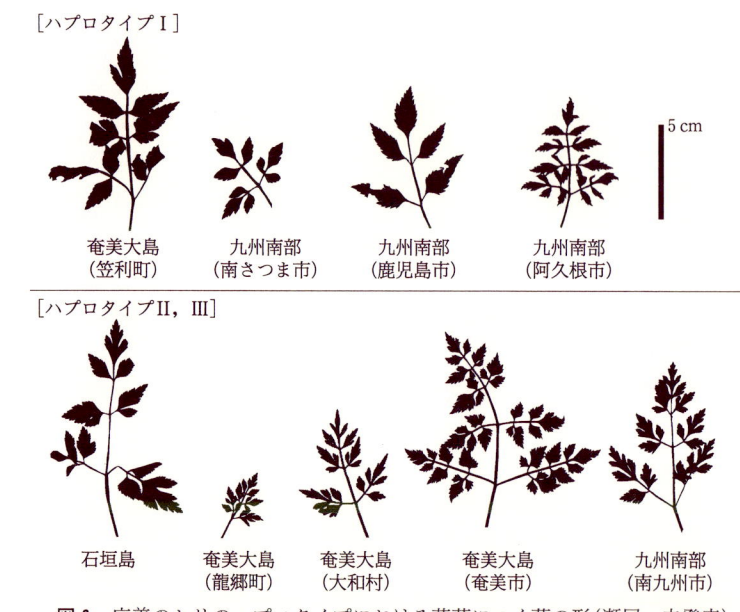

石垣島　　奄美大島　　奄美大島　　奄美大島　　九州南部
　　　　　(龍郷町)　　(大和村)　　(奄美市)　　(南九州市)

図3　広義のセリのハプロタイプにおける花茎につく葉の形(瀬尾，未発表)

くの小葉片では浅かったが，なかにはやや深いものもあった。

　一方，ハプロタイプIIおよびハプロタイプIIIでは茎の基部の葉と花茎につく葉に形態的差異が見られた。ハプロタイプIIとハプロタイプIIIでは茎の基部につく葉の小葉片の鋸歯は，やや鋭い形であったが，ハプロタイプIの葉のようにはそれほど深くは切れ込まなかった。ところがハプロタイプIIとハプロタイプIIIでは花茎につく葉の小葉片は鋸歯の切れ込みが深くなり，鋸歯の形も鋭くなっていた。これらのなかには線形の小葉片を持つ個体も見つかった。特に解析した台湾の個体の小葉片は茎の基部では楕円形であり，花茎では披針形と大きく異なっていた。

　九州南部および奄美大島産の広義のセリを鹿児島大学理学部圃場に植えて，3つのハプロタイプの開花期間の違いを観察すると，主に5〜6月に開花する早咲き型と主に7〜8月に開花する遅咲き型が認められた(図4)。ハプロタイプIは遅咲き型が多く，ハプロタイプIIとハプロタイプIIIは早咲き型であった。このハプロタイプ間の開花期の違いは，早咲きと遅咲きの間で遺伝

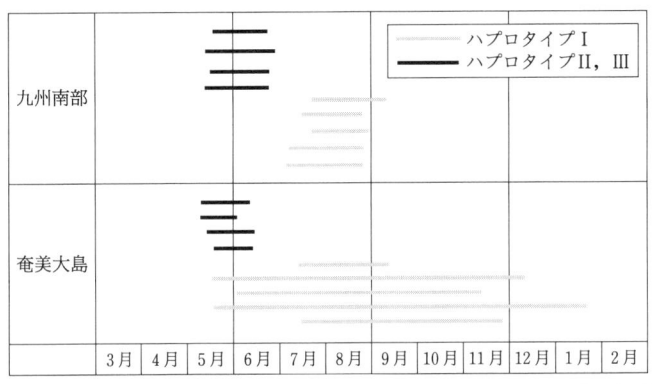

図4 九州南部・奄美大島の広義のセリの圃場における栽培環境下の開花期間(瀬尾, 未発表)。1本の横棒は1個体の開花の始まりから終わりを示す。

子交流の妨げになる可能性を示している。

　遅咲き型では九州南部と奄美大島の間に開花期の違いが見られた。九州南部の野生系統はほとんどが7～8月の間中咲いていたのに対して，奄美大島の野生系統は6(早いものでは5月)～11月(遅いものは1月まで！)まで咲いていた。開花期は，九州南部産では早咲き型と遅咲き型の間で重ならないが，奄美大島産では一部重なっていた。

　京都大学総合博物館に収蔵されている広義のセリの標本について開花時期を調べると，圃場での観察と同じように，早咲き型と遅咲き型が認められる。

　ハプロタイプの間には生育環境に違いも見られた。広義のセリは，水田や水路脇のような非常に湿った場所から林道脇や林床のようなやや乾く場所に生育する。そのうちハプロタイプⅠは水田などの湿った場所に生育し，ハプロタイプⅡとハプロタイプⅢは，川沿いにも生育しているが，林道脇などやや乾く場所に生育していることが多かった。

　広義のセリには染色体数の変異があり，二倍体($2n=20$)のほかに，四倍体($2n=42$)や六倍体($2n=63$)が知られている(Naruhashi and Iwatsubo, 1998)。日本列島では二倍体は紀伊半島周辺から南西の海岸沿いに生育し，四倍体は，沖縄本島と奄美大島に，さらに九州以北にも広く分布している。六倍体は九州，四国および本州に広く分布している。九州南部と奄美大島産の広義のセ

表2 西南日本における広義のセリのハプロタイプと生態的特性ならびに染色体数の関係(瀬尾,未発表)

ハプロタイプ	開花期	生育環境	染色体数
I	多くは夏(7-8月)	水田,川,池	20, 33, 42
II	多くは晩春	道脇,林床,川	20
III	多くは晩春	道脇,林床,川	20

リの野生系統について根端細胞の染色体を押しつぶし法で観察したところ,二倍体と四倍体が確認されたほか,三倍体も見られた。葉緑体DNAの違いに着目するとハプロタイプII・IIIでは二倍体のみであったが,ハプロタイプIでは二,三,四倍体が観察された。三倍体($2n=33$)はハプロタイプIの二倍体と四倍体の自然交雑か,ハプロタイプIの四倍体とハプロタイプII・IIIの二倍体の交雑によるものかもしれない。

　ハプロタイプIは遅咲きで水田や川沿いのような非常に湿った生育環境を好み,二倍体,三倍体および四倍体を含んでいた。一方,二倍体のみのハプロタイプII・IIIは早咲きで林道脇や林床に生育していたから,ハプロタイプIとハプロタイプII・IIIは,それぞれ異なった生育特性をもつようである(表2)。

4. 日本に生育している「セリ」は2種

　これまで見てきたように,広義のセリには少なくとも2種類が存在する。1つは早咲きで林道脇や林床に生育する二倍体のサケバゼリ,もう1つは遅咲きで水田脇や水路に生育している二倍体,三倍体および四倍体のセリである。今回は確認できなかったが,その地理的分布から六倍体もセリだろう。

　それでは,それぞれの群にはどの学名が該当するのだろうか？　遅咲き型のセリは *O. javanica* (Blume) DC. である。

　広義のセリは Blume(1826)によって Java 産の標本に基づいて記載されて以来,Candolle(1830), Miquel(1867), Yabe(1902), Hiroe and Constance(1958), Murata(1973), Ohba(1999), Yamazaki(2001)らが分類学的に再検討している。

サケバゼリにあたる学名(形容語)の候補としてはこれまで *linearis* と *japonica* が記載されている。表1にあるようにサケバゼリを Ohba(1999)は セリの亜種イトゼリ *O. javanica* subsp. *linearis* (Wall. ex DC.) Murata として認識し，Yamazaki(2001)は種のランクでこの群を認識している。Murata (1973)と Yamazaki(2001)は *O. javanica* var. *japonica* を認めており，Yamazaki(2001)はこれにサケバゼリの和名を当てている(表1)。Yabe(1902)は *O. linearis* の小葉片は線形から披針形であるとしている。一方，サケバゼリを亜種として扱った Ohba(1999)はこの植物の葉は線形であると記述している。また Murata(1973)は *O. javanica* subsp. *linearis* と *O. javanica* var. *japonica* は葉の形が非常に似ているが，後者は茎の基部と花茎の葉がはっきりとした異なる形を持つので前者と区別できるとし，牧野・根本(1930)は var. *japonica* の小葉が卵形であり鋭頭であるとしている(和名はマルバゼリ)。九州南部ならびに奄美大島産の保存系統を観察していると，花茎に線形の葉を持つ植物体でも，披針形の葉をつけることもあり(瀬尾，未発表)，広義のセリの葉は変化に富んでいる。したがって，葉の形のみでこれらを区別するのは危険をともなうことになる。ハプロタイプや育成場所の違いをふまえてサケバゼリを種のランクに位置づけると，Candolle が 1830 年に *linearis* を記載し，Miquel が 1867 年に *japonica* を記載しているが，早く記載された名前が優先されるので，線形から披針形の小葉片をもつサケバゼリには *O. linearis* Wall. ex DC. を当てるのが適切であろう。

5. セリは日本のあちこちで栽培化？

日本列島には少なくとも2種のセリ属植物が生育しており，現在，私たちが春の七草として利用しているセリは遅咲きの型である。

セリは古くから栽培されており，平安時代前期の「延喜式」にはすでに記録されている。万葉集などにもセリ摘みの光景を詠った歌がいくつか収められている(林，1987；有岡，2008)。例えば，京都では平安時代初期の承和五(838)年の続日本後紀などには，都周辺の低湿地でセリの栽培が許された記事がある(林，1987)。桃山時代には都の周囲に築かれた御土居を掘った後の

水たまりでセリが栽培され，二条城周辺では湧水栽培が始まっている(林，1987)。江戸時代になると南の七条で盛んに栽培されていたが，ここは市街地になってしまっており(林，1987)，現在はさらに南の久世で栽培されている。中国では日本よりも古く三代(夏，殷，周；紀元前2183～紀元前771)のころからセリが栽培されていたようで(織田，1994)，韓国でも相当量の消費がある。

　セリは，現在，青森県から宮崎県まで広く栽培されているが(有岡，2008；織田，1994)，冒頭にふれたように栽培セリの品種分化はそれほど大きくはない。全国の産地にはそれぞれ独自の系統や栽培品種があるが，規模の大きい産地ほど優良な系統があり(織田，1994)，松江市の栽培セリには品種'島根みどり'などいくつかの栽培品種が育成され，新たな栽培品種も開発されている(遠藤，2004)。しかし，これ以外の各地域で栽培されているセリの由来はよくわかっていない(今津・織田，1965)。栽培セリはハプロタイプⅠの葉緑体DNAタイプを持っていたので，おそらく，各地域に生育しているハプロタイプⅠの野生系統から栽培化されていると考えられる。

　東日本の野生系統や韓国や中国の野生系統ならびに栽培セリの分析が進めば，セリの歴史はもっと明瞭になろう。中国植物誌には中国大陸から9種1変種のセリ属植物が記録されている(王，1992)。野生のセリが更新世の気候変動にともなって極東アジアにどのように分布してきたかも興味深いが，人が日本列島に住み始めて以来，セリは人々の生活の近くにごく普通にあっただろう。

第2章 栽培アズキの成立と伝播
ヤブツルアズキからアズキへの道

三村真紀子・山口　裕文

　生物は，複雑に変動する地球環境のなかで，さまざまに形をかえ，進化してきた。人類をはじめ，我々が地球上で目にしている生物は，今もまさにそうした進化の途中にある。そのなかでも植物の「栽培化」は，最もドラスティックで短期間に起こった進化の1つである。

　植物の形態や特徴を人類に都合のよいように変化させた栽培化という現象は，人類のここ1万3,000年間の歴史のなかで，最も重要な出来事だったといってもよい。おおよそ紀元前8500年に，黒海周辺の肥沃な土地では，人類は狩猟・採集を中心とする生活から菜園や家畜の飼養所をそなえた場所に居を構え，定住の生活へ移り始めた。食料を野外からの収集に頼るのではなく，食料となる植物を意図的に栽培管理して，食料の安定的供給を可能にし，今日の文明の発展の礎を創ったのである(Diamond, 1999)。

　栽培植物は，わずか数千年から1万年たらずでその祖先種から現在見られる形態に変化したと考えられる。人類が定住して営む栽培行為は，それだけ強い選択圧をかけてきたといえる。世界中で栽培されている約30種のマメ科植物には，共通した特徴がある。まず野生種の多くは小さな種子を多く実らせ莢は成熟すると裂開して種子を弾くが，栽培種は大きな種子をつくり莢は成熟してもすぐには裂開しない。野生種にとって，種子を自然に散布させる能力は，野外で生存していくのに必要不可欠である。一方，人類にとっては，莢が早々に裂開して種がこぼれてしまっては収穫に不便である。莢が裂

開しないという形質は，栽培化の過程で意図的あるいは非意図的に選ばれてきたと考えられる。また，なかにはダイズやアズキのように，野生種のつる性から直立型へと生活型を変化させた種もある。当然，植物の栽培には，つる性よりも直立の方が管理しやすい。ざっと見ただけでも明らかな形態進化が極めて短い期間で成立した栽培化という現象は，多くの生物学者を魅了してきた。この栽培化はいつ起こったのか？　どこで起こったのか？　どのような形質が人類に好まれたのか？　どれくらいの数の遺伝子が栽培化に寄与しているのか？　これほど容易に栽培化できた植物であるなら，その逆である栽培種からの野生化も容易に起こるのか？

　日本や東アジアの国々で伝統的に用いられてきたアズキ *Vigna angularis* は，人類が積極的に関わってきた栽培化という進化において，とりわけ興味深い。なぜなら，直接の祖先種と考えられているヤブツルアズキ *V. angularis* var. *nipponensis* と栽培種のアズキのちょうど中間の特徴を示し，半攪乱の環境に生育する雑草型(ここでは雑草アズキと呼ぶ)がみられるからである(Yamaguchi, 1992)。栽培アズキ，ヤブツルアズキ，雑草アズキは，その形態的特徴や生育地は大きく違うものの，遺伝的な判別は難しい。本章では，アズキとその野生種を題材として，アジアにおける栽培化の軌跡を最近の研究成果から追ってみたい。

1. アズキ亜属の成立とヤブツルアズキの伝播

　アズキは，日本，朝鮮半島，中国東北部，中国南部，ネパールやブータンなど，照葉樹林文化圏の温帯地域とその周辺で広く栽培されている(Yamaguch, 1992; Tomooka et al., 2002)。アズキは，世界中に少なくとも 657 属 16,400 種を含むマメ科植物のうちのササゲ属アズキ亜属に属している。この亜属は，アジアの熱帯地方から温帯地方までのさまざまな気候に適応した種を含み，幅広い環境への適応に成功したグループである。

　アズキ亜属の栽培種には，温帯に分布するアズキをはじめ，亜熱帯地域で利用されるツルアズキ(タケアズキ)や，熱帯地域に多いリョクトウやケツルアズキやモスビーンがある。葉緑体 DNA の塩基配列から推定した系統解析

によると，アズキ亜属の野生種は，まず，インド亜大陸(熱帯)のグループと東方アジアのグループに分かれた後，東方アジアのグループは亜熱帯の群と温帯の群に分岐したと考えられる(Javadi et al., 2011；Ye Tun Tun and Yamaguchi, 2008；図1・2)。種分化は，新たな種が形成されるプロセスであり，集団間に遺伝的な分化が起こることによって始まる。2つの集団が，異なる環境や選択圧の下にあっても，種子や花粉の散布による集団間の遺伝的な連結が高いと遺伝的な分化は起こりにくい。つまり，種分化には，なんらかの障壁(強い自然選択，物理的隔離や生理的隔離などによる繁殖隔離)があって初めて遺伝的分化が可能になる。例えば，過去何度も繰り返した氷床の拡大と後退といった気候の変動は，生育適地の分断化をもたらしたと考えられ，種分化を進める要因となったのかもしれない。アフリカに分布するササゲ属のいくつかの亜属とアジアに分布するアズキ亜属との分岐はおおよそ510万年前と推定されており(Lavin et al., 2005)，アジアのアズキ亜属は，アフリカ大陸のササゲ属から分化した後，アジアの熱帯や温帯へと広がりながら，多様な種に分化していったと考えられる。現在日本に見られるアズキの仲間は，アズキ亜属

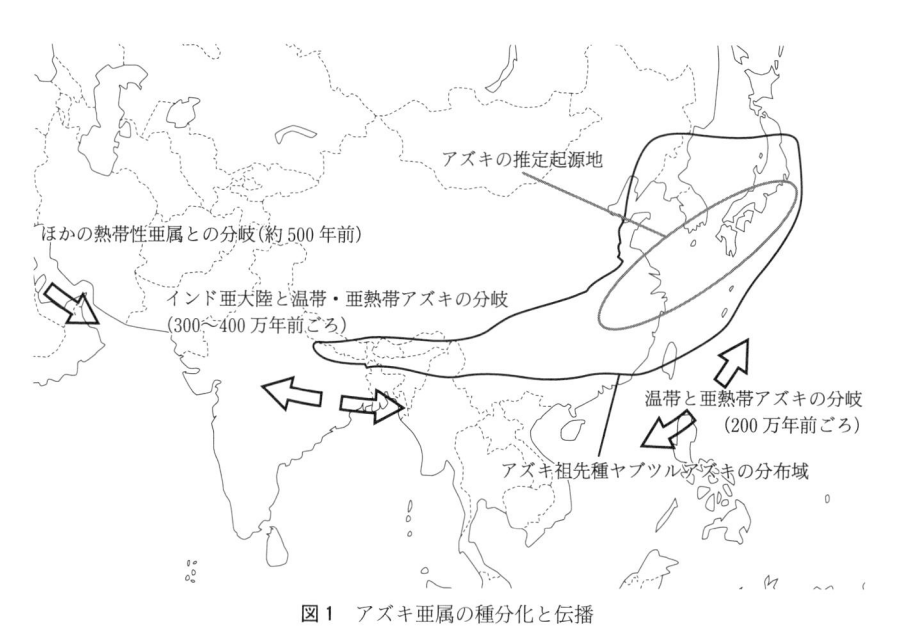

図1　アズキ亜属の種分化と伝播

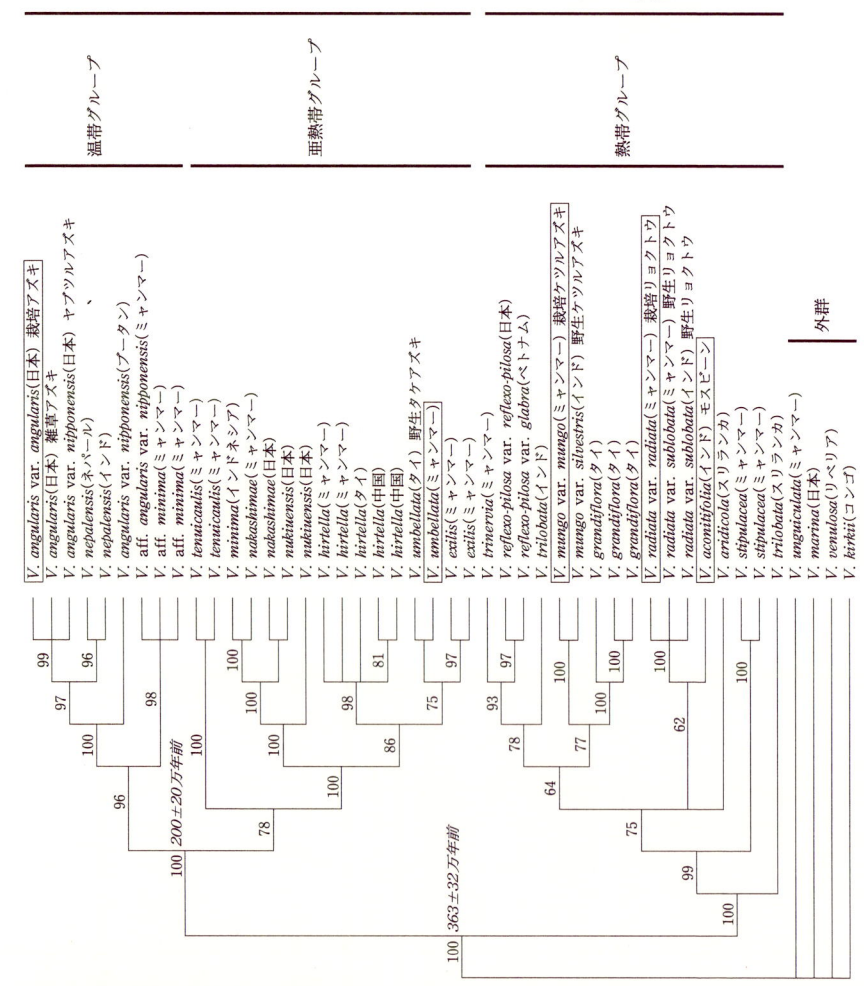

図2 葉緑体DNA領域から構築されたササゲ属アズキ亜属の系統樹(Javadi et al., 2011 より作成)。系統樹の枝に示された数値は，分岐の信用度。100 が最も高い。種名の枠囲みは，種子用栽培種。斜体は推定分岐年代を示す。

という大家族のなかで比較的最近になってから温帯気候に誕生した種である。

過去に起こった何度もの温暖化と寒冷化の繰り返しは，植物の分布が変化する気候帯に沿って移動したことを暗示させる。実際，化石花粉の解析や分子マーカーによる生物地理学的解析によって，過去の植生や分布域の歴史的変遷が再構築されている。アズキの野生祖先種であるヤブツルアズキもその例外ではない。

化石花粉の解析は，過去の植生の再現に有効な手法ではあるが，草本類の花粉は比較的少量であるために草本植生の再現には技術的な限界がある。一方，樹木種は一般に大量の花粉を残すために，照葉樹林帯の推移は比較的追跡しやすい。温帯気候に適応したヤブツルアズキの現在の分布は日本を含む極東から中国南部やヒマラヤ山地へ続く三日月状の照葉樹林帯と一致し，ヤブツルアズキは樹林の縁にマウント群落や攪乱地の植物群落を構成する。照葉樹林と強く結びついた生育地が過去大きく変化しなかったとすると，ヤブツルアズキの分布域は，気候変動に沿って照葉樹林とともに変遷したと推定される。

今からおおよそ1万8,000年前，最終氷期の氷床は後退し始め，現在の気候に近づいたと考えられている。日本列島では中部地方に分布の北限のある現在の照葉樹林帯は，最終氷期にはかなり南下し，列島の縁に小さな個体群を維持して環境の回復を待ったと考えられている。最終氷期の日本列島では，照葉樹林帯は少なくとも九州南部に分布していたと化石花粉解析によって推定されており(塚田，1974)，四国南部や紀伊半島南部にもレフュジア(待避地)があったと考えられている(前田，1980)。いくつかの照葉樹種においては，九州南部におけるレフュジアの存在が，遺伝的集団構造の解析からも支持されている(Aoki et al., 2004)。ヤブツルアズキは，主に照葉樹林の林縁に生育地を持つ。ヤブツルアズキが照葉樹林に依存した分布をとったと仮定すれば，九州南部，そして四国南部や紀伊半島南部にも，照葉樹林のレフュジアに生き延びていた可能性がある。

ヤブツルアズキの分布域全域を対象とした解析によると，東アジアと南アジアの間に顕著な遺伝的集団構造が見られる(Mimura et al., 2000; Ye Tun Tun & Yamaguchi, 2008)。例えば，日本をはじめとする東アジアのヤブツルアズ

キは，遺伝的に似通ったグループを形成している(図3)。それに比べてブータンやネパールのヤブツルアズキは，個々に遺伝的に分化しており，東アジアとは異なる系譜を示している。このヤブツルアズキの遺伝的集団構造は，地形と過去の歴史的変遷を反映していると推定される。つまり，過去の気候変動にともない，最終氷期のヤブツルアズキは，ヒマラヤ地域では複雑な山地において標高帯を移動しながら多くの地域集団を維持したのに対し，東アジアでは，いったん低緯度へ南下したか比較的小さい集団で維持され，最終氷期の終焉(約2万年前)とともに分布が拡大したと推測される。一方，東アジアと亜熱帯アジアの集団構造の違いの要因には，人為的な影響も想定できる。中国南部に見られる過度の自然資源利用による植生の破壊は，ヤブツルアズキの生育地の減少を引き起こし，東アジア集団とヒマラヤ山麓の集団の分布のつながりを分断する傾向にある。そのため，これらの地域のデータが

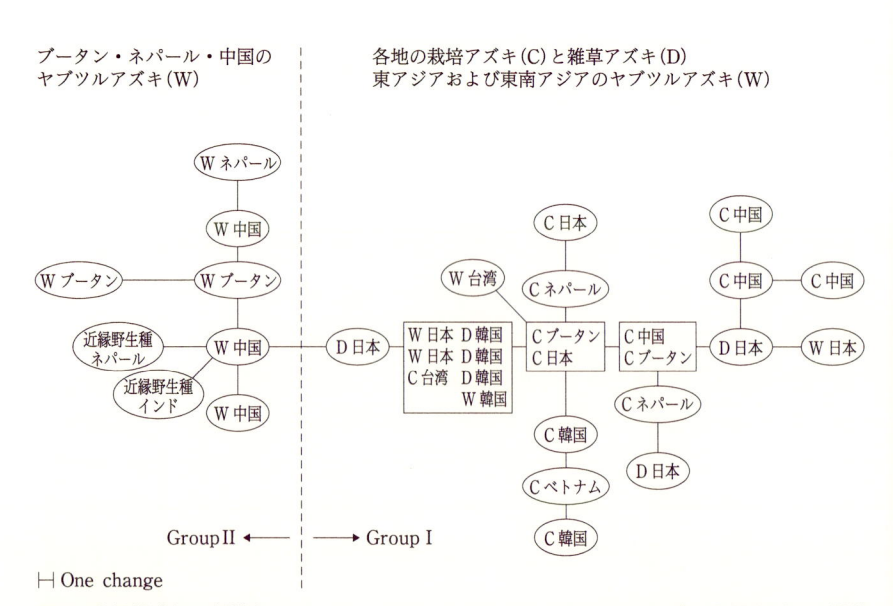

図3 葉緑体遺伝子領域(psbD-trnT, trnQ-rps16, trnT-trnE, trnY-trnD)の塩基配列より構築されたアズキ類のハプロタイプネットワーク(Ye Tun Tun and Yamaguchi 2008を改変)。アルファベットは生育型(C：栽培型，D：雑草型，W：野生型)を示す。国名は産地を示す。中国の野生アズキは西南中国(貴州，雲南，四川)の高原地帯の産である。ネパール産は $V.$ $nepalensis$ でヤブツルアズキの極近縁種である。枝の長さは突然変異の数を示す。

乏しく，遺伝的な連続性が見かけ上失われているのかもしれない。人類による最近のインパクトは，将来的にもヤブツルアズキだけでなく，照葉樹林を構成する植物種の遺伝的集団構造や多様性に影響すると危惧されている。

2. アズキの栽培化

アズキという生物学的種にはそれぞれ形態的特徴の異なる栽培アズキ，雑草性を示す雑草アズキ，そして野生のヤブツルアズキがある。これらの3つの類型は明らかな形態的差異を示す一方，総合的な遺伝的差異は明瞭でない。野生型のヤブツルアズキは，日本をはじめ，韓国，中国，ネパール，ブータンといったアズキが栽培されている温帯地域に見られるが，雑草アズキの分布は今のところ日本と韓国に限られている。栽培アズキがヤブツルアズキを原種とするという説は，栽培アズキとヤブツルアズキが対立遺伝子の多くを共有している点や，栽培アズキの遺伝的多様性がヤブツルアズキより低い点からも受容できる。栽培種における遺伝的多様性の低下は，単一的あるいは限られた地域での栽培化やブリーダー(育種家または育種の担い手)による栽培化の過程でよく見られる現象である。ある特定の場所に存在する多様性のなかで，人が好む一定の形質を持つ個体に選択が比較的集中するためである。しかし，人類が利用できる，あるいは栽培化に成功した生物種は少ない(Diamond, 1999)。栽培化に成功した温帯のアズキ，亜熱帯のツルアズキ *V. umbellata*，熱帯のリョクトウ *V. radiata* やケツルアズキ *V. mungo* の野生種はいずれも比較的繁殖旺盛で大きな群落をつくり(山口，2001)，人類にとってアクセスが容易であった。また，これらのササゲ属は毒性が低く，もともと人類が選抜しやすい形質(栽培化に適した形質)を保有していたのであろう。

アズキが栽培化されたのが東アジアであるというのは近年では通説である。栽培アズキの遺伝的多様性は全体的に低く，ブータンやネパール産を含む栽培アズキは南アジアのヤブツルアズキよりも東アジアのヤブツルアズキにより近縁であるためである(Mimura et al., 2000; Tomooka et al., 2002; Zong et al., 2003; Ye Tun Tun & Yamaguchi, 2008)。つまり，東アジアでヤブツルアズキから栽培化をとげた栽培アズキは人や物資の移動とともにブータンやネパール

へと伝播していったと考えられる。高い突然変異率を示す核ゲノムのマイクロサテライト領域を解析した研究(Xu et al., 2008)でも，日本産のヤブツルアズキは，ブータンや中国産を含む栽培アズキの持つほとんどの対立遺伝子を保有していることが確認されており，アズキの栽培起源地は，東アジアのなかでも極東であった可能性は高い。しかし，ブータンや東ネパールの栽培アズキはほかの地域の栽培アズキよりかなり分化している結果も得られており(友岡ほか, 2008; Xu et al., 2008)，これらのアズキは，ネパールや中国のヤブツルアズキにより近縁であると解釈されている。もし，この遺伝的類似が栽培アズキの起源を反映しているとすると，栽培化は日本周辺だけでなく複数の場所(おそらく温帯気候帯の南アジア)でも起こったことになる。その一方，アズキとヤブツルアズキは相互に交雑できるため，栽培型のアズキと現地のヤブツルアズキとの間で交雑が起こっているとも解釈できる(友岡ほか, 2008)。Xu et al.(2008)で分析された核ゲノムは，花粉親と母親の双方の遺伝子を継承し，世代ごとに親の遺伝子を2分の1ずつ継承する。そのため，もし栽培アズキが現地のヤブツルアズキと交雑しているとすると，栽培型のアズキの起源にかかわらず，現地のヤブツルアズキとの類似性は高くなる。一方，細胞質に存在する葉緑体ゲノムは，多くの種において母系のみに継承されるため，交雑などの最近起こった現象の影響を受けにくい。Ye and Yamaguchi (2008)による葉緑体ゲノムの解析では，ブータン，ネパール，ベトナム，台湾，韓国，日本の栽培型アズキは，日本産のヤブツルアズキとともに単系統の系譜を示しており，ネパールや中国のヤブツルアズキや野生系統と明らかな分化が見られる(図3)。明瞭な答えを出すには，より多くの地域の個体を解析するとともに，栽培化に関与した遺伝子の伝播を詳しく調べていく必要があるが，アズキの栽培化は日本周辺を含む極東で起こり，単一起源と考えるのが，現在のところ最も有力であろう。

3. 栽培化における形質進化

アズキは，野生のヤブツルアズキから栽培化する際にほかの栽培植物と同様にその生活史特性を大きく進化させた(保田・山口, 2001)。ヤブツルアズキ

は，つる性の一年生草本であり，日本では秋に草丈の高くなるススキやヨモギなどから成る半自然草地に生育する(山口，1994)。種子は，主に重力散布であり，特殊な分散戦略をとっていないが，小さい種子を大量につくり，莢は成熟すると裂開して種子をはじいて飛ばす。自力で種子を分散させ繁殖する能力は，野生植物にとって重要な形質である。一方，栽培アズキは，ダイズと同様に直立した草型を示し，その種子は大きく少ない。また，栽培アズキの莢は成熟してもすぐには裂開しない。栽培アズキは収穫を効率的にあげる点で，人類にとって有利な形質を進化させている。

　ヤブツルアズキの種子は，強い休眠性を示し，成熟してすぐには発芽しないのに対し，アズキの種子は，水分さえ与えれば，容易に発芽する。栽培化における休眠性の喪失は，多くの栽培種にも見られる。自然環境においては，休眠性は冬期などの生育に適さない期間を回避する適応の産物である。野生種のなかには，集団内に種子休眠性の多様性を持ち，何年にもわたってシードバンクを形成する種もある。自然界では有利に働く休眠という形質は人類にとって必ずしも望ましくはなく，農作物の栽培管理には，器官の生長のタイミングが個体内や個体間で同時であるのが望ましい。同じ畑のなかでは，一斉に発芽し，開花し，種子を実らすという生長の同調は，管理や収穫を容易にかつ効率的にできるからである。栽培化の初期段階では，休眠性の低い個体が最初に発芽し，より好まれて(あるいは無意識に)採集された結果，休眠性を失った個体の子孫が栽培アズキとなったであろう。

　アズキの種がダイズにはならずに，かならずアズキになるように，種子のサイズや休眠性，草型などは遺伝的にある程度決まっている。野生型のヤブツルアズキから栽培型のアズキへのドラスティックな変貌をとげたアズキの栽培化には，どのくらいの遺伝的改変があったのだろうか。

　近年，特定の形質を制御している遺伝子領域を特定できるようになった。Kaga et al.(2008)は，栽培アズキとヤブツルアズキの雑種をつくり，両親から受け継いだ形質のさまざまな組合せを持つ雑種後代から栽培化に関わった遺伝子領域を特定している。それによると，栽培化に強く関連する遺伝子領域は，11本の染色体のうち，約半数に集中しており，しかもそれらの染色

体内のある領域に偏在していた(友岡ほか，2008)。つまり，アズキとヤブツルアズキは，草型，葉の大きさ，種子の色など形質的に大きく違うものの，それらは少数の遺伝子あるいは限られた遺伝子領域によって支配されていると言える。

　限られた遺伝子数で支配されるさまざまな形質は，一見関連性のない形質が遺伝的には相関性を持っていることを示唆している。アズキが日本で伝統的に使われ，好まれてきた背景には，種子が赤い，という理由が大きい。小豆色とも例える朱色は，お祝いごとの場で好まれてきた色である。黒色や褐色ばかりの種子が多いヤブツルアズキに対して，赤い種子をもつアズキの栽培化は，人類が「赤い種子」を好んできた結果であるかもしれない。しかし，Kaga et al.(2008)の解析によると，赤い種皮の色は，休眠性をコントロールする遺伝子と同じ遺伝子か，あるいは染色体上(染色体番号1)の非常に近い位置にあることがわかった。ある形質を制御する遺伝子が染色体上に非常に近い位置に並ぶと，片方の遺伝子に対してだけ選択がかかっても，選択のかからないもう一方の遺伝子も一緒に選択される。休眠性の喪失は，栽培化に至る上での重要な形質であり，ほかの多くの作物種にも見られる現象である。栽培化の初期には，この「休眠性の喪失」が種皮の色よりも重要であったとすると，「赤い種皮」は結果として選択されたにすぎないかもしれない。「赤い種皮」と「休眠性の喪失」という民族の好みと栽培管理上での必然性の両方が強い選択圧になっているとすれば，栽培型において種皮色と休眠性の2つの形質の固定度が高いのも納得できる。近年の遺伝的な解析技術の発展にともなって，栽培化という生物現象を解明するのにさまざまなアプローチがとれるようになってきた。ヤブツルアズキとアズキの雑種や栽培関連遺伝子群の野外での追跡も可能になってくるだろう。

4. 雑草型——雑草アズキの来た道

　日本や朝鮮半島ではアズキには栽培型と野生型のほかに，両者の中間的特徴を示す雑草型(雑草アズキ)が広く野外に生育しており，畑の畔のような人為攪乱された土地に生育する(Yamaguchi, 1992)。雑草アズキの生活史や形態

には，ばらつきがあり，多くは栽培種のように直立型の草型を示すが時には蔓状になり，莢は成熟したあと野生種のように裂開し，自力で種子を拡散する能力を持っている(保田・山口，1998)。雑草アズキはアズキの代用として利用されることもあり，その成立の歴史は明確ではない。雑草型は主に日本や韓国などの東アジアで見られるが，日本で最もよく見られる。栽培型がどのようにして分化していったのか，その謎はいまだ解けていないが，いくつかの仮説が立てられてきた。

　まず，栽培型が農地から逃げだしたものが雑草型として成立していったという説である。多くの場合，栽培種は，生産性は高いが競争などには弱く，発芽から繁殖まで生活史を完了させるために植え替えや除草，病害虫の駆除など人の介添に依存し，また種子を自力で分散させる能力が低いため，自然環境下では生き残りにくい。しかし，野生型から栽培型へ短い期間で進化しているなら，その逆も容易にあり得るのではないだろうか。少なくとも，アフリカ原産のササゲ栽培種にも，日本や韓国の道ばたで野生化し，生活史を完了させている例があり(高沢・山口，1995)，栽培種が野外で生き残れないわけではない。雑草型の雑草アズキは，畦などに生育する場合が多く，農地から逃げ出した個体の子孫である可能性は否定できない。しかし，もし雑草アズキ集団が栽培型からのエスケープだけから成立しているのであれば，ほかの地域にも雑草アズキが見られてもおかしくはないが，現在のところ，雑草型は東アジアでのみ生育が確認されている。

　次に，雑草型が栽培種のプロトタイプ，すなわち栽培化の途中にあった半栽培の痕跡を受け継いでいるという説がある(Yamaguchi, 1992)。近代育種は，明確な育種目標に沿って，人工的な交雑や強い選択圧をかけて，優良な個体の種子を選抜する。しかし，野生種から栽培種への初期の栽培化はゆるやかな過程を経たと考えられている。初期の文明における育種は，栽培管理の途中で，より都合のよい個体が結果として選択される非意図的な選抜が主体となる。原初的な，ゆるやかな選択圧は，栽培種へつながるプロトタイプのような野生種と栽培種の中間的な形質を持ちながら，現在の雑草型の形(または状態)へ進化していったのかもしれない。雑草アズキが栽培化の起源地と推定される東アジアのみに確認されているところをみると，雑草型が栽培型の

プロトタイプという仮説は棄却しがたい。

　最後に，雑草型が栽培型と野生型の雑種後代から成立している可能性を検討してみよう。野生型のヤブツルアズキと栽培型のアズキは，交雑可能であり（友岡ほか，2008；Kaga et al., 2008），雑種の後代と思われる自生集団もある（Yamaguchi, 1992）。理論的には，異なる環境に適応している2種間の雑種後代には，両親の性質が混在して表現されるため，その片親が適応しているそれぞれの環境下では適応度は低いと考えられる。雑種が集団を容易に確立できるのは，両親種が適応している2つの環境条件の中間的な環境が，ある程度の範囲で存在する場合である。中間的な環境では，中間的な性質を有する雑種が両親種よりも優位となる機会がある。雑草型である雑草アズキの形質は，栽培型と野生型の中間的性質を示すが，より栽培型に近い状態から，より野生型に近い状態までさまざまである。雑草アズキの特徴のばらつきは，今も栽培型と野生型との交雑が起こっており，その雑種後代によって維持されているのかもしれない。

　ほかの農作物にはあまり見られない雑草型を持つアズキの仲間の謎には，いまだ明確な答えは出ていない。しかし，答えが1つとも限らない。進化は動的な現象であり，種の区切りは曖昧なものである。種集団は接触と隔離を繰り返し，互いに遺伝子を供給して，時空間的に異なる選択圧のもとで存在している。雑草アズキは，栽培化過程の形質を継承し，かつ栽培型や野生型から遺伝子提供を受け，人類による撹乱環境に依存して，今日も2種の中間的な環境に存続し続けているとも考えられる。雑草アズキの存在は，人と自然とがつくりあげた人里系生物多様性の複雑さと柔軟さを象徴しているのかもしれない。

　すべての植物が，栽培化に適しているわけではない。むしろ現存する植物の数からいえば，栽培化に成功している種は，ほんの一部である（Diamond, 1999）。人類にとって都合のよい突然変異が偶然に起こる可能性はゼロではないが，期待して待つにはあまりにも長い。栽培化は，植物が人類にとって利用しやすい形質を多様性の一部としてすでに持っている場合に容易に起こりうると考えられる。しかもそれらの形質をコントロールする遺伝領域が少

なく，物理的に集中しているほど，選択は効率的に起こる。人類による栽培化という短期間に起こる劇的な形質変化も，生物多様性の一部をデフォルメ化して利用しているにすぎない。栽培化とは，人類と植物との幸運な出会いの結果なのだ。

　膨大な生物多様性の喪失と創造を繰り返してきた自然界を見れば，進化という現象が，いかに複雑で，動的なものかがわかるだろう。そこに人類が関わって起こす栽培化という現象は，生態系が提供する生物多様性に大きく依存してきた。そして地球環境や社会のニーズの変化に沿って人が生物を利用し続けるかぎり，我々は自然界の多様さに依存し続けるのだ。

第3章 野生種ツルマメ
栽培ダイズとの自然交雑の傷跡を探る

黒田　洋輔・加賀　秋人

　作物(栽培植物)には，その祖先となった野生種が存在する。多くの作物では野生祖先種との間に遺伝的障壁がないため，作物と野生種の間には自然交雑が認められている(Ellustrand, 2003)。一般に，遺伝的に異なる個体間の交雑は，後代の集団に大きな変異を創出する。そのため作物と野生種との間の交雑とその後の集団の分化の繰り返し(Hybridization-differentiation cycles)は，多様な品種を生み出した(Harlan, 1992)。しかしダイズ *Glycine max* とその祖先野生種ツルマメ *G. soja*(図1)との自然交雑の実相はほとんど知られていな

図1　広島県福山市近郊に自生していたツルマメ

い。本章では，ダイズとツルマメの遺伝的関係や自然交雑の実態について紹介したい。

1. 日本のダイズと世界各地のツルマメとの遺伝的な関係

ツルマメは，ロシア極東地域，中国東部，朝鮮半島および日本列島に分布する一年生の草本である(図2)。日本のダイズは世界各地のツルマメとどの程度遺伝的に類似しているのだろうか。それを明らかにするために，世界各地から集められた種子の小さな典型的なツルマメ1,305収集系統(アクセッション)を米国農務省(USDA)のジーンバンクと日本の農業生物資源研究所(NIAS)のジーンバンクより取り寄せ，日本における最近5年間の栽培面積が95%以上を占める代表的なダイズ53品種(各地の農業試験場とNIASジーンバンク所蔵)を用いて，DNA多型を利用した解析により遺伝的な類似性を計測した。

この解析では，ダイズの品種やツルマメの1個体間を識別できるほど高い変異性を示すDNA領域(20種類のマイクロサテライト領域)をPCR反応により

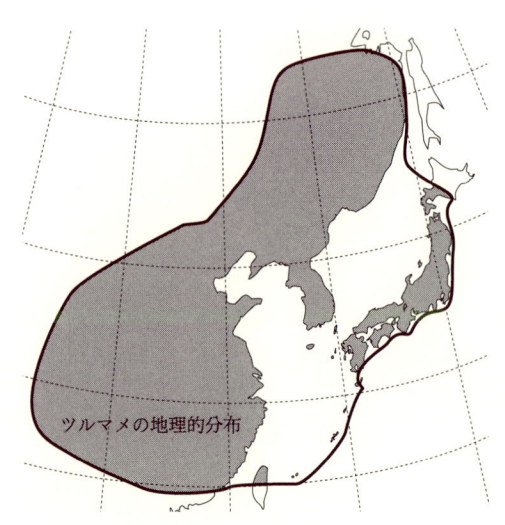

図2 世界のツルマメの分布域(Lu, 2004より)

増幅し，増幅したDNAの長さ（アレル：対立遺伝子）の違いによって1つひとつの収集系統を識別し，そのデータに基づいて収集系統間の遺伝距離(Takezaki and Nei, 1996)を算出した。遺伝距離のデータを主座標解析(Rohlf, 2000)により立体軸へ投射したところ，日本のダイズは世界中のどのツルマメとも遺伝的に離れており（遺伝分化），特異的な分布を示した。世界各地のツルマメには地理的なクラインが見られ，日本のダイズとの遺伝距離は日本のツルマメと最も近く，次いで韓国，中国，ロシアのツルマメの順に遠くなった（図3A；Kuroda et al., 2009）。ダイズの起源地は中国である(Carter et al., 2004)とも言われているが，日本のダイズは日本のツルマメと遺伝的に最も近かったのである。

日本でのダイズとツルマメの関係を深く知るために，同じ解析によって遺伝距離の変異を平面軸へ投射したところ，日本のダイズは日本のツルマメと明瞭な遺伝的分化を示した。ダイズとツルマメの遺伝的分化は明らかであったが，どの程度の遺伝子を共有するのかをGenetic admixture解析(Pritchard et al., 2000)により調べたところ，ダイズに高頻度に見られるアレルがツルマメの一部の収集系統にも含まれていると推定された（図3B；Kuroda et al., 2006）。

DNA解析技術を利用すると，一見すると典型的なツルマメとしか考えられない個体にも，DNAのレベルではダイズとの自然交雑による「傷跡のようなもの」を見つけることができる。ところで日本のダイズと日本のツルマメとの遺伝距離が最も近かったのは，ダイズとツルマメとの自然交雑が関係しているのだろうか。

2．ジーンバンクに保存されているダイズとツルマメの「中間体」

典型的なダイズおよびツルマメには明瞭な形態的特性の違いが見られる。例えば，草姿でいえば，ダイズは直立するが，ツルマメは蔓をほかの植物に巻きつけたり地面に匍匐したりする（図1）。種皮の色は，ダイズでは黄，緑，茶，黒など多様であるが，ツルマメは黒い。ダイズの種子重は重く(100粒重

48　第Ⅰ部　「栽培化」の成立機構とその伝播

(A)

(B)

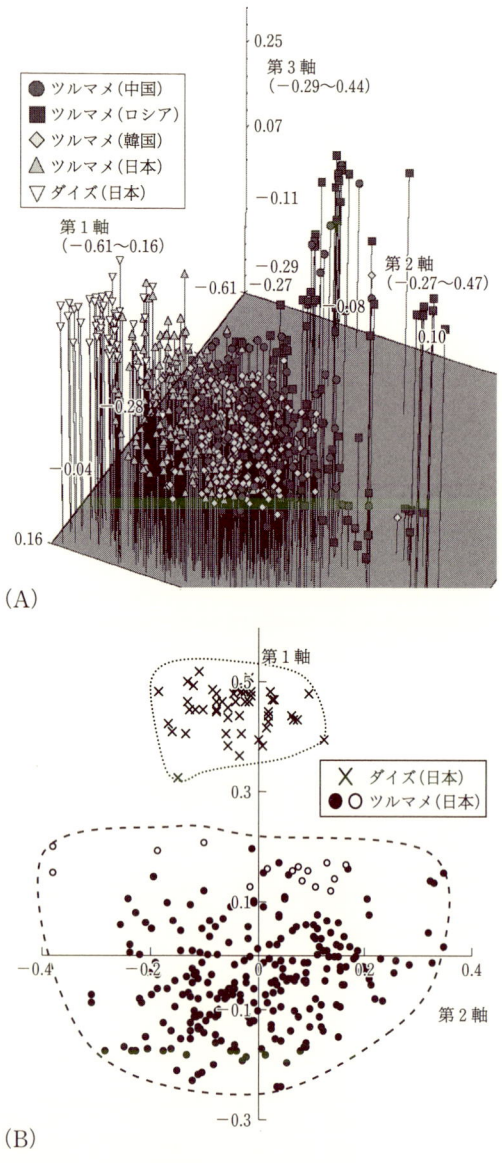

図3　遺伝距離(D_A)に基づく主座標解析。(A)世界各地のツルマメと日本のダイズの比較(Kuroda et al., 2009 より)，(B)日本のツルマメとダイズとの比較(Kuroda et al., 2006 より)。●で示すツルマメのうち，Genetic Admixture 解析によりダイズのアレルが含まれると推定されたツルマメを○で示す。

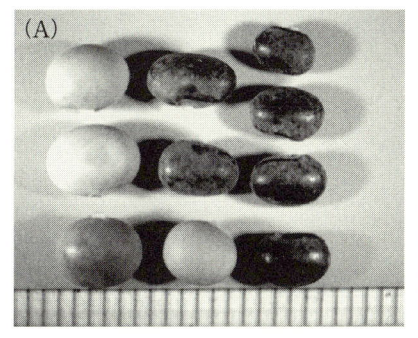

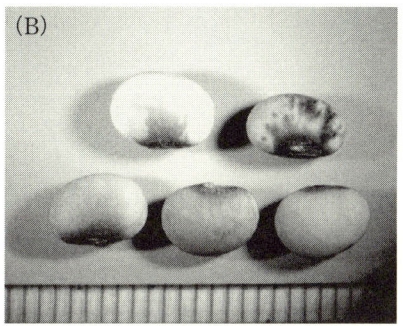

図4 ダイズからの遺伝子流動が疑われるツルマメの種子。農業生物資源研究所ジーンバンクに保存。系統番号は，(A) JP201170(秋田県産)，(B) JP68019(千葉県産)，(C) JP110756(広島県産)

で30 g程度)，ツルマメはそれに比べて軽い(100粒重で2 g程度)。このように形態的特性の明瞭に異なるダイズとツルマメには，それらの「中間体(型)」がロシアや中国に知られている(Skvortzow, 1927; Wang et al., 2008)。日本でも岡山，鳥取，栃木，茨城の各県から収集したツルマメのなかに種皮色の変異や，粒の大きな系統が見られている(関塚・吉山，1960)。また，ジーンバンクに保存されているツルマメのなかにも，大きい種子や黄色の種子が含まれている(図4)。ジーンバンクで見つかった中間体は，ダイズとツルマメの自然交雑を検証する重要な手がかりとなった。

3. 日本に自生する「中間体」

著者らは，中間体に関する詳細な情報を得るために日本各地でフィールド調査を行い，中間体の自生を探した。しかし，阿部・島本(2001)が「この10

年以上にわたり日本各地よりツルマメを採集し，分析してきた。しかし，これまでに収集した800近い集団の中に，明瞭な中間型は見つかっていない」と述べているように，中間体は存在するとしても非常にまれであると考えられる。そこでダイズ栽培面積の広い地域であることなどを考慮して調査地を角館町(秋田県)，筑西市(茨城県)，安城市(愛知県)，笹山市(兵庫県)，福山市(広島県)および佐賀市(佐賀県)に絞り込んで1つの地点で時間をかけて中間体を見逃さないよう調査を進めた。

　調査した217地点のツルマメ集団のうちの7地点に，ジーンバンクに保存されていたような中間体が自生していた(加賀ほか，2005；黒田ほか，2005；黒田ほか，2006；黒田ほか，2007；友岡ほか，2008)。7地点のうち2地点は秋田県の角館市および山形県の酒田市，そして残りの5地点は佐賀市であった。中間体を発見した場所の近くでは，水田輪換畑でダイズが大規模に栽培されていた。中間体の種子や莢はツルマメに比べて大きく(100粒重は5.0〜9.8g，一莢に3粒入った莢の長さは4cm程度)，種皮は黄色(緑含む)または黒色であり，人工交配により作成された雑種第1(F_1)世代に類似していた(図5)。その他の器官の特徴，例えば葉の大きさ，蔓の太さ，蔓の巻き方の強さなども同様に中間的であった。また各地点で発見された中間体の個体数は，周囲のツルマメの個体数より少なく，生育分布の範囲がツルマメ集団のなかの特定の場所に限られていた。黄色い種皮をもつ中間体は各地で1〜2個体のみ生育していたし，

図5 自生地で発見された中間体の種子(A)と人工交配により得られた雑種(F_1世代)の種子(B)。黒い種子：ツルマメ，白い種子：ダイズ

図6 2年間で10個体の中間体が発見された佐賀市近郊のツルマメ自生地。クリークと呼ばれる用水路のスロープにツルマメが生育しており，そのすぐ奥ではダイズが一面に栽培されていた。2人の立っている位置とポールのところに中間体が生育分布している。

黒い種皮の中間体は9個体(2004年に7個体，2005年に2個体)生育していたものの，その分布は5m以内であった(図6)。

中間体は，ダイズとツルマメの両者が接近して生育する場所に見つかり，ダイズとツルマメの人為雑種に似た形態を示し，個体数も少なく，分布域も限られていた。これは，中間体がダイズとツルマメの自然交雑により生じたことを強く暗示するものであった。

4. 「中間体」はダイズとツルマメとの雑種なのか？

秋田県角館市および佐賀県佐賀市で発見された中間体がダイズとツルマメとの自然交雑に由来するのかを検証するために，DNA多型を利用した解析を試みた。解析方法は，最初に紹介した方法と同じである。20種類のマイクロサテライトマーカーについて，候補親(周辺より収集した複数のツルマメと近くで栽培されていたダイズ)のDNAと中間体のDNAを比較し，中間体がダイズとツルマメの両方のアレルを保有する(ヘテロ接合)場合はダイズとツルマ

表1　20座のSSR多型に基づく中間体のダイズ親品種とその世代の推定
（Kuroda et al., 2010 を改変）

中間体 個体番号	地点	種子の大 きさ*・色	ダイズアレ ルの割合 (%)	推定される ダイズ親品種	ヘテロ接合型 の遺伝子座数 (20座のうち)	推定世代
1	角館	大粒・黄	45%	青入道	17座	F_1
2～10	佐賀1	大粒・黒	45～70% (平均53%)	新丹波黒	0座～4座 (平均2.8座)	F_2以降
11	佐賀1	大粒・黄	43%	フクユタカ	17座	F_1
12・13	佐賀2	大粒・黄	50%	ムラユタカ*	20座	F_1
14・15	佐賀3	大粒・黄	48%	フクユタカ	19座	F_1
16	佐賀4	大粒・黄	48%	フクユタカ	19座	F_1
17	佐賀5	大粒・黄	43%	フクユタカ	16座	F_1

*またはエルスター

メの雑種であると判定する。

17個体の「中間体」は，ダイズやツルマメにはほとんど見られないヘテロ接合型(ダイズとツルマメの2種類のアレルを保有している状態)を示し，しかもダイズのアレルを半分程度(43～53%)保有していることから，両者の雑種であると結論された(Kuroda et al., 2010)。中間体の親と推定されたダイズ品種は，佐賀市の中間体の場合，西日本で栽培されている「新丹波黒」，九州で広く栽培されている「フクユタカ」および「ムラユタカ(またはエルスター)」であり，角館市の中間体の場合は秋田周辺地域の在来品種「青入道」であった(表1)。これらの品種はすべて晩生の品種であった。現在日本各地で栽培されるダイズはツルマメよりも早く咲く傾向にある(芝池・吉村, 2005)が，晩生のダイズを栽培するとツルマメの開花と重複する期間が長くなる。このような条件ではダイズとツルマメが自然交雑する機会が高まるので，中間体(雑種)が生じたと考えられる。

地点・佐賀1の黒種皮以外の中間体は，調査した20種類のマイクロサテライト遺伝子座のうちヘテロ接合型のマイクロサテライト遺伝子座数が17～20座と極めて高かったので，雑種第1(F_1)世代と考えられる。一方，黒種皮の中間体は，ヘテロ接合型のマイクロサテライト遺伝子座が平均2.8座であったので，雑種第2(F_2)世代以降の分離世代であると推定される。

このように DNA 多型解析は，フィールドより収集したすべての中間体が近くで生育していたダイズとツルマメの雑種であり，しかも雑種形成後の比較的初期の世代であることを明らかにした。

5. 自然交雑の方向

自生していた雑種は，どのような方向で自然交雑したのか。つまりダイズの花粉がツルマメへ移ったのか，ツルマメの花粉がダイズへ移ったのかのどちらであろうか。そこで葉緑体 DNA が母性遺伝するという仕組みを利用して自然交雑の方向を確かめることにした。雑種の葉緑体 DNA タイプ(ハプロタイプ)がダイズと同じであればダイズが母親であり，その自然交雑はツルマメからダイズの方向で起こったことがわかる。逆に，雑種の葉緑体 DNA がツルマメと同じであれば，自然交雑はダイズからツルマメの方向となる。

Kanazawa et al.(1998)の開発した葉緑体 DNA マーカーを用いて分析したところ，すべての雑種はツルマメと同じハプロタイプであり，1つの例外を除きダイズとは異なっていた(表2)。例外の佐賀1の雑種分離世代(2〜10)では，ダイズとツルマメが同じ葉緑体 DNA タイプであったため，交雑の方向は推定できなかった。中間体(雑種)はおおよそダイズからツルマメへの花粉の移動による自然交雑によって生じたと推定される。

表2 中間体およびその推定親であるツルマメとダイズの葉緑体(cp)DNA のタイプ (Kuroda et al., 2010 を改変)

中間体個体番号	地点	種子の大きさ*・色	cpDNA (中間体)	cpDNA (ダイズ)	cpDNA (ツルマメ)	推定される交雑の方向
1	角館	大粒・黄	III	II	III	ダイズ→ツルマメ
2〜10	佐賀1	大粒・黒	III	III	III	不明
11	佐賀1	大粒・黄	III	I	III	ダイズ→ツルマメ
12・13	佐賀2	大粒・黄	III	I	III	ダイズ→ツルマメ
14・15	佐賀3	大粒・黄	III	I	III	ダイズ→ツルマメ
16	佐賀4	大粒・黄	III	I	III	ダイズ→ツルマメ
17	佐賀5	大粒・黄	III	I	III	ダイズ→ツルマメ

*またはエルスター

6. ダイズからツルマメへの自然交雑率

ダイズからツルマメへの自然交雑により雑種が生じていることが明らかになったが,その交雑の確率はどの程度であろうか。そこで実際に中間体が発見された上記の4地点(佐賀3地点および秋田の1地点)を含め,ダイズとツルマメが隣り合って生育している7地点において,DNA多型を利用した方法で自然交雑率を測定してみた。

ツルマメから集めた672個の種子(1サイト当たり96個)のなかにダイズからツルマメへ自然交雑した種子は1つも含まれていなかった。正確な交雑率を把握するには種子数が不十分であるが,仮に1個交雑した種子が見つかった場合の交雑率は1/96(1%)なので,各調査地点のダイズとツルマメの自然交雑率はそれ以下なのかもしれない。その一方で,ツルマメの個体間の自然交雑は平均2.2%(0～6.3%)だった(Kuroda et al., 2008)。その花粉流動距離は,5 m(6種子),10 m(1種子),15 m(1種子)および25 m(1種子)であったので,ポリネーター(花粉媒介昆虫)がいなかったわけでもなく,ツルマメ集団とダイズ畑の距離がポリネーターにとって決して遠かったわけでもない。また秋田ではダイズの開花がツルマメの開花に先行していたが,佐賀のダイズとツルマメの開花はほぼ同調していたため,開花期が完全にずれていたわけでもない。

自然交雑した種子が検出されなかった理由としては,ツルマメ集団とダイズ畑が道により分断されていたこと,ダイズはツルマメに比べて花の数が少なく大きな葉で覆われていることからポリネーターに気づかれにくいこと,ダイズ畑の周りでは殺虫剤の影響によりポリネーターが少なくなったことなどが挙げられる。

実験圃場にダイズとツルマメを50 cmずつ交互に植えた実験(Nakayama and Yamaguchi, 2002)や,隣り合せで植えた実験(Mizuguti et al., 2009)でも自然交雑率は1%よりも低いと報告されている。ツルマメがダイズ畑の近くで自生するような場所では,ポリネーター,開花フェノロジー,ダイズとツルマメの距離などの自然交雑の起こりやすい条件が整っていても,ツルマメ集団とダイズ畑の分断や殺虫剤の影響によって自然交雑する機会は低くなる。発

見された雑種は，極めて低い交雑の機会によって生じたものであろう．

7. 雑種はどのくらい自生するのか？

　雑種より散布された種子は，自生地でどのくらい生存し，発芽するのか．そこで2003～2006年の調査で発見された6地点において雑種(中間体)個体数のモニタリングを行った(加賀ほか，2005；黒田ほか，2005；黒田ほか，2006；黒田ほか，2007；友岡ほか，2008)．

　その結果，ほとんどの雑種は1年で淘汰される傾向にあった(表3)．例えば，角館および佐賀2～5の地点で発見された雑種(F_1世代)は，その翌年には生育個体を発見できなかった．佐賀1では，2004年に黒種皮の7個体(F_2世代以降)と黄種皮の1個体(F_1世代)の雑種が生育していたものの，翌年には黒種皮の2個体(F_2世代以降)へと減少し，さらにその翌年には雑種は1個体も確認できなかった．佐賀3では2004年に1個体を発見(F_1世代)したが2005年にはなくなり，2006年に再び1個体見つかり(F_1世代)，その翌年には見つからなかった．

　これらの結果は，佐賀1ではF_2以降の世代まで自生していたが，ほとんどの場合，雑種はF_1世代で淘汰されることを示唆している．作物は，野生植物とは異なり人間の管理を必要とし，自然環境で生き抜くために不利な遺伝的背景をもつように変化している(De Wet and Harlan, 1975)．自然雑種に含

表3　雑種の個体数の推移(黒田ほか，2007を改変)

| 地点 | 雑種の個体数 |||||
	2003年	2004年	2005年	2006年	2007年
角館	1(黄)*	0	0	0	0
佐賀1	——	7(黒)，1(黄)	2(黒)	0	0
佐賀2	——	2(黄)	0	0	0
佐賀3	——	1(黄)	0	1(黄)	0
佐賀4				1(黄)	0
佐賀5				1(黄)	0
酒田					1(黄)

*種皮色：黄(緑含む)，黒

まれる約半分のダイズのアレルが自然条件で不利になり，すばやい淘汰の原因となったと考えられる。

8. 自然交雑とダイズ・ツルマメの進化

　ダイズとツルマメの自然交雑はダイズ研究者のなかでさえ非常に稀だと考えられてきた。本章では，ダイズとツルマメの自然交雑は今でも日本南北で実際に起こっている現象であることを紹介した。開花期・距離・ポリネーターなどの条件がそろえば遺伝子流動は各地で起こりうるのである(山口，2009)。遺伝変異を生み出す源である自然交雑は，ダイズやツルマメの進化にどのような影響を及ぼしてきたのであろうか。

　ツルマメ自生集団のなかでダイズの遺伝子が定着するかどうかは，自然淘汰のあり方に依存する。遺伝距離の解析で明らかになった「日本のツルマメに見られるダイズの痕跡」は，自然交雑によりダイズの遺伝子がツルマメのなかに取り込まれている可能性を暗示している。しかしそれは傷跡程度のもので，日本ではダイズとツルマメの遺伝子が完全に交じり合うほどの交流には至っていない。ダイズとツルマメの雑種およびその後代は，自然環境で生き抜くには不利なダイズの遺伝子を多く含むことになり，すばやく自然淘汰されてしまうことも傷跡が少ないことの一因であろう。しかし日本とは異なり，中国，特に東北部では比較的多くの中間体が発見されている。中国全土から収集されたツルマメ6,172系統のうち8.5%が100粒重5g以上の大粒で，また2%が緑色の種子である(Dong et al., 2001)。この日本との地域差については，中国の中間体の遺伝変異やそれを取り巻く自生地環境について今後検証する必要がある。

　すばやい自然淘汰の見られた日本の場合でも，ダイズからツルマメに移った遺伝子が表現形質と関わりなくツルマメのなかで維持されている可能性にも留意する必要があろう。なぜなら自生地で淘汰の的となる形質が種子の色や大きさなど容易に判別できる形質に偏っている場合は，その特徴が失われた雑種後代はツルマメに見える。しかし，なかには自然淘汰の影響を受けずに後代へ引き継がれているダイズの遺伝子もあると予測される。それを正確

に検出できるほど上記の研究で用いた遺伝マーカーの数は必ずしも十分とはいえない。今後，中国，ロシア，韓国のダイズや中間体を材料に加え，適応的に中立な遺伝マーカーを用いたゲノムワイドな解析により，ダイズやツルマメの進化へ自然交雑が果たした役割をより明確にすることができよう。

逆に自然交雑によってダイズのなかに入ったツルマメの遺伝子が定着するかどうかは人為的な選抜に依存する。遺伝距離の解析で明らかになった「日本のダイズと日本のツルマメの遺伝距離の近さ」は，長い年月をかけて日本のダイズは日本のツルマメの遺伝子を比較的多く取り込んできたためではないだろうか。ダイズは縄文や弥生時代から日本で栽培されているともいわれ，その長い栽培期間の過程で，周囲に自生していたツルマメとの間で遺伝子の交換があった可能性は極めて高い。つまり Harlan(1992)のいう Hybridization-differentiation サイクルが品種の多様化に貢献したものと考えられる。栽培上不都合な形質を発現するツルマメ遺伝子は，仮にダイズのなかに入っても人為的に取り除かれる可能性は高いものの，近年では飼料用作物としてダイズとツルマメの雑種後代が利用された例(関塚・吉山, 1960)もあるように，風変わりな雑種後代が人の目に留まり取り込まれることもあったであろう。しかし近年，埋め立てなどによる自生地環境の劇的な変化はツルマメやポリネーターの生育できる環境を奪い，早生品種の普及はツルマメからの遺伝子をダイズが受け取ることのできる開花重複期間を減少させている。これまでダイズ品種の多様化へツルマメが果たしてきた遺伝子の供給という生態サービスは，明らかに減少傾向にある。在来ダイズの on-farm(農地)保全やツルマメの *in-situ* (自生地)保全などによるこれらの生態サービスを継続するための人類の英知に期待したい。

第4章 日本列島のタケ連植物の自然誌
篠と笹，大型タケ類や自然雑種

村松 幹夫

　タケやササという言葉を聞いて人びとの想いにはいろいろあることと思う。多くの人は，大型の栽培タケ類の竹藪，竹材やその加工品を思い浮かべることだろう。昨今では筍といえば，ほとんどモウソウチク *Phyllostachys pubescens* である。しかし，タケの仲間は種類が豊富で多様である。モウソウチクに似たタケ類の種類(マダケ属 *Phyllostachys*)は中国大陸に多く，東アジアの照葉樹林地帯を特徴づける植物である。タケと照葉樹林帯との関係については，中尾佐助が『照葉樹林文化』(上山，1969：120-123)の討論のなかで「竹細工が照葉樹林といい相関をもっている」と指摘している。確かに竹細工は東アジアの人びとの生活に強い結びつきがある。では，日本においてタケにかかわる生活体系や大型タケ類の由来はどうだったのだろうか。また，タケに対してササとは何なのだろうか。

　タケの仲間は稈が多年生で竹藪を形成する。稈節(節 node)があり真っ直ぐでひとしお目を引く緑の稈(タケやイネなどの中空の茎)が高く連立する姿は人びとに強い印象を与える。イネ科植物のなかでタケの仲間は，もともとの草本植物から進化して，例外を除いて，巨大化し樹木的形態に変わっているので区別して竹本とも呼ばれる。竹本であるタケは木本性の照葉樹ではないが，その分布地域は東アジアの照葉樹林帯と重なっている。

　大部分のタケの種類では開花はまれに見られるのみである。幾十年にもわたる生長のなかで，たった1回しか花芽を形成しない。イネ科のムギやイネ

などの農作物では，冬の寒さや日長条件によって毎年花芽を形成する。節間(せっかん)生長があり止め葉になり，出穂開花するが，タケやササでは節間生長のみが長く継続する。生育相でいうと栄養生長相から生殖生長相への転換がないまま，何十年にわたる栄養生長の後のある年，枝先に花穂(かすい)が現れ，その年には広い藪のどの稈も，側枝のすべてに及んで一斉に開花する。図1は，ホテイチク P. aurea とハチク P. nigra var. henonis の花穂である。生殖生長相へ転換して花が咲くに至るまでの何年もの間は，葉や茎のみの生長が続き，広い藪やあるいは大きい株を形成する。タケの仲間は日本各地に豊富に分布するので人びととかかわりが深い。そして，分類学的な種類の特定を要求されることが多い。だが，頻繁に開花しないので，花器の特徴に基づく分類が困難であり，実際上の対応から栄養器官の形態の差によって種類が同定されている。

　この章では，東アジア特に日本のタケ連に焦点を当て，その多様さを含むいくつかの特徴について考えてみよう。なお，"ササ"という語にはさまざまなニュアンスがある。学術的に多少とも具体的に述べるとき「ササ」とし，広く一般的な表現では「ささ」と記すので留意してほしい。また，混同しやすい和名が多く，アズマザサとアズマネザサ，スズダケ属とスズザサ属などよく似た名があるが異なる種や植物を指している。

図1 大型タケ類の花穂。大型タケ類では広い竹林全体が開花しても，ほとんど着粒せず，種子はホテイチクでわずかに見られるが，ハチクではまだ1粒も見ていない。
(A)ホテイチクの花穂。2010年月5月，岡山城で撮影。(B)ハチクの花穂では小花が束状に集まっている。2012年7月，岡山市北区御津町(みつ)で撮影

1. タケ連植物と分布

　タケ連植物は，イネ科の進化初期のころに出現したと考えられる大きい一群であり，たくさんの種類や系統がある。日本でいままでに記載された種類名でも600種前後に達する（鈴木，1978；北村・村田，1979）。分類学では科（family）の下に亜科（subfamily），連（tribe），属（genus）などのように，多様な植物が階層的に体系づけられている。Clayton and Renvoize(1986)は，タケの仲間を被子植物，単子葉類のイネ科 Gramineae（Poaceaeともいう），タケ亜科 Bambusoideae，タケ連 Bambuseae と位置づけている。連は族とも使われるが，族は属と紛らわしいので，タケ連と記す。このタケ連植物のなかにタケ類やササ類がある。また，ササ類ではしばしば属と種の間の分類のランクの節 section が取り上げられて，研究の対象となる。

　タケ連植物は新旧両大陸にわたって広く見られ，熱帯と亜熱帯には分布が多い。旧大陸では東アジア，インドやオーストラリア北部にかけて分布し，また，赤道を挟むアフリカにある。新大陸では米国東南部から中米，南米へかけて分布している。東アジアを見てみると中国では主に揚子江付近から南に分布する（Wang and Shen, 1987; Dransfield and Widjaja, 1995）。日本列島では各地に分布し，多数の種が密に生育して広がっている。西南暖地の照葉樹林地域から，標高の高い山地や緯度の高い冷温帯や亜寒帯に及び，千島列島や樺太（サハリン）にもある。このように分布は北半球の東北アジアでは，緯度や標高の高い地域や，寒冷な条件下へも広がっている。

　高緯度や高山地帯に進出しているタケ連は「ささ」の仲間である。大型のタケの種類は，日本に広く栽植され，西日本各地に多い。栽培は東北日本に及んでいるが明らかに密な栽培ではなく少ない。北海道では特別な栽植以外に大型タケ類を見ないが，代わって野生の「ささ」が広大な地域を占めて生育し，背丈も高い。「ささ」の分布について概観すると，日本列島では夏緑林（summer-green forest）にも照葉樹林（broad-leaved evergreen forest）の分布地域にも広く野生分布し，外部形態も生態においても多様性が高い。次節以降に日本列島に分布する種類を中心として自然誌的に少し詳しく述べる。

2. 日本における特異的な区分――タケ(竹)とささ(笹)

　タケ類を特徴づける緑が美しい真っ直ぐな稈は，稈鞘(かんしょう)(竹の皮)の脱落の結果である。竹の皮は，葉柄に当たる部分がよく発達して鞘状に変化し，逆に葉身が退化して小さくなった姿である。述べるまでもなく，根茎(地下茎)から筍として新梢が生じるとき，竹の皮は若い茎を保護する役目を持っている。
　大型タケ類の新梢が20 m近くまで高く伸び，竹の皮を落としたときの稈の美しい姿を見て，人びとはまさにタケならではと思う。そのような竹の皮の脱落現象は，稈鞘基部と稈節の境に離層を生じるという性質の結果であるが，この性質はどの種類にも見られることではない。タケ連における多くの種類のなかで，部分的な群に見られる特徴である。実は，日本で記載されている600種に及ぶタケ連の種類の多くでは竹の皮が脱落しない。この脱落－非脱落という対立した特性はイネ科のなかでも珍しい。しかし，日本ではその特性を重視して，竹の皮が脱落する群をタケ類 Bamboo group，脱落しない(＝非脱落，永続性)群をササ類 Sasa group と呼んで区分する。だが，国外でこの区分が重視されることは少なく，両者はまとめて「タケ」と受けとめられている。むしろ，国外では日本人がササ類を区別していることは知られていない。

3. 日本各地のタケは日本の固有種か？

　大型タケ類の竹藪(竹林)は，西日本各地の里山の景観を形成し，いまや，日本の文化や生活に深く浸透している。古来，生活必需品の多くが"タケ"からつくられてきた。大型のタケ類は伝統生活のなかになくてはならなかった。日本人の洗練された美的感覚はタケによる芸術作品にまで深く及んでおり，日本文化に思いをはせるとき，タケはなくてはならない植物である。そして，われわれは，それらの大型のタケ類が歴史以前から日本の植物として各地に生育していた，と思いがちである。だが，そう思うことには慎重でなければならない。

古くから特定の地域にだけ自然に生育し分布していて，ほかの地域には見られない動・植物の種類を固有種(endemic species)という。ある地域に長く分布していてもほかの地域にも見られ地域固有でない場合は土着種(indigenous species)と呼ぶ。

　そこで，日本の大型のタケ類はどうなのだろうか。現代の日本でタケといえばモウソウチクを指して語る人が多い。しかし，モウソウチクは比較的新しく日本へ伝来し，栽植されて広がった栽培植物の1つにすぎない。中国大陸が原産で，鹿児島へ導入されたのは1746年といわれている。まだ300年にも満たない。ということはコロンブスの新大陸発見よりも新しい。モウソウチクが渡来するまでの1,000年以上にわたる日本歴史のなかで，大型のタケ類は，ハチク(淡竹)，マダケ(真竹, *P. bambusoides*)，ホテイチク(呉竹)であったはずである。なお，「くれたけ」(後述)をハチクとする考えも大変多い(大辞泉，1995；日本国語大辞典，1990など)。これらの3種は人びとが住みつく以前の昔から日本列島に野生していた土着種であったのだろうか。

　前川(1943)は，有史以前の日本列島にすでに帰化植物があったことを指摘し，史前帰化植物(prehistoric-naturalized plants)の概念を提出した。そのような史前帰化植物の一つとして，多年生草本で不稔であるヒガンバナ *Lycoris radiata* を取り上げたが，このヒガンバナの帰化には重要な前提があって，それはタケ類が導入植物であるという考えである。ヒガンバナは中国の揚子江(長江)流域の岩壁上に自生するが，日本では田畔(あぜのこと)，築堤や薮蔭などに多く，人の手が加わることが少ない地には全然見られないことを指摘して，移入されたことを暗示することを述べ，それは，「……大陸から栽培植物殊に薯類，藷類並びに竹類等の如く冬季に運搬が可能であるものの包装用として……」と記している。要約の部分には「古く食糧資源として竹類，薯類，藷類などを移入した際に，付随してきた帰化植物」とまとめている。このように史前帰化植物であるヒガンバナの帰化には，その前提として，タケ類が人びとによって意図的に日本へ導入されたという考えをむしろアプリオリに当然としている。タケが渡来だと考える人はこのほかにも多い。一方，北村・村田(1979)は原色日本植物図鑑(木本編II)の362頁にハチクについて，「……本州および朝鮮の中新統あたりから化石が報告されているところから

みると，野生が日本にもあったということは充分考えられる」と記している。そのほかにもタケ連の葉の化石が見られるということや，実際上，古代は大型タケ類の生きた根茎は，休眠のある種子などと違って海上の持ち運びがとても困難であっただろうと考えて，もともと日本列島にあったという推論も根強い。その考えでは，インヨウチク(陰陽竹；後述)を日本特産固有種のマダケ属植物とし，さらにヒメハチクが取り上げられることがある。

また，このような考察において，地質時代と歴史時代のスケールの差に注意する必要がある。被子植物が出現分布した遠い地質時代には日本列島は大陸の一部であったはずだし，その後，日本列島形成までの間はあまりにも長く，大きい変遷があった。メタセコイア *Metasequoia glyptostroboides* が過去の地質時代の鮮新世に日本列島に分布があったにもかかわらず絶滅し，日本文化形成以前には，すでにずっと長く日本には分布がなかった例と同様に，化石があるとしても，大型タケ類の野生は消滅していて日本にはなかったと仮定するべきである(村松，2007)。

この仮定が正しいと考えることの1つに，日本列島地域に大型タケ類の野生近縁種が見られないことがある。日本産の大型タケ類にいろいろの種類があるといっても，変種や園芸品種のランクにすぎない。日本で大型タケ類の種分化があり，そのまま生存していたならば，タケ類の近縁種や中間型種が日本土着として分布していなければならない。それらは日本列島にはなく大陸には多くの種がある。さらに大切な理由がある。前川は，不稔で多年生のヒガンバナが日本では農耕地域のみに見られるのは，移入(導入)されたことを暗示すると述べ，「本種は種子を生じない」と記している。前川は指摘をしていないが，それらのことは日本の大型タケ類植物にも当てはまる。ハチク，マダケ，ホテイチクおよびモウソウチクは，まれではあってももし開花すれば，おびただしい数の花が咲く。にもかかわらず，高い不稔性(種子が実らない)である。ハチクでは，まだ種子を1粒も見たことがなく，マダケでは十数メートルの大きい稈を何本も切って調べたが，1,2粒得られれば良い方である。このように日本の大型タケ類の種子による一般的な繁殖は困難であるから，日本各地への広がりは，移入，導入された根茎の栄養繁殖によると考えねばならない。人びとによって，主要な有用系統が日本の歴史時代以

前のころに大陸からもたらされたと考えると無理なく説明できる。

現在，少なくとも西日本では，ハチクやマダケなどの半野生状態の分布生育をよく見かけるが，そこはかつての人里や，人が居住していたことがある場所である。そのような半野生状態の大型タケ類植物は，ヒガンバナやカジノキ Broussonetia papyrifera などと同様に，栽植から逸出した自生状態の生育である。それは史前帰化植物の1つの姿として位置づけられる。

ただし，日本において植栽されている有用なタケ連植物のすべてが渡来とは限らない。私は日本列島の各地で見られるヤダケ Pseudosasa japonica が日本起原の栽培植物であると考えているが(村松，2000, 2004)，詳しくは別の機会にまとめたい。ともかく，ヤダケは中国大陸にも植栽があるが，自生ではない(Wang & Shen, 1987)。ヤダケは稈鞘が落ちないのでササ類に入れられている。特徴は，真っ直ぐで強い稈とそして低い稈節である。その姿が美しいので観賞植物としていまや世界各地に見られる。ヤダケのそのような稈は，矢の柄に用いられるのでこの和名がつけられた。すなわち，稈節の直径が節間のそれと変わりないので，マダケやササ属などのように稈節が目立たない。真っ直ぐな矢柄ができあがる。矢は狩猟になくてはならなかったから，自然界から選出されて伝播し，古くから日本各地で栽培されたと考えられる。

4. 日本の伝統文化とタケ類やササ類の呼び名

日本列島における大型のタケ類の由来は，植物学的側面から見て上述のように渡来と考えられるが，日本語の伝統的呼び方からの検討や裏づけも必要である。

有用植物の名前について，サツマイモが鹿児島地方でリュウキュウイモ，沖縄でカライモと呼ばれるように渡来元の地名で呼ぶ例がある。現代の導入種でも，アメリカハナミズキやアメリカホドイモなど多数ある。日本産大型タケ類について調べると，異名が決して多いとはいえないにもかかわらず，「からたけ」や「くれたけ」のように中国大陸から渡来したことを示す呼び名がある。この2つの呼び名に対応する種類が，現代の植物分類学のどの植物種かがわかればすっきりするが，特定はかなり複雑である。「くれたけ」

について，辞書を見ると，例えば，新編大言海(大槻，1982)には，『クレたけ 呉竹，「呉ノ国ヨリ移種シタルモノト伝フ」(一)淡竹(ハチク)ノ類，丈，数尺ニ過ギズ，葉，細クシテ，黄潤ナリ……又，杖トシ，格子ナドニ用ヰル。……(二)コノ語，節(ヨ)，節(フシ)ナド云フ語ノ序ニ用ヰル。……』と記してある。また，古語大辞典(中田・和田・北原，1983)には，『くれたけ 呉竹，「くれ」は中国渡来のものの意。中国から移植した竹。寒竹の異名，淡竹(ハチク)。唐竹(からたけ)。……。真竹(マダケ)を指すこともある』と出ていて複数の種が含まれている。室井(1968)は，『徒然草の「呉竹は葉細く，河竹は葉は広し，御溝に近きは河竹，仁寿殿の方により植えられたるは呉竹なり」とある呉竹はホテイチクで，フシクレタケの上略である』としている。さらに『現に清涼殿に植えられてあるメダケの垣には漢竹という名札がついている』と記している。このように呼び名の解釈に完全な一致はないが，唐竹や呉竹のような漢字が使用されているので，大陸との関係を否定することは困難である。

　日本語には，タケ連の仲間について，タケのほかにササ(ささ，笹)という語がある。日本文化のなかで「ささ」とは何か，タケとは何か，を対応させて客観的に検討するのが考察を深めるためのよい方法の1つと思われる。すでに述べたが，筍(新梢)が生長して稈になるとき，竹の皮(稈鞘)が脱落する群と，脱落しないで永存する群がある。わかりやすい対立形質であり，植物分類学では後者がササ類として分けられている。そして，現代の分類学はさておいて，古代日本においてササ類がどのように意識されていたかは，われわれ日本人が検討しなければならない興味ある課題である。考えを進めて，もし日本人の意識から有用タケ類を除いてみると，そこには「ささ」(=ササ類)が残る。客観的に，「ささ」こそは日本列島の土着のタケ連であり，そのほとんどが固有種である。

　日本列島の土着植物の種類は，歴史以前の古代から日本人が受けついだ伝統的な語に反映されていないはずはない。万葉集にはかなりの植物が詠まれ，そのなかにタケ連植物もある。時代が下って江戸時代の日本において自然誌(natural history)に代わる役割があったというべき本草学の記述，例えば，『本草綱目啓蒙』(小野蘭山，1829)などではかなり詳しいが，タケとササの区別

のことはよく読み取れない。明治以降は西欧の伝統による植物分類学の枠組みに入ることによって，植物形態学にてらした分類体系の整理が進んだ。にもかかわらず，名づけられる和名に本草学時代やそれ以前からの日本の伝統文化の流れを反映しているといってよいだろう。和名の流れのなかで，竹の皮の脱落・非脱落が重視されていないのは，形態分類と日本人の意識との間に乖離があるためであると思わざるを得ない。乖離しているから，タケとササの違いについて植物形態学的な説明がいくら繰り返されても，すっきりしない。つまるところ，両者の外部形態の違いのあるなしに関係なく，日本人の意識のなかに「ささ」がひそんでいるためであろう。

タケとササ

われわれ日本人が漠然と心のなかに持っている「タケとササ」から，先程とは逆に，いわゆる「ささ」を，もし完全に除外することができたとすれば，渡来した植物種であるかどうかに関係なく，日本人に古代に結びついたタケと呼んでいる本来のタケのみが残るはずである。

タケ(竹)には，時代別国語大辞典 上代編(上代語辞典編集委員会, 1967)などに，上代語でほかの語に冠して読むとき，交替形として「たか」があると出ている。竹林は「たかむら」と呼ばれ，漢字に「竹叢」または「篁」の両方があることが古語大辞典(中田・和田・北原, 1983)や角川古語大辞典 第四巻(中村・岡見・阪倉, 1994)に載っている。そのほか，竹垣，竹箒などがある。さらに，このような訓読みに対して「竹」という漢字は，竹筆，松竹梅，破竹などのように，ほかの字と一緒のときに「竹」と音読みする。また，「しつ」という唐音があり，竹篦は「しっぺい」と読む。要するに，タケは音読みや訓読みで呼ばれる1群の有用な導入・渡来植物である。

一方，「ささ」にはタケとは異なるところがある。「ささ」という語は，古事記の上巻に出ている(倉野, 1984など参照)。天宇受賣命(天宇受売命)が天の石屋戸の前で踊ったとき，「天の香山の小竹葉を手草に結いて，……」と記してある。原文は，『手草結天香山之小竹葉而,「訓小竹云佐佐」……』(原文は縦書，「 」内は分注として挿入された文)で，小さい竹と書いて佐佐と読むことがわかる。

「ささ」は万葉集にも詠われている。大伴家持の有名な「我がやどのいささ群竹……」では，原文は『和我屋度能　伊佐左村竹……』で，「ささ」と竹の双方が詠み込まれている(伊藤，1998など参照)。万葉仮名による「ささ」の表記は，図説　草木名彙辞典(木村，1991)には，小竹，佐左，佐佐，佐々などが出ている。

江戸時代の本草綱目啓蒙には「ささぐま」(笹熊)は，クマよりも小さいアナグマである。そのほか例が多く，「ささぐり」(小栗)は小さい栗などが角川古語大辞典　第二巻(中村・岡見・阪倉，1984)や広辞苑(新村，1998)にある。辞書には，ほかにもこれらのような例はいくらでもある。「ささ」という語は変化することなく，近世を経て現代までそのまま残っていて，小さいという意味が変わっていない。タケ連植物の種類について，わざわざ小さい種類をまとめて区別する必要があったとすれば，歴史以前から日本人はタケと「ささ」を同じ視野や枠組みのなかに置くと同時に両者を区別する必要があったためであろう。

「ささ」を記す漢字が中国語になく，「笹」が日本の国字であるということは，「ささ」という植物や言葉が中国文化によってもたらされたのではなく，文字の導入以前の日本人の意識のなかに何らかの価値があり，「ささ」を先行して持っていなければならなかった。その対象植物は，現代人から見れば，分析的に峻別されることはなく多様なものを包括的に含み，漠然としたものであった可能性がむしろ高い。そこへ，大陸から大型タケ連植物が渡来したとき，意識して以前からの植物を区別する必要から，タケに対比して日本土着の野生種をまとめて「ささ」と呼ぶようになったと考えてはどうだろうか。

しの(シノ)とすず(スズ)

タケ連にはタケやササ(ささ)という語のほかに，伝統的に呼び慣わされてきた次の2語がある。1つは「しの」や「の」，あるいは「しのべ」とも呼ぶ一群である。2つ目は「すず」の仲間である。前者の「しの」は，漢字で篠(音読みはショウ)と記される種類群に対応する。この群はメダケ属 *Pleioblastus* としてまとまっていて，日本列島では本州以南，特に西南日本に多く，

南西諸島(琉球列島を含む)の島々に及び，さらに中国大陸に分布する．

　後者の「すず」は，「しの」類と区別される種類で，和名(現代名)はスズダケ，スズ，スズタケなどがあり，分類学ではスズダケ属 *Sasamorpha* に属する．日本列島の太平洋側に広く分布するが，南西諸島にはない．「しの」の仲間との区別は容易で，花穂をはじめ，外部形態形質が明確に異なっている．稈鞘が節間全体を覆い，稈節が低い．ところが漢字は古くから「しの」におけると同じで「篠(すず)」である．また，「篶(すず)」としばしば記してある(木村，1991など参照)．これらの漢字を大漢和辞典 巻八(諸橋，1985)で見ると，篠には，「しの」のほかに「ささ」や「すず」と出ている．また，篶(エン)は「黒い竹」としてあり，記述が一定しない．恐らく先人たちは漢字で伝えられる植物と日本に実際に分布生育する植物との照合に苦労したと思われる．そのことは古事類苑 植物部 1 (吉川弘文館の復刻版，1985)に収録されている明治以前の記載を読み比べると感じ取れる．それらの考定や説明には紙面を要するので，ヤダケとともにほかの機会にゆずることにするが，ここでは形態学的な違いがあるにもかかわらず，両者ともに同じ漢字が当てられてきたことに注目するべきだと思う．

　以上のように，タケの渡来以前からの日本在来で土着であったタケ連の種類を恐らく歴史以前からまとめて「ささ」と呼んでいた傾向を現代人が強く受けついでいると考えられる．日本に伝わっているタケやササという伝統的区分と現代の和名は表 1 のとおり整理できる．表には自然雑種と思われる系統(後述)を省き，中国大陸から日本へ導入された系統も示している．表に示すように，外部形態形質による区分に関係なくタケやササと呼んでいるが，そのような慣わしはササ類において強い傾向があり，タケ類では例外が少ない．表ではなるべく単純化して記したが，実際は複雑で奥深い．例を挙げると，メダケの異名には「なよたけ(長節間竹)」や「おなごだけ(女子竹)」があり，タケとして扱って呼んでいるが，一方で，「しのだけ」(篠竹)という呼び方が異名の 1 つにあり，よく使われる．「しの」という呼び方のときは「ささ」に含まれる．このほか，同一種にタケとササの両方の名がある例にはチシマザサとネマガリダケがある．

　現在の和名には，古くからの伝統的な名に加えて，明治以降に見出された

表1 日本産タケ連の主な種のタケ, ササの区別と和名および特徴

分類学的類型		伝統的区分と種(和名)			ノート	形態的特徴			分布域
亜連	属(倍数性)	タケまたはチク(異称)	ササ			稈鞘	根茎,株型		
Arundinariinae (ササ亜連)	*Sasa* (4 X)	ネマガリダケ	ニチシママザサ*, クマザサ, チマキザサ, ミヤコザサ, クマイザサ, アマギザサなど		日本土着 日本土着, 固有種	非脱落性(稈鞘基部に離層が生じない)(ササ類)	長く伸長, 藪生(散生)		暖温帯および亜寒帯
	Sasamorpha (4 X)	スズダケ(スス)			日本土着, 固有種				
	Pseudosasa (4 X)	ヤダケ(シノベとも呼ぶ)			日本土着, 固有種				
	Pleioblastus (4 X)	リュウキュウチクなど			日本土着, 固有種 日本土着, *Pleioblastus* 属はシノ(しの, 篠)に当たる				
		メダケ(シノベとも呼ぶ)			日本土着, 固有種				
		ヨコハマダケ, コンゴウダケ, オロシマチク, ハコネダケなど							
			ネザサ, アズマネザサ, ヒロウザサ, カムロザサなど		土着かどうか異論あり				
	Chimonobambusa (4 X)	カンチク			導入種と考えられる		脱落性(稈鞘基部に離層が生じる)(タケ類)		
	Phyllostachys (4 X)	マダケ ホテイチク ハチク(クロチクを含む)			導入種と考えられる 導入種と考えられる 導入種と考えられる				
	Shibataea (4 X)	トウチク			導入種かどうか異論あり				
	Sinobambusa (4 X)	シホウチク(シカクダケとも呼ぶ)		オカメザサ	導入種				
	Tetragonocalamus (4 X)				導入種				
Bambusinae (タケ亜連)	*Bambusa* (6 X)	ホウライチクなど			導入種		ほとんど伸びない, 株立ち(叢生)		熱帯および亜熱帯
	Dendrocalamus (6 X)	マチク							

雑種については(後述: 79〜86頁)。*チシママザサはネマガリダケのことであり, 2つの和名は同じ種についた同種異名である。

種類や園芸系統に与えられた名が大変多くある。それらの新しい和名にもタケとササの両語が適宜使用され，どちらかに集約される傾向は見られない。それは，記紀編纂以前から万葉集の時代を通して受けついでいる日本人の意識のなかにタケとササの両方に遠因があり，伝統がいまも心のなかに生きていて，呼び名に双方が表れると思わねばならない。それは，われわれがきっと史前日本語の時代から受けついだに違いない遺産である。

　稲作以前の日本に何らかの農耕があり，焼畑農業であっただろうが，その時代の人びとがいつ大型のタケ類を生活に受け入れたかは，日本における五穀の起原とともに検討されるべき課題である。野生のタケ連植物が当時の人びとの目にふれ，無視されることなく，何らかに利用されていたとすれば，それらは区別されて違った名前で呼ばれていたに違いない。「しの」や「すず」はそのような植物であったと考えられる。「しの」と「すず」は植物学的に異なるだけでなく，「しの」は世俗的で生活に関与し，人里や水辺で旺盛に生育する植物である。一方，「すず」は山地型であって，人びとの扱いも「しの」とは異なっている。にもかかわらず，両者はひっくるめられて「ささ」のカテゴリーに含められているということに留意する必要がある。室井(1968)が「すず」について，「細き竹，小竹(ササ)，すなわち笹に同じ，」とし，「しの」はネザサ類として載せているとおり，日本では広く「ささ」とされる植物である。なぜ「しの」や「すず」までをも「ささ」と呼ばねばならなくなったかは，大型のタケに対応して区分した意識からではないだろうか。

5. 生物学的側面から見た日本列島のタケ連植物

　植物の系統群には染色体数の倍数性系列(polyploid series)が多く見られ動物界とは違っている。倍数性系列とはある系統群について基本染色体数(染色体の1組)の2倍を持つ二倍体($2n=2x$)に加えて，3倍以上に染色体組(ゲノム)を重ね持つ多倍数体(polyploid)を含む系列である。タケ連植物も例外でなく倍数性があり，東アジアに四倍性(tetraploidy，$2n=4x=48$)と六倍性(hexaploidy，$2n=6x=72$)の系統がある(Uchikawa, 1935; Darlington and Wylie, 1955；館岡，1959；表1)。表1に示したとおり，亜寒帯から熱帯に及ぶ範囲内でタケ

連の倍数性による分布地の差異が見られる。

　高等生物では遺伝情報が各染色体へ分配されている。それらの染色体の1組は生物の生命・生活の基本単位である。そして染色体レベルに視点をおくと，それらがどれも生命・生活の基本単位であっても染色体組としてのゲノムの間に細胞遺伝学的な分化があり，異種ゲノムがあることがわかっている。倍数性には同じゲノムの重複のみからなる同質倍数性(autopolyploidy)と異種ゲノムをそのなかに含む異質倍数性(allopolyploidy)がある。どちらの倍数性系列においても低い方の種が先に出現し，進化は高い倍数性へ向かうので，タケ連でも四倍性群が先行して出現し分布を広げたと考えられる。その過程で，特に低温へ耐性を持ったササ類は地質時代の遠い過去から日本列島に分布し，気候変動を生き抜いて残ったと推測できる。タケ類も四倍性群にはマダケ属やその他のように比較的北の方まで生育可能な種類がある。しかし，六倍性群は耐寒性が低く，亜熱帯〜熱帯に分布する。なお，染色体レベルの進化と，耐寒性のような遺伝子レベルの進化との関連については現在まったくわからない。

　日本列島は平均温度や降水(降雪)量に大きい地域差があり，対応して生育する植物種が異なっているが，タケ連でも同じである。ササ類のササ属 Sasa を，例えば瀬戸内海沿岸の岡山市のような平地で栽植してみると，夏の高温，乾燥条件に耐性が低く，山地におけるようなよい生育を示さないだけでなく，枯死することも多い。ササ属のなかで大型であるチシマザサ節 Macrochlamys の，チシマザサ(ネマガリダケ Sasa kurilensis)はユキツバキやヒメアオキ Aucuba japonica var. borealis などが分布する日本海側の多雪地域の森林の林床に適応する。対応して太平洋側の冬乾燥する林床には草本型化したミヤコザサ節 Crassinodi の種やスズダケ Sasamorpha borealis が分布する。これらが，日本海側のブナ－チシマザサ林(群集)と太平洋側のブナ－スズダケ林(群集)として知られる(福嶋・岩瀬，2005)。さらに，より細やかに積雪条件への生態的分化がある。鈴木(1978)によると，ササ属の側枝の冬芽の位置は積雪の深さに関係する。深い積雪によって植物が凍結から守られる地帯ではチシマザサのように冬芽は地上稈の高い位置にあり，太平洋側で冬季に雪が積もらず乾燥する地域では，冬芽は地中にあり，稈は1年生で分枝もしないミヤコザサ

節が分布する。このような形態の差異によってササ属は分類学の節に分けられている。節の分布境界線について，鈴木は「ミヤコザサは年最高積雪の極の平均が 50 cm の等高線とほとんど一致する」と述べ，積雪と生態的分化，種分化の関係を明らかにしている。

6. タケ連の分布と樹林帯

　日本列島は南北に長く急峻な脊梁山脈が走り，地形が複雑である。緯度や標高によって温量指数などが異なる。前述のとおり植物種は日本の豊富な環境条件に対応して分布し，変化に富んだ地域系統を生じている。広葉樹林も西南日本の照葉樹林(常緑広葉樹林)と冷涼な地域の落葉(夏緑林，落葉広葉樹林)樹林に分かれている。日本列島に分布する土着の「ささ」類では，ササ属は東日本〜北日本の夏緑林や針葉樹林の林床や山地に多い。一方，西南日本の照葉樹林地域や周辺にはメダケ属の種が多い。分布地域は東北方向によりササ属が多く，南西地域にメダケ属がより集中しており，傾向として日本列島を北の冷温と南の暖温方向とに地理的に対称に分けて分布している。そして，中間に移行地域として両者がともに見られる。さらにより広い視野から，タケ連の分布の多い地域が東アジアの地図上では照葉樹林帯と重なっている。しかし，細かく見れば少なくとも日本列島では完全に一致してはいない。照葉樹林の分布地帯内でも斉一でない。例えば，中国地方の中山間地帯は一帯がネザサ類の分布地域であるが，そのなかに斑点状に遺存してササ属植物の狭い生育地が飛び地的に見られる。これらは各論的事項として各地点について興味ある課題であると同時に，巨視的な視点による大きい枠組みや傾向に照らして位置づけてみるとより深い意義に到達する可能性がある。ここで，東アジア〜日本の照葉樹林の分布を下敷きとして，その上にタケ連植物の地理的分布を合わせて分布の傾向について大まかな整理を試みてみよう。大きく見て日本列島や東アジアのタケ連の分布をいくつかの地帯に区分することができる(表2)。ただし，区分の間は決して明確な境界線によって分かれていることはなく，多くは幅があり，中間状態にある移行地域がある。そのような地域を経て次の区分へ移行する。なお，ここに記す区分は，日本国内で

表2 日本の樹林帯におけるタケ連植物の地理的分布

地帯	亜地帯	分布の特徴	植物の特徴	地域
1. 針葉樹林帯〜夏緑樹林帯	1-1	メダケ属が分布しない	ササ属が生育良好で大型化	北海道以北と属島
	1-2	メダケ属が分布する	アズマザサ属,スズザサ属が見られる	中部地方の東北部分〜関東地方の北と東〜東北地方
2. 照葉樹林帯	2-1	メダケ属,ササ属,大型タケ類が分布する	アズマザサ属,インヨウチク属,スズザサ属などが見られる	西南日本(本州,四国,九州,屋久島,種子島)
	2-2	ササ属やアズマザサ属が分布しない 大型タケ類が少なく,ホウライチク属の生育が良好	メダケ属が大型化	鹿児島県南部(南西諸島)〜琉球
3. 亜熱帯林帯		ササ属がなく,ホウライチク属などが多く分布		琉球以南

大型タケ類:マダケ属,トウチク属など

は,オホーツク海沿岸から石垣島まで直接主要な現地を観察した結果に基づいている。

第1地帯——針葉樹林帯〜夏緑樹林帯

照葉樹林が分布しない地帯である。タケ連は,照葉樹林帯の北の限界を超えてさらに緯度や標高の高い北方地域や山地にも分布し,落葉広葉樹林帯(夏緑樹林帯)や針葉樹林帯に及んでいる。第1地帯はさらに北海道(1-1)と東北日本(1-2)に小区分できる。

(1)北海道

ササ属とスズダケ属が自然分布する亜地帯である。そのほかの属はかつてこの地域に分布しなかったと考えられる。本州にはメダケ属が分布し,アズマネザサ *P. chino* var. *chino* は青森県まで見られるが,距離的に近くても津軽海峡を隔てた北海道にメダケ属の自然分布が見られない。ただし,古くから本州との間に人びとの交流があった函館付近には,人手が加った生活の場付近にメダケがありマダケ属の栽植も見られるが,明らかに本州から持ち込まれたものと考えられる。しかし,スズダケ属やササ属は明らかに土着種であり,さらに両属の間の雑種(後述)と思われる集団が見られる。このことは両

属が北海道で長く共存してきたことを示し，雑種形成はこの北海道地域でも例外でないことが明らかであるが，後述の自然雑種属のアズマザサ属 *Sasaella* が見られないことは，過去にメダケ属の分布がなかったためと考えられる。このようにメダケ属が欠如していて，ササ属とスズダケ属を主とする純粋な「ささ」地帯である。

(2) 東北日本

　この亜地帯は東北地方から関東地方北部や甲信越地方に及ぶ。特徴はアズマザサ属やスズザサ属 *Neosasamorpha* のような自然雑種属の種が多く認められることである。それらの雑種については後述する。地形や気候の細やかな変化に対応して，夏緑林のササ属と南方系のメダケ属の生育が接する地域に当たる。分布するメダケ属は主にアズマネザサであるが，山地にはササ属や，またスズダケ属が目立って多い。なお，地下根茎は主に単軸分岐(monopodial branching)を示し，稈が根茎の節から出て散生した藪をつくるが，種類によっては部分的に仮軸分岐(sympodial branching)をする。この地域にも大型タケ類の植栽が日本海側の秋田県北部に及んでいる。しかし，栽植条件下の生育であり，西日本において見る半ば自生化した旺盛な生育を見出すことが困難で状態は異なっている。

第2地帯──照葉樹林帯

　暖温帯性で染色体数が $2n=4x=48$ の大型タケ類の種類が日本列島に渡来して広く分布しており，その生育が良好な地域である。それらの良好な生育は原産地(起原地)の気候条件によく合致しているからこその結果でなければならない。生育良好な地域の範囲を日本列島の照葉樹林帯に合わせて見ると，概ね両者は対応する。北の照葉樹林の分布の限界線辺りから南へ，南西諸島付近までである。これらの渡来大型タケ類を指標として分布地を中国大陸へ伸延すると，揚子江の中下流域が入る。中国大陸のマダケ属の分布域や朝鮮半島の南の地域と日本列島本州の照葉樹林地帯，四国，九州，さらに南西諸島を含めた範囲は第2地帯としての1つのまとまりと考えられる。

　ここの地帯に分布するタケ連の生育には明らかな季節性があり，寒冷な冬期を経て春に出筍(しゅつじゅん)(筍の発生)し，特に大型タケ類が初夏に落葉することはよ

く知られている。なお，次項に記す熱帯性の種類がこの地帯の南部分に導入され植栽されている。それらは六倍体種で夏に出筍する。

メダケ属には多くの種がある。西日本にはネザサ節のネザサ P. chino var. viridis を含む互いに近縁の各種がときには混生して，密に生育する地域が多い。また，南西に向かうにしたがって頻度が少なくなるがササ属やスズダケ属が分布する。この両属の分布とメダケ属の節によって西南日本 (2-1) と南西諸島 (2-2) の亜地帯に照葉樹林帯を区分する。

(1) 西南日本

2-1 の亜地帯は，南端は鹿児島県，三島村の黒島とその東に位置する屋久島や種子島を結ぶ線から，北は本州の照葉樹林帯の範囲内である。屋久島にアズマザサ属のクリオザサ S. masamuneana が分布することは，かつてここまでササ属の自然分布があったことを示している。すなわち，分布の境界地帯では，過去の寒冷期には，より南の方向へササ属やメダケ属の分布の移動があったと考えられる。

(2) 南西諸島

南西諸島～琉球列島に自然分布するメダケ属は，リュウキュウチク節 Caepitosae の種に代わる。この節では根茎が仮軸分岐し叢生した株になる傾向があり，大型「しの」化が見られ，壮大な群落を形成して，寒冷地におけるササ属の巨大化に匹敵する姿を示す。

リュウキュウチク節の種が分布する地域を，2-2 として亜地帯に分ける。

第 3 地帯——亜熱帯林帯～熱帯樹林

熱帯地域に適応し，染色体数が 2n＝6x＝72 のタケ連の群が分布する地域である。暖温帯性のタケ連群との分布地域の差は，温度条件で決まっている。夏に出筍する。竹の皮は暖温帯性タケ類と同様に脱落する。また，壮大に生長する種が見られる。根茎は仮軸分岐型で先端が新梢になるので，稈は互いに密接して叢生型と呼ぶ株の姿を示す。熱帯地方から亜熱帯に多く，南中国では各地に栽植されている。寒さに弱いので日本国内に自然分布がない。比較的寒さに耐えるホウライチク Bambusa multiplex やその品種が暖地には栽植されるが，東，北日本では冬に寒さの害を受けるので屋外栽培は難しい。

以上は，東南アジアから日本列島に至る照葉樹林の分布を基準にとってタケ連植物の分布を重ね合わせて区分した結果である。概ね照葉樹林の分布限界を境にして東北側ではササ属が優勢であり，南西方向ではメダケ属〜導入タケ類が多い。このように「ささ」の種類に視点を置いて，日本列島を4つの亜地帯に区分した。

7.「ささ」の属と属の間の中間型植物の生育地点や様相

野生種としての「ささ」の姿はいろいろである。やや微視的に観察すると，例えば，九州南端から西南の方向へは，メダケ属のリュウキュウチク節の種類が南西諸島〜琉球列島にわたって分布し旺盛に生育する。関東地方ではネザサ類（主にアズマネザサ）が平野や台地に，中国・四国地方であれば山陽地域や瀬戸内海の海岸，島じまにも大変多い。海岸地帯から北へ，やや標高の高い山地である吉備高原面の準平原地域にもネザサ類がアカマツ林などを含めて広く分布するが，さらに中国山脈へ向かうとササ属に代わる。

ネザサ類は「しの」の代表的な一群であり，メダケ属のネザサ節 *Pleioblastus* sect. *Nezasa* に属する群である。生育地や様相がササ属とははっきり異なっている。しかし，一方，この両者に共通に見られる生物学的現象がある。それは，①環境条件による変異や，②遺伝的変異が多い上，③異なる遺伝変異系統がいろいろな割合で混生している集団が多いことである。普通に見られるそのような集団では，観察採集行の現地でどの種類を主とするどのような集団であるかを記載し難い。野生タケ連植物の観察探索現場で種の同定の困難に直面することがあっても，それを不思議がる人は滅多にいない。細かい形質の差をもとに種名がついていて，分類の複雑さをよく理解できるからである。そのような生育集団が本州，四国，九州に広く分布している。

中国地方の山の植物を観察しながら中国山脈の尾根付近に近づくとササ属のチシマザサがある。この付近がチシマザサの生育の南の限界である。その分布地に接してチマキザサ，チュウゴクザサなどのササ属の種が広く谷筋に至るまで見られる。山脈地帯から吉備高原の農業地帯の中山間部地域に戻ると，そこはメダケ属ネザサ類の分布地帯であるが，観察していると，ときお

り，ササ属が分布している。吉備高原のなかでやや標高の高い地点である。生育環境を見ると植生が比較的よく安定し保存されている。周辺のネザサ類がササ属に隣接して生育している地点を注意して観察すると，典型的なネザサ類に混じって，いくらか葉幅が広い植物を見かけることがある。形態形質を詳細に比べると間違いなく両者の「中間型」である。そのような中間型形態の植物が生育現地でしばしば見られることが，「ささ」の種の同定において混乱が生じる理由の1つである。

メダケ属とササ属の間の中間型植物群は，従来からアズマザサ属として1属に分類されている。そのなかの一種，アズマザサ S. ramosa は最初関東地方で採集された標本に名づけられた和名であるが，決して関東に局限して分

図2 アズマザサ属(Sasaella)。
(A)アズマザサ属の一種のクリオザサ。2012年8月22日，岡山県真庭市にて撮影。(B)アズマザサ属の一種の花穂。岡山県高梁市にて，2008年5月撮影。この花穂は3小穂からなる。(C)出穂中のクリオザサ。2012年8月22日，岡山県新庄村で撮影。アズマザサ属では同一の茎や枝について，肩毛が上部の葉ではメダケ属型，基部方向ではササ属型である。この写真では止葉の肩毛は，葉鞘に平行した方向に着きメダケ属に近く，1つ下方の葉ではササ属型で茎に直角に出ている。肩毛とは，葉鞘の先端の毛(＝葉身基部に見られる毛状突起)である。

布する種類ではなく，日本各地に見られる。

「中間型」植物群であるアズマザサ属には重要で興味あるいろいろな形態形質があるが，そのなかに雄しべの数がある。雄しべはササ属では6本，メダケ属は3本である。アズマザサ属では雄しべの数が小花によって変異し，3〜5本にわたる(村松, 1995)。雄しべの数だけでなく，図2に示すとおり花穂形態はもちろん，植物全体がササ属とメダケ属の中間型であり，それはあたかも両属へ分化する前の祖先型に見られたであろうと思う形態に一致する。そして，各地に多く見られることによって，この属が両属の祖先系統ではないかという類推が仮に生じてもおかしくない。中間型が祖先種か，または，属間に生じた雑種植物かどうかについて実験的な証明を得るには，前提としてタケ連が交雑しやすい植物かどうかをまず知る必要がある。そこで人工交雑(artificial hybridization)実験を試み，タケ連植物の種，属間の交雑親和性(交雑和合性 cross compatibility)について調べた。

8. 日本産タケ連の遠縁交雑親和性——人工交雑による属間雑種の育成

交雑親和性とは，異なる種や属の植物が交雑し，雑種植物が生じる能力である。両親の花粉や雌しべが正常であっても雑種種子が得られるとは限らない。種・属間交雑や雑種について，タケ連やコムギ連をも含め，一般的結果を整理すると，植物の系統分化が進み，類縁が遠く離れるに連れて雑種が得られる比率が低下し，生じた雑種も子孫を残し得ないという段階になる(村松, 1988, 1991)。決して雑種が得られない種，属の間は，互いに完全な交雑不親和性(交雑不和合性, cross-incompatibility)である。似た用語に自家不和合性(self incompatibility)があるが，この場合は雌雄の器官がともに完全で授粉が正常でも同一個体内では果実や種子ができない現象を指す。

開花という語は，生殖生長に入り植物が花芽形成を開始し，花穂として発育し，開花結実し枯死するまでの過程全体を示し，広義には開花現象と呼ぶことができる。しかし，より厳密に，開花を花弁が開くことに限定した研究も多くある。その1つに交配実験があり，開花過程を慎重に観察しながら行う。イネ科は風媒花で，イネやコムギの例のように花弁がなく，穎(えい)が発達し

図3　タケ連の開花小穂。
(A)〜(E)：ササ属ミヤコザサ節の一種。(A)開花初期で開穎し花糸が伸長し始める。(B)さらに進んで雌しべが現れる。(C)花糸の伸長が進み葯の裂開を開始する。雄しべは6本あり，雌しべの柱頭は3裂。(D)同一花穂で小花は斉一でなく，いろいろな段階があることを示す。京都市右京区にて2010年の採集系統に，2011年開花。(E)開花がほぼ終了した小花。長野県にて2006年採集の系統に2007年開花。(F)と(G)ハチク(マダケ属)の開花小花。(F)開花初期段階で花糸の伸長開始。マダケ属では穎が開かないまま雄しべの花糸が伸び，葯が穎の外へ現れる。(G)花糸の伸長が終わり葯の裂開段階。2012年7月26日，岡山市北区御津町にて撮影

ている。図3は，ササ属とマダケ属の開花小花である。開花は，開穎(かいえい)であり，雄しべ(雄蕊，雄蕋)の花糸が伸長し，葯(ゆうずい)(花粉ぶくろ)が裂開(花粉が葯から出られるよう壁が開くこと)して花粉が飛散する。また開穎しない開花もある。マダケ属では開穎しないまま，花糸が伸びる。そして，花糸の先端にある葯がまず穎から現れる。花糸が長く伸びた後，葯の先端から裂開する。雌しべの花柱は長く伸びないので柱頭は穎の付近に現れるにすぎない。小花が両性花であっても開花においては写真(図1，図3)に見るように柱頭が葯の裂開の位置と離れているので，他家授粉しやすい。風媒花だから柱頭の位置が葯から離れていても授粉可能だが，近くのほかの個体，ほかの種，属の花の間で授粉する機会が生じる。

第4章 日本列島のタケ連植物の自然誌——篠と笹，大型タケ類や自然雑種 81

図4 タケ連植物の交配。
(A)開花開穎開始，雄しべの花糸が未伸長で葯も未裂開。植物はメダケである。
(B)ピンセットで葯を取り除く(除雄)。(C)授粉。(D)交配小花に糸で標識をつける。

　交配実験では自然任せの放任授粉を避け，目的とする組合せの間のみに限った確実な授粉でなければならない。自家授粉は望まないので，図4に手順の一部を示すとおり，葯の裂開以前に予め葯を取り除く。この操作を除雄(じょゆう)(emasculation)という。そして，望まない花粉の飛来を防ぐため袋かけをして隔離する。開穎している時間は長くて4〜5時間である。花粉は葯から飛散すると生存時間が短い。生存花粉率の低下は分単位のようである。雌(め)しべ(雌蕊(しずい)，雌蕊)も開穎時間内に授粉しなければ果実ができない。管理条件下の授粉交配を人工交配(人為交配)，授粉操作を人工授粉(人為授粉 artificial pollination)と呼んでいる。交配操作が適切でなければ，本来持っている交雑親和性が判断できなくなるので，細心の注意が必要である。このような人工授粉を行って，分類学上の類縁が遠く離れ，外部形態が互いに大きく異なっている

表3 日本産タケ連植物の交雑親和性(属間の主要な交配組合せと結果を示す)

属間交配組合せ[*1]		雑種と形態
ササ類内		
メダケ属×ササ属	メダケ×チシマザサ	アズマザサ型,大型
	ネザサ×チュウゴクザサ	アズマザサ型
ササ類―タケ類間		
メダケ属×トウチク属	オロシマチク×トウチク	中間型,龍青竹と命名[*2]
メダケ属×マダケ属	メダケ×マダケ	中間型,ナリヒラダケ属 (*Semiarundinaria*)に類似
ササ属×マダケ属	チシマザサ×マダケ	中間型,インヨウチク属 (*Hibanobambusa*)に類似
	トクガワザサ×マダケ	中間型,インヨウチク属 (*Hibanobambusa*)に類似
タケ類内		
トウチク属×マダケ属	トウチク×マダケ	着粒なし

[*1] 左:属レベル,右:実際に用いた種。[*2] 村松(2005a)

系統群である「たけ」,「ささ」,「しの」の3群,すなわち,マダケ属,ササ属およびメダケ属の間の3組合せについて交配実験を行った。結果はどの組合せでも着粒し,雑種が得られた(村松,1972a,1972b,1994;Muramatsu,1989)。ほかの種,特にトウチク *Sinobambusa tootsik* を含めた交配組合せも併せた研究結果の主なものを表3にまとめた。少なくとも日本産のタケ連では,互いに高い交雑親和性があり(村松,1994,2002),それぞれ類縁関係が遠い属でも表3や図5Aに示すとおり雑種が得られた。

9. タケ連の自然雑種と雑種属

タケ連の花器は上述のように他家授粉しやすい形態であるので,同時に開花したほかの個体が近くにあれば,自然界でも交雑する機会が高い。開花の頻度が何十年に一度のようにごく低くても,もし同時に開花すれば,自然交雑はいろいろな組合せに生じる。それらの組合せが,①もし同一属内の種間であれば,雑種 F_1 では正常に着粒し稔性は高いであろう。そして雑種 F_2 世代における遺伝的分離によって,集団の遺伝変異～多様性が高まるだろうが,新しい属を生じるような大きい変異は普通は期待できない。②しかし,

第4章 日本列島のタケ連植物の自然誌——篠と笹，大型タケ類や自然雑種　83

図5　タケ連の属間雑種。
(A)人工交雑によって作出したF₁雑種。2012年6月14日撮影。写真の左側の植物はミナカミザサ(*Sasa senanensis* var. *harai*)×マダケ(*Phyllostachys bambusoides*)，左下のメダケの葉に比べて葉幅が広い。右側はオロシマチク(*Pleioblastus pygmaeus* var. *distichus*)×トウチク(*Sinobambusa tootsik*)である。メダケよりも葉が短く小さいが，雌親のオロシマチクに由来する形質である。この雑種植物を龍青竹と呼んでいる(村松，2005a)。(B)インヨウチク(*Hibanobambusa tranquillans*)。2012年6月18日撮影。自然に生じた属間雑種。葉身幅はチュウゴクザサ(*Sasa veitchii* var. *hirsuta*)に似るが葉の先はマダケのように鋭尖頭である。ちなみに，チュウゴクザサとマダケの間ではインヨウチクに一致する雑種が得られる。

属間に生じたF₁雑種ならば，中間型として目立つので，採集されるだろうし，分類学的な扱いにおいても，少なくとも属内の新しい節や別属として記載される機会が多かったと考えられる。

具体的な例として，前述のアズマザサ属で，①交雑親和性を調べ，②祖先型か自然雑種かを検討した。メダケ属のネザサ類とササ属とを実際に交配したところ，雑種F₁植物が得られた(村松，1972a)。追試実験で両属間の正逆交配組合せとも雑種が生じることや雑種はアズマザサ属に一致することを見出した。アズマザサ属には，アズマザサのほかにいろいろな種が日本各地で知られている。それは両親の属の違った種の間における多くのいろいろな組合せの雑種が生じたことを示している。

自然雑種の形成は，ほかの属間にも同様に見られる。ナリヒラダケ属*Semiarundinaria*の分類形質はメダケ属とマダケ属のF₁雑種に完ぺきに該当する(Muramatsu, 1989；村松, 1994のFig.8)。また，ササ属とマダケ属のF₁雑種(村松，1982, 1994；Muramatsu, 1993)は，分類上マダケ属の一種とされていたインヨウチク*Phyllostachys tranquillans*(室井，1962；鈴木，1978)に極めてよく

似た植物であり，インヨウチクが属間雑種であることが明らかとなった(図5, および村松，1994のFig.7とFig.9参照)。

　属間雑種の外部形態は中間型であり，両親のそれぞれとは違った形態を示すが，タケ連の分類学上の扱いはまちまちである。北村・村田(1979)は，インヨウチクを雑種と認めてインヨウチク属 Hibanobambusa という属名を与えている。また，舘脇(1940)はスズダケとササ属との中間型植物群を自然に生じた雑種であろうとしてスズザサ属を提案している。このスズザサ属の扱いであるが，分類学では長くササ属のなかのナンブスズ節 Lasioderma と扱われていたが(鈴木，1978参照)，1996年ごろにスズザサ属へ昇格された(鈴木, 1996)。

　このように分類学では雑種の扱いが斉一ではないが，植物遺伝育種学(plant genetics and breeding)の視点に基づいて雑種という遺伝構成を重視すると，日本産タケ連の属は，2つのカテゴリーに分けることができる。
①1つは自然に種分化し成立した通常の属である。タケ類ではマダケ属 Phyllostachys，トウチク属 Sinobambusa，オカメザサ属 Shibataea，ホウライチク属 Bambusa などがあり，ササ類ではスズダケ属 Sasamorpha，ササ属 Sasa，メダケ属 Pleioblastus，カンチク属 Chimonobambusa などがある。
②もう1つは自然雑種や雑種と見なされる雑種属である。タケ類ではナリヒラダケ属 Semiarundinaria とインヨウチク属 Hibanobambusa があり，ササ類ではアズマザサ属 Sasaella やスズザサ属 Neosasamorpha などがある。このほかに，筆者はササ類のヤダケを推定雑種(putative hybrid)としている(村松, 2004)。

　雑種属(hybrid genus)という呼び方については説明を要する。筆者は自然界の属間雑種の生育地や周辺を繰り返し詳細に観察し続けているが，属間雑種の種子から生じた子孫によると思われる雑種集団は見られない。子孫の雑種集団の形成には雑種F_1世代の正常な配偶子形成にともなう高い種子着粒率が前提である。ナリヒラダケ属やインヨウチク属の開花株の詳しい観察結果では，葯は裂開してもその程度は低く，花粉は不稔花粉を含む大小がある。種子の着粒はなく，少なくとも種子稔性は自然条件下では不稔であった。アズマザサ属でも，系統によってごくまれに着粒が見られる程度であり，高い不稔性である。属間雑種の配偶子形成において成熟分裂(meiosis，減数分裂)の

第1中期(MⅠ期)に表われる染色体対合の頻度が低く,両親となった属間にゲノムの分化(染色体の対合不良)があることを示している。このように属間雑種の染色体構成には異種ゲノム関係が明らかに含まれ,多ゲノム性半数体(polyhaploid,村松,1987など)のような構成や,少なくとも相同ゲノムと異種ゲノムを2種含み,ゲノム式でAACDのようなゲノム構成であると思われる。構成も両親の雑種組合せによってまちまちであろう。いずれにしても研究が深くは進んでいないので,ここでは属の成立を重視して雑種属と呼ぶのが適切と思う。

10. 日本産タケ連の交雑親和性と生物学的種

　私たちが動植物を学術的に識別しようとするとき,「種(species)」を基本単位として認識することが求められる。種をどのように把握するかは,タケ連の研究遂行に本質的に大切である。しかし,タケ連では伝統的に人為分類の傾向にあり,外部形態を中心として,例えば,稈鞘,稈,稈節,葉身に見られる毛茸など質的形質が重視されている。そして腊葉標本となったタケ連植物の生育現地の発育条件や環境条件の研究が十分でない傾向もある。毛茸によっては環境条件によって変異し,出現しないことがしばしばあるので,同一栄養系を分割した植物ですら別種と同定される可能性がある(村松,1996)。同じイネ科のコムギ連 Triticeae の栽培コムギ類を取り上げてみると,穂の色調,穎毛や芒の有無などの差は変種として扱われている。さらに,かつては穂密度などによる穂型の差が種として区別されていたが,それらは同じゲノム(染色体組)構成の枠組みのなかで作用の大きい1,2の主働遺伝子(major gene)のみの差であるので,外部形態の大きい差にもかかわらず亜種(subspecies)とされるようになった(村松,1978など参照)。同じイネ科のなかでタケ連の種をほかの連における種と比べるとき,区別の基準について差があり,整理が必要なことはしばしば指摘されている。

　新しい種の概念や定義にいくつもの提案がいままでにされてきた。そのなかに生物学的な種概念,進化学的,生態学的などの多くの種概念がある。そのうち最も一般的な概念である生物学的種概念(biological species concept)によ

るタケ連の種の検討と理解は，タケ連にとって必須と思われる。生物学的な種の概念はE. Mayrによって1960年代にまとめられたが，遺伝子の交換が重視され，生殖的隔離の有無が含まれる(Mayr, 1963)。遺伝子交換が自由である群(雑種)では，前提として，成熟分裂において染色体対合が規則正しく生じ，それによって正常な配偶子が形成され，種子繁殖によって後代が得られなければならない。そこで属間雑種の稔性やF_2以後の世代を生じるかどうかが重要な基準である。不稔であればF_1雑種世代は得られても，その後代は生じないから，遺伝子を自由に交換する集団は得られない。いまのところ，雑種属の次代植物の芽生は一度も発見できていない。これらを総合的に考えて，少なくとも，外部形態形質によって分類されている日本産タケ連の属のランクは，生物学的種概念による種に相当すると考えられる(村松, 1994, 2002)。

11. 広義に見たタケの仲間の植物──タケノホソクロバの食性から

　同じイネ科に属する連であっても，進化の最先端にあって，まとまりがよいコムギ連植物に比較して，タケ連はより多様な姿を示している。例として花穂の形態を取り上げて，マダケ属とササ属を比べると互いに大きく違っている。雄しべが3本で開花の際に穎が開かないマダケ属の花は，雄しべが6本あり，開穎するササ属との間の形態の差が大きい(図1と図3を比較参照)。イネ科の分化の初期にはタケ連に，もっとさまざまな種や属があったであろうと類推される。そのようなタケ連という1つの枠組みのなかで，コムギ連の属間よりも互いに大きく隔たって異なる独特な姿を持つ種類群の差異をどれだけ詳細に研究しても，結果として，より深く掘り下げるだけに終わってしまう。それよりも，タケ連を1つの単位として扱い，より上位の総合的な方向へ視座を転じてみると，新しい考えの地平線が広がって見えてくるに違いない。そのようにして，違った群の互いの共通点に視点を置いて体系づけるとき，タケ連は近縁のイネ科の仲間に対してどのように位置づけられるのだろうか？
　花序，花穂の形質や種子の形態，発芽，芽生えの形質などの生殖生長相に

表4 イネ科タケ亜科の連と日本列島における分布

連名		日本における自然分布(○印)
1. Bambuseae	タケ連	
a. Arundinariinae	ササ亜連	○
b. Bambusinae	タケ亜連	○
c. Melocanninae	メロカンナ亜連	なし
2. Anomochloeae	アノモクロア連	なし
3. Streptochaeteae	ストレプトケータ連	なし
4. Olyreae	オリラ連	なし
5. Parianeae	パリアナ連	なし
6. Phareae	ファールス連	なし
7. Phaenospermateae	タキキビ連	○(1種のみ)
8. Streptogyneae	ストレプトジャイナ連	なし
9. Oryzeae	イネ連	○
10. Phyllorachideae	フィロラキス連	なし
11. Ehrharteae	エルハルタ連	なし
12. Diarrheneae	タツノヒゲ連	○(1種のみ)
13. Brachyelytreae	コウヤザサ連	○(1種のみ)

ともなう特徴に注目すると，タケの仲間は決して近縁の連から孤立して異なってはいない．モウソウチクの種子(正確には果実，要するに穀粒)は，このタケの巨大さにもかかわらず決して大きくはなく，むしろ比較的小さい．長さ1.5 cm に満たない程度で，径も1 mm 余りであり，大きさも形も近縁のイネ連 Oryzeae のマコモ *Zizania latifolia* の種子に類似している．また，ササ属の種子は丸く，近縁連のタツノヒゲ連 Diarrheneae やタキキビ連 Phaenospermateae の種子と類似している．タケ連はイネ科のなかで近縁連の植物とは互いに類似し，決して孤立した群ではない．表4に示すとおり，Clayton and Renvoize(1986)の体系ではイネ科タケ亜科 Bambusoideae のなかに13連がある．そのうち日本には5つの連が分布するが，タケ連はそのなかの1つである．

　昆虫が餌として摂食する食草の種類はいろいろである．食草の種，属や系統分類学的範囲は，昆虫の種類によって決まっている．1種類の植物のみを食べる単食性(monophagy)，系統分類群の狭い範囲に限られる少食性(oligophagy)や，異なる多くの種類にわたって広く食草とする広食性(多食性, polyphagy)があり，各種各様である．そのうち少食性昆虫には興味が持たれる．

カイコ Bombyx mori や野生種のクワコ B. mandarina は，クワ(Morus alba, ヤマグワ M. bombycis など)の葉を食草とするが，近縁のクワ科別属のハリグワ Cudrania tricuspidata でも正常に成熟し営繭する。また，新大陸産のアメリカハリグワ Maclura pomifera(Osage-orange)を与えてみたが同様に変わりなく摂食しクワコにおける食性は大陸移動をとおして，安定した形質である(村松，2005b)。同じクワ科でもコウゾ属 Broussonetia のヒメコウゾ B. kazinoki では摂食が劣り，もっと遠縁のイチジクなどは与えてもごくわずかに囓る程度にすぎない。昆虫は，産卵・摂食において植物が持つ微量な物質を検知し選択しているはずであるので，植物の類縁と物質の量，質に何らかの相関関係があ

表5 タケノホソクロバのタケ亜科植物における蛾の産卵と幼虫の摂食

連	産卵	摂食 野外条件	摂食 容器内飼育(5齢幼虫)
タケ連			
クロチク(ハチク)	＋	＋	＋
インヨウチク	＋	＋	＋
ヤダケ	＋	＋	＋
メダケ	＋	＋	＋
シホウチク	±	＋〜±	＋
ホウライチク	－	＋〜±	
イネ連			
マコモ	±	＋	＋
ツクシガヤ	－	＋	＋
イネ	－	＋	＋
アフリカイネ	－	＋	
アシカキ	－	＋	＋
エゾノサヤヌカグサ	－	＋	＋
タツノヒゲ連			
タツノヒゲ	－	－	±
タキキビ連			
タキキビ	－	－	－
コウヤザサ連			
コウヤザサ	－	－	±

注)産卵のない植物における摂食は，近隣の植物からの幼虫の自然移動による。
＋：あり，－：なし，＋〜±：低程度，±：ごくわずかな産卵または摂食，空欄：未調査

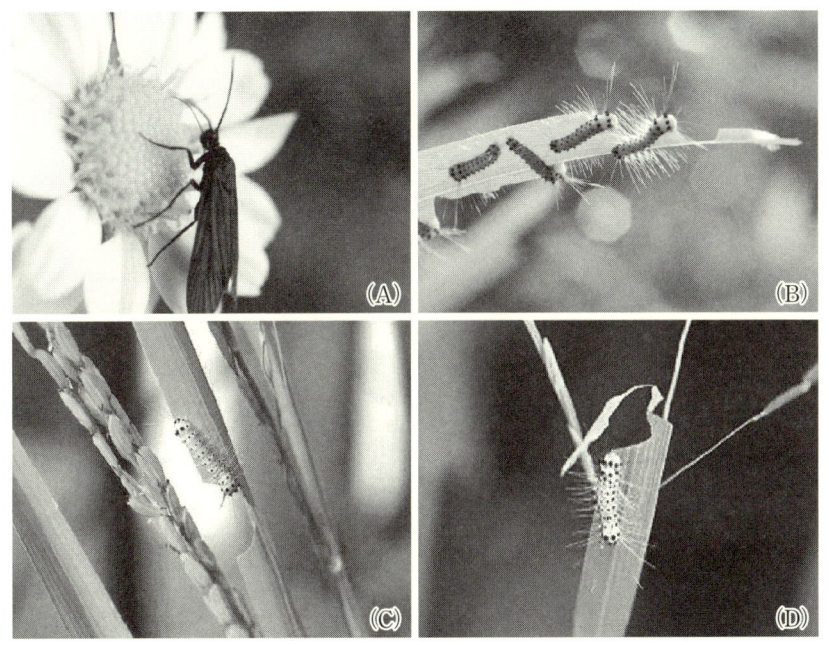

第4章　日本列島のタケ連植物の自然誌——篠と笹，大型タケ類や自然雑種　89

図6　タケノホソクロバ(*Artona funeralis*)。蛾と，幼虫の摂食。
(A)ノジギク(*Chrysanthemum japonense*)の花で吸蜜する蛾(2011年11月11日撮影)。(B)メダケ(*Pleioblastus simonii*)の葉上で摂食する幼虫(2012年6月27日撮影)。(C)アフリカイネ(*Oryza glaberrima*)の葉上における終齢幼虫。2008年10月25日撮影。(D)サヤヌカグサ(*Leersia sayanuka*)の葉を食う終齢幼虫。2008年10月16日撮影

れば，昆虫の反応の差によって類縁が近い遠いの目安が得られることが期待される。

　タケ連の葉を食害する害虫のなかで，タケノホソクロバ *Artona funeralis* は鱗翅目マダラガ科の蛾の類の一種で，しばしば吸蜜する蛾(成虫)をキク科の花で見かける。幼虫は多数集まってタケの葉を蚕食し大きい被害をもたらす。幼虫が，限られた空間内において集団で摂食する習性は，飼育が可能であることを示している。そこで，タケ亜科における調査を，タケ連の属に加えて表5に記すようにタケ亜科各連の日本産の種類を中心に幼虫による摂食実験を行った。幼虫は「ささ」の主要3属をよく摂食する。近縁のイネ連の植物では，栽培イネ(イネ *Oryza sativa* とアフリカイネ *O. glaberrima*)のほか，ツクシ

ガヤ *Chikusichloa aquatica* やマコモ，サヤヌカグサ *Leersia sayanuka* などの野生植物の葉を供試した。どれもよく摂食することを見出した(表5)。図6は，タケノホソクロバの成虫(蛾)や摂食中の幼虫である。

　幼虫は孵化場所で摂食を開始するので，蛾が産卵する植物の選択が前提である。産卵ではタケ連の種間差異が見られた。イネ連の葉には，実験条件下でマコモの葉に産卵をした。タケ亜科のなかで，イネ連とさらに遠縁の連との間には大きい差がある。タツノヒゲ *Diarrhena japonica* とコウヤザサ *Brachyelytrum erectum* では蛾の産卵がまったくなく，幼虫に与えると少し反応を示し囓ることはあっても摂食が続かない。タキキビ *Phaenosperma globosum* に幼虫の反応はまったくなかった。

　タケ連のなかにも種属間差異がある。ホウライチクでは，その園芸品種を含めて産卵がなく，幼虫は少し摂食するにとどまる。このように同じタケ連であっても食草として好まない分類系統がある一方で，供試したどのイネ連の葉も幼虫はよく摂食した。幼虫の摂食について，タケ連とイネ連との間を明瞭に区別することは困難である(村松，2006a，2006b，2009)。しかし，蛾の産卵はタケ連が多かったので，少なくとも供試植物に限ってタケノホソクロバはタケ連との関わりが強い傾向を示している。

12.「人びと，栽培，自然雑種属」とインヨウチクの伝承

　タケ連の属間に生じた自然雑種は，遺伝育種学的視点だけから見ると，雑種という生物学的状態においてはコムギ連栽培植物のコムギ属 *Triticum* とライムギ属 *Secale* や，アブラナ科のアブラナ属 *Brassica* とダイコン属 *Raphanus* などの1年(越年)生の属間 F_1 雑種植物と同じである。ところが，タケ連の雑種は多年生で自然界で大きい集団を生じる。それらの自然雑種の一部は属のランクに分類されていることを前述したが，それはあくまで分類学上の処理による。ところが，それら属間雑種の出現背景がすべて一様かどうか，どのような状態のもとで出現したかは生物学を越えた次元の問題である。雑種組合せによって交雑の機会が多いなど，条件が違っていてもおかしくない。また，前川(1943)が指摘するように，本来のフロラの究明には江戸時代以降

の帰化植物だけでなく，史前帰化植物も除かねばならない。その方向では，古い時代に導入された大型タケ類やそれらの自然雑種も除外せねばならない。しかし，日本の景観や里山の植物を見ると，それは現実に即していない。望ましいのは，人類活動を直視し，人びとと植物とのかかわりのなかで，種形成や進化に何が起こっているかということに視線を向けて慎重・冷静に取り上げることである。

インヨウチクは，ササとタケという対極的な姿を併せ持つ植物として昭和の始めごろに名づけられた。要するに「ささ」とタケとの自然雑種としての「ササタケ」であり，ササ属とマダケ属という互いに遠縁の遺伝内容からなる自然雑種である。これ自体大変興味あることである。そして，さらに雑種属という生物学的側面を超えたもっと深い含蓄がある。

インヨウチクの生育地は，少なくとも数地点があり，島根県，岡山県および福井県で知られている。系統間に多少形質の差があるので，それぞれの交雑は独立と考えられる。そのうち，島根県の安来市伯太町横屋の比婆山(ひばやま)(標高331m)の系統が，植物分類学的に最初に記載された。地域には古代の神話や伝説が多く伊邪那美之尊(いざなみのみこと)を祀る比婆山久米神社(くめじんじゃ)があり，そのごく近くの，山の中腹がもとからの生育地である(岡村，2002；村松，2007)。伯太町誌 上巻・下巻(伯太町誌編纂委員会，2001a，2001b)によると，神社は出雲国風土記に出ており，祀られている伊邪那美之尊とインヨウチクとに関する伝承がある。伝承では「伊邪那美之尊が黄泉の国に旅立たれる道すがら母里(もり)の井戸で清水で身を清められ，竹の杖をもたれて比婆山の中腹に……で休息され，その杖を地面に立てて黄泉の国に旅立たれた。そのとき立てて置かれた竹の杖が芽を吹き根付いたと伝える風変わりな竹」(伯太町誌 下巻，463頁)や「伊弉冉尊(いざなみ)が出産のため比婆山に登られたとき，杖にした竹がそのまま根を下ろしたもの」(伯太町誌 下巻，804頁)と記されている。この地に持ってきた杖からインヨウチクが生じたというのが共通した伝承である。比婆山は，古事記の上巻(倉野，1984参照)に，伊邪那美神(いざなみ)は火の神を生んでなくなったが，「出雲の国と伯伎国(ははきの)との堺の比婆(ひば)の山に葬(はふ)りき。」(原文は，『葬出雲國與伯伎國堺比婆之山也。』)と記されていて一致している。この山の付近には土着で固有種のチュウゴクザサが多い。そこへ歴史以前にマダケが導入されて栽培され，両者が

同時に開花した際に生じた雑種属であると推考される。

　フロラの成立は人類以前の種に限るとすれば、インヨウチクは、人が関与した栽培植物との雑種であるので除外されるだろう。しかし、古い伝承に関係があり、民俗学的視点からの意味もあるユニークな植物である。栽培植物の伝播・導入に関して、有史以前〜古代において人びとの大きい活動があった。それにともなって、大型タケ類という導入種と日本土着で固有種であるササとの間に、雑種属として新しくインヨウチク属が生じた。このことには見逃すことができない深い意義がある。

　ナチュラルヒストリーの視点から日本列島のタケ連植物の主要事項を記述し、体系的整理を試みた。「ささ」(笹、ササ)とは何かを考察、推考した。ついで、タケ連の属間交雑親和性や、タケ連とごく近縁の他連との共通点を検討し、仮定や提案を提示した。それらを下記の①〜⑨にまとめた。
①日本の大型タケ類は渡来した栽培種である。モウソウチク以外は、有史以前に日本列島へ渡来した。有用植物として西南日本の照葉樹林地域によく適応し、里山には、しばしば、栽培から逸出して野生化したハチクなどが、史前帰化植物の姿として生育する。
②日本列島に土着のタケ連野生種は、日本人が俗に「ささ」と呼ぶ植物群である。ササ属、スズダケ属、メダケ属が主要3属である。「ささ」の分類が複雑である理由は、「ささ」が日本列島で種分化していること、さらに、属と属との間の中間型植物系統が各地に見られることによって、多様な姿を示すためと考えられる。
③日本産タケ連植物の交雑実験を行ったが、分類学上の類縁関係が遠い属の間にも高い交雑親和性があり、いろいろな交配組合せの雑種が得られた。その結果、中間型系統は属間雑種であることも判明した。そのような属間の自然雑種は、渡来した大型タケ類と「ささ」との間にも生じている。
④属間雑種植物は、しばしば、別属へ分けて分類されている。遺伝育種学的に、雑種属は土着系統間の自然の雑種群と、渡来種を親とする雑種群の2区分になる。これらと通常に種分化した属とで、日本産タケ連を3つのカテゴリーに分けた。

⑤属間 F_1 雑種の稔性は極めて低い。属間雑種後代と考えられる雑種集団は自然界に見出されないので，交雑による属間の遺伝子交換は考えられない。このことは，外部形態による分類の属のランクが生物学的種概念による種に相当することを示唆する。

⑥日本列島を広く概観すると，タケ連植物の分布に傾向がある。樹林帯とタケ連の種属の分布に基づいて，日本列島を中心として東南アジアに及ぶ地域を3地帯に区分した。そのうち，第1と第2地帯では，それぞれ亜地帯に小区分できる。

⑦タケノホソクロバはイネ科タケ亜科のなかにおいて，産卵行動でタケ連を選ぶが，食性ではイネ連植物も，タケ連と明瞭な区別なくよく摂食する。同じタケ連の種類でもシホウチクへの産卵はまれであり，ホウライチクへは産卵がなく摂食もごく少ない。これら2者を除くと，タケノホソクロバの食性から見れば，タケとイネの両連はごく近い1群である。

⑧日本産大型タケ類はもともと中国大陸の照葉樹林帯で種分化・起原し，渡来後，照葉樹林が多い西日本で，同様に渡来したイネとともに古代から定着し，竹林文化と稲作による景観をつくってきた。すなわち，揚子江（長江）中下流域から大型タケ類の渡来があり，竹文化をもたらし，有用植物として日本の伝統生活を担い，日本文化へ深く浸透した。しかし，一方，土着種の「しの」や「すず」などを含む見過ごされがちな「ささ」群への意識が日本の基層にある。大型タケ類の渡来以前に，日本の伝統的文化の基層のなかに，「ささ」について何らかの認識が形成されていたと思われる。大型タケ類と「ささ」群とは互いに対極的であるが，両者についての伝統的意識の共存によって「竹と笹」の2語が日本語にある。

⑨インヨウチクは人びとの手によって渡来したマダケが，土着で固有種のササ属と交雑して生じた自然雑種属であると判明した。特に島根県東部の比婆山の系統は歴史以前からの伝承と関係があることを指摘した。タケや「ささ」の多様性は，自然誌的側面に加えて日本固有の流れを含めた文化誌的側面と併せて総合し，体系的に考察することが大切である。

多目的植物タケの民族植物学

第5章

大野 朋子

1. 沖縄のモウソウチク？

　熱帯や亜熱帯への旅行者からモウソウチク *Phyllostachys edulis* があったとしばしば聞かされることがある。しかし，雪をかぶった日本の竹林の情景さえ目に浮かぶのに，沖縄の島々や熱帯の地にモウソウチクがあるのだろうか。
　沖縄本島の那覇から名護へ向かう途中など，モウソウチクに似た大きなタケが車窓から見られる。本土ほど多くはないが，ところどころにタケがある。よく見ると，モウソウチクよりも葉は大きく，樹形も異なるからモウソウチクではない。ほとんどはリョクチク *Bambusa oldhamii* である(図1A・B)。タケノコの美味いリョクチクは，台湾と中国南部の原産で，台湾ではよく栽培され，建築資材にも利用されるが(岡本ほか，1991；鈴木，1978)，株が叢生するので，モウソウチクでないことはすぐわかる。
　亜熱帯になる沖縄本島や先島には本州の人たちがふだん目にすることのない植物がありタケ類においても同じである。初島(1971)によると沖縄には4種類のタケ(ホウライチク *Bambusa multiplex*，スオウチク *Bambusa multiplex* 'Alphonso-Karrii'，リュウキュウチク *Pleioblastus linearis*，メダケ *Pleioblastus simonii*)があるとされるが，わずかな間，沖縄を回ってもざっと9種類が見られる(表1)。モウソウチクやマダケ *Phyllostachys bambusoides* の姿はなく，熱帯性の大きな株立ちとなるタケ類が目立つ。そのなかで地下茎を伸ばして育

96　第Ⅰ部　「栽培化」の成立機構とその伝播

図1A　水田脇に植栽されたリョクチク(2009年，石垣島)

図1B　リョクチク(2009年，沖縄県名護市)

表1 沖縄本島と先島でのタケ類の分布

種名	和名	生育場所	
Thyrsostachys siamensis		道路脇	栽培
Bambusa vulgaris 'Striata'	キンシチク	民家の庭	栽培
Bambusa vulgaris 'Wamin'		民家の庭	栽培
Bambusa multiplex	ホウライチク	農地水路沿い	栽培
Bambusa oldhami	リョクチク	民家の庭	栽培
Bambusa dolichoclada cf.	チョウシチク	民家の庭	栽培
Dendrocalamus latiflorus	マチク	畑	栽培
Pleioblastus linearis	リュウキュウチク	山地	野生
Pleioblastus gramineus	タイミンチク	畑	栽培

つリュウキュウチクは(図2)，ヤンバルダキとも呼ばれる野生のタケで(鈴木，1978)，稈は直径1〜2cm程度で細く，山間部に分布し，沖縄では防風に使われるほか，伝統的な瓦ぶき屋根の下組みに使われている。リュウキュウチクに似たタイミンチク *Pleioblastus gramineus* は民家の畑に栽培され，小浜島では笛に使われている。ほかの7種のタケは叢生型で，いずれも日本原産ではない(表1)。稈が肉厚となる *Thyrsostachys siamensis* は，柵や農具，パルプなどに利用され，特にタイやミャンマーには多い。キンシチク *Bambusa vulgaris* 'Striata' や *Bambusa vulgaris* 'Wamin' は，ダイサンチク *Bambusa vulgaris* の栽培種で，マダガスカル原産とか中国南部の原産とかされるが，真の原産地は不明である。名護付近では，稈が黄色く，緑色の縦じま模様のあるキンシチクが小さな商店の庭や，民家の庭に植えられている(図3)。ホウライチクは，観賞用としての利用も多く，本州でも和歌山県など温暖な地域で見られる。散生型のタケのようには広がりにくいので，宮崎県では，農地や敷地の境界にも利用され，また，長い節間は竹細工の材料にもされる。チョウシチク(長枝竹) *Bambusa dolichoclada* は，中国や台湾，日本では沖縄地方から九州まで分布し，稈の根ぎわの節から出る長い枝が特徴である。材は農具や工芸用に使われ，田畑の畦や河川沿いに植栽されて防風林として利用される(岡本ほか，1991；鈴木，1978)。マチク *Dendrocalamus latiflorus* は，原産地がよくわかっていないが，アジアの広い範囲で栽培されており，材および食材などとして多目的に利用されている(Ohrnberger, 1999；図4)。沖縄にはモウソウチクやマダケはまったくといっていいほどない。

98　第Ⅰ部　「栽培化」の成立機構とその伝播

図2　*Pleioblastus* sp.(2009年,沖縄県名護市)

図3　民家庭園のキンシチク(2009年,沖縄県名護市)

図4　マチクの栽培園(2009年,沖縄県名護市)

2. タイの一民家で

　タイ北部チェンマイの市街から北西へ 35 km ほど離れた丘陵地に小さな集落がある。道路沿いの 1 つの民家に立ち寄ると 500 m² ほどの敷地内に 6 種類のタケが育てられていた。みな叢生するタケが 1, 2 株ほどで量的にはたくさんはない。入り口には緑陰樹や少しの園芸植物を育てているホームガーデンをそなえた建物があり，小さな湿った谷に沿って豚小屋とニワトリの小屋があり，タケはその斜面と窪地にぱらぱらと植えられている。この家族は，タケの栽培で生計を立てているわけではなく，バナナやマンゴーなどの農作物，ウシやブタなどの家畜を売って生計を立てている。少し離れたところに 0.8 ha の畑を持っており，そこには 10 種のタケを栽培し，そのうち 4 種は敷地の庭と共通している。この民家は，ほかに所有する農地も含めると全部で 12 種類のタケ類を栽培していた（表 2，図 5）。図 5 の 9 種のタケを見ると mai san yen（おそらく *Thyrsostachys oliveri*）は，節間のもっとも短い mai ruak（*T. siamensis*）に比べて 2 倍以上も節間が長い。しかし，稈の厚みは 9 種中もっとも薄く，手に持ってみるととても軽い。また，mai lai（*Pseudoxytenanthera albociliata*）は稈の直径が約 3 cm で細いが，厚みは非常に肉厚で，空洞部がほとんどなく詰まっている。それぞれのタケの稈は，長さや厚みもさまざまである。

　12 種のうち，販売目的に栽培されるのは mai kao lam（*Cephalostachyum pergracile*）と mai bong waung（おそらく *Dendrocalamus giganteus*）の 2 種のみである。mai kao lam は，カオ・ラムをつくるためのタケで，タケノコは固く，食べられない。カオ・ラムは竹筒にモチ米を入れて蒸し焼きにした食べ物でタケ稈の 1 節間を使ってつくるため，稈の 1 本ずつで取引するのではなく，100 節間あたり 180 バーツ（約 430 円）で売っている。mai bong waung のタケノコは生でも食べられ，それはとても甘いという。仕入れた挿し木用の苗を販売しており，畑にもその苗を植えて栽培し始めていた。ダイサンチクの品種である 'Striata' や 'Wamin' は一般的には観賞用とされ，普通そのタケノコは食用とはされないので (Ohrnberger, 1999)，この 2 つの品種と mai kao

表2 タイ北部チェンマイの1民家に栽培されているタケ類とその利用(大野，未発表)。2008年の調査による。

植栽場所	呼び名	種名	利用方法 材	利用方法 食
庭	mai san mong	*Dendrocalamus membranaceus*	通常，傘の柄や籠に利用する。	生は苦い。茹でて食べる。
	mai san yen	*Thyrsostachys oliveri*	籠や傘の柄	茹でて食べる。
庭および畑	mai ruak	*Thyrsostachys siamensis*	通常籠や貝捕獲に使用する。	そのままではおいしくない。焼いて食べる。
	mai lai	*Pseudoxytenanthera albociliata*	節が短いので籠には適さない。農業用の支柱	最も美味しく，最も高く売れる。茹でてたべる。
	mai kao lam	*Cephalostachyum pergracile*	カオ・ラム材や柵など	タケノコは堅く，食べない。
	ma chou	*Dendrocalamus latiflorus*	未使用	香りがあり柔らかく美味しい。
畑	mai bong pa	*Bambusa tulda*	結束紐	地上に出たタケノコは塩蔵発酵させて食べる。地上に出る前のタケノコは茹でて食べる。
	san paa	*Bambusa bambos*	タケ板，建築資材	生でも食べられるが通常は茹でて食べる。
	bong kai	*Gigantochloa ater*	籠	茹でて食べる。塩蔵つけものにする。
	mai bong waung	*Dendrocalamus giganteus*	苗を販売	生で食べられる。
	――	*Bambusa vulgaris* 'Striata'	――	――
	――	*Bambusa vulgaris* 'Wamin'	――	――

lamを除く9種のタケが食用とされる。タケノコは，種によって出る時期が違うので，複数のタケを栽培しておくといつでも収穫・利用できる。タケノコは，生で食べる，茹でて食べる，塩蔵発酵させるなど，それぞれの種によって食べ方が異なるが，住民はそれを使い分けていた。これらはタケであるから当然，材としても利用される。傘の柄，漁具や鶏籠を編むためのタケ，紐のためのタケなど，利用の違いによってそれぞれの種はしっかり認識されている。12種類のタケ類は，野生かどうかはわからないが，もともとそこにあったものや，苗を購入したもの，譲り受けたものなど，さまざまな導入の経緯があり，食材，籠や笊、結び紐，建築資材など，用途に合わせて使い

図5 タイの一民家で栽培されていた多様なタケ類の稈(2008年,チェンマイ)。節と節の間が節間,節には芽(枝)が1つずつ互生する。熱帯には下位の節からも枝を出す種が多い。左から mai san mong, mai ruak, mai lai, mai kao lam, mai san yen, ma chou, mai bong pa, san paa, bong kai

分けられていた。

3. 東南アジアにおけるタケの利用

　タケ類は,アジア,南米,アフリカ大陸に分布し,世界には111属1,030〜1,100種存在する(Ohrnberger, 1999)。タケの生活型 life form は,叢生型と散生型,蔓生型に大きく分けられる。成長が極めて早く,量として豊富なタケ類は,一部の種は栽培されて今も人々の生活に欠かせない植物である。工芸や建築の資材や食材,景観要素など多様な目的に利用される植物としてタケは世界的に認知されている。私はこの数年,東南アジアや中国における竹の利用や文化を観察してきた。その観察から,「タケ」と称される植物には,人と深く関わって存在する種類と自然のままで存在する種類を知ることができた。ここではタケという興味深い植物の利用を東南アジアの少数民族の暮らしとともに紹介したい。

食に関わるタケ

　タケの幼植物のシュートであるタケノコ(筍)は,アジアの各地で広く食べ

図6 タケノコを販売するモン族の少女(2008年, チェンマイ)

られており, 栽培収穫されて販売されている(図6)。その食べ方は多様で生のタケノコを煮たり焼いたりするほか, いったん乾燥や発酵させて料理して食べる。料理にはタケを介して穀物や虫を食べるものがある。東南アジアによく見られる「食」の例として発酵タケノコと竹筒飯を次に見てみよう。

(1) 発酵タケノコ

タイ北部で mai sang と呼ばれる *Dendrocalamus strictus* は, インド, ネパール, バングラディシュ, タイなどの東南アジアの国々で普通に見られ, 材としても利用されるが(Ohrnberger, 1999), タケノコ料理にもよく使われる。料理には独特の臭いがあるが, それはタケノコを発酵させたためである。発酵タケノコは, タイの市場や露店で瓶詰めや袋詰めにされてよく売られており(図7A・B・C), タイ北部では *C. pergracile*, *Bambusa tulda*, *D. strictus*, *T. siamensis* の4種のタケノコを, 発酵させて食べる。*B. tulda* でつくられた発酵タケノコが市場では多い。*B. tulda* は, *D. strictus* と同様にタイの北部に広く分布し, 葉が展開する前の若い稈の先端は矛状で, タケ皮の葉身(鈴木(1978)のいう葉片)は卵形で丸みがあり, 垂れ下がらずに直立する。形態的に比較的見つけやすいタケである。*B. tulda* は野生品と栽培品の両方で使用され, 材としても利用される(大野ほか, 2008)。標高1,500 m 以下の落葉混

図7A 市場で売られる発酵タケノコ(2008年, チェンマイ)

図7B 露店でペットボトルに詰めて販売される発酵タケノコ(2010年, タイ西部)

図7C 市場で袋詰めして売られる発酵タケノコ(2008年, チェンマイ)

交林の平地や谷合，小川沿いに生育しており(Ohrnberger, 1999)，現地ではジャングルのタケという意味である mai bong や mai bong bang, mai bong pa と呼ばれる。発酵タケノコは次のようにつくる。①小さく適度に切った生のタケノコを塩水で茹でる。②茹でたタケノコを容器に移し，蓋をして1〜2週間ねかせるとできあがる。いわゆる塩蔵法による発酵である。これはタイではカレーやさまざまな炒め物の具材に使われる(大野ほか，2008)。

タケノコは，発酵させて食べるほかに茹でて辛いタレをつけて食べたり，生のままサラダのようにしても食べられる。タイ北部で特に美味しいとされる mai lai (*P. albociliata*) のタケノコは長細く，タケ皮に落ちにくい堅い茶色の毛が密集し，触ると痛い。市場では野生のものが茹でられてよく売られている。生でも食べられる mai bong waung (*D. giganteus*) のタケノコは mai sang や mai lai に比べるとずっと大きく，栽培されている。この waung とは甘いという意味である。タケノコの皮には茶色い毛が密集している。アクが少なく美味しいとされるタケノコには，たいてい刺や毛が生えていて採取しにくい。

アク抜きの技法は，照葉樹林帯に見られる要素の１つである。タイの人々は，いろいろなタケノコをそれぞれに適した調理法で食し，タケノコ料理を楽しんでいる。

(2) 竹筒飯(カオ・ラム)とフワット

タイ北部を車で移動すると，道路脇の露天にずらりと並べられた竹筒をよく目にする(図8)。これがカオ・ラムである。カオ・ラムは次のようにつくる。①タケの稈の片方の節の壁を残して１節ずつ切り分け，水中につける。②稈のなかにもち米とココナッツミルク，ササゲなどのマメ類を入れ，塩を加えてココナッツのハスク(果実の中果皮，柔らかい繊維)で蓋をする。③火にかけて焼く(図9)。④中身が炊きあがったら，筒(稈)の外側の堅い皮を削ぐ。これでできあがりである。炊干し法による米の炊き方で，日常食ではなく，祭りの日やそのほかのお祝時に食べられる(中尾，1972)。腹もちがよく，手を汚さずに片手で食べられるので，最近はスナック感覚で販売されているのを見かける。カオ・ラムには *C. pergracile* や *B. tulda* が使われるが，*C. pergracile* の方がよく使われる。タイ北部では，*C. pergracile* は mai kowe

図8 道路脇で販売されるカオ・ラム(2006年, タイ東北部；大野ほか, 2008より)

図9 焼き上げられるカオ・ラム(2008年, チェンライ周辺)

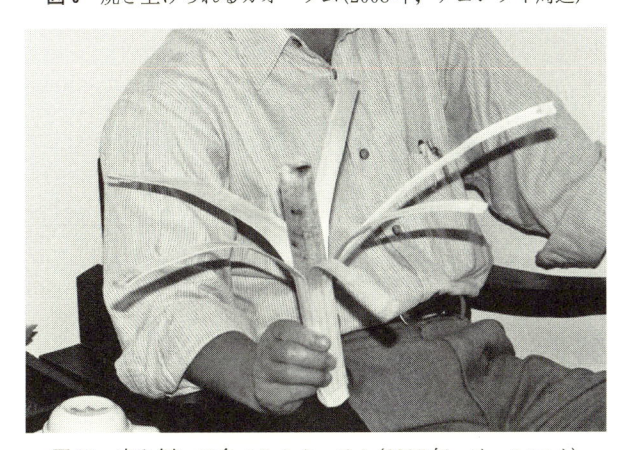

図10 皮を剝いで食べるカオ・ラム(2007年, チェンマイ)

larm, mai ko ruen, mai khow lam などと呼ばれている。カオ・ラムは調理後，竹筒を剝いで中身を食べるが，竹筒の内側にある薄皮が中身のもち米についてくる(図10)。この薄皮のせいか，竹の香りがする。西双版納傣族自治州のタイ族にも maihaolan と呼ぶ香りのあるタケを使った竹筒飯がある(郭, 1997)。mai kowe larm などと呼ばれる *C. pergracile* は，カオ・ラム用のタケとしてタイ族系の民族に定着しているようである(大野ほか, 2008)。具材や味付けに関してはタイと中国ではかなり違いがあり，雲南省では，ココナッツミルクは入れず，日本のおこわに似た味つけにベーコンやササゲ，椎茸が入る。マレーシアやミャンマー，台湾などにもあるが，中身は地域によって少しずつ変わる。

　また，カオ・ラムのほかにもタイ北部のチェンライには Pee Tong Leung と呼ばれる竹筒料理がある(図11)。カオ・ラムよりも稈径のかなり大きな竹筒に魚や肉などを詰めてバナナの葉で蓋をして火にかけて調理する。販売されていた周辺には大型で枝が刺状になるタケ(*Bambusa bambos*)が，大面積にあり，Pee Tong Leung に利用されている(大野ほか, 2008)。

　カオ・ラムと同じように，もち米や粳米などの調理にはタケが利用される。西双版納傣族自治州やタイ東北部および北部に見られる竹籠の蒸し器はタイ語でフワットと呼ばれ(藤田, 1999；山田, 2003)(図12)，もち米の調理に用いられる。一日水に浸したもち米をガーゼのような薄い布を敷いて包み，フワットの中に入れて蒸す(大野ほか, 2008)。タイ東北部では，フワットの材として *P. albociliata* や *Bambusa nutans*, *Gigantochloa nigrociliata*, *B. bambos* が利用されるが，フワットなどを編むのにつかわれる平たく薄い竹籤は竹の節があると編みにくいので，節と節の間の部分だけをつかう(藤田, 1999)。竹籠(笊)を使った炊飯装置はジャワ島にも見られ，円錐形の竹笊に水洗いした白米を入れ，水を入れた深鍋にかけて蒸すが，沸騰したお湯が笊を通して入ってきたりするので，完全な「蒸す」とは違い，米の煮方としては笊取り法といわれている(中尾, 1972)。おそらくフワットと同じか，よく似た装置だろう。蒸気や水を通す竹籠は米の調理に適した道具である。

第5章　多目的植物タケの民族植物学　107

図11　屋台で販売される *Bambusa bambos* を使った Pee Tong Leung(2007年，チェンライ；大野ほか，2008 より)

図12　フワットを使った炊飯装置(2007年，チェンライ)

材に関わるタケ

タケ類は，丸竹や割り竹，竹籤(たけひご)などにしてさまざまな用途で利用される。笊や籠などの日常用品や魚籠，作物の支柱などの農具，屋根や柱などの建築資材に使われる。「材」利用の例としてイネの収穫作業と竹の壁を紹介する。

(1)イネの収穫に使う

タケは農具の材料として使われ，イネの脱穀作業にもタケを使った農具がよく登場する。

中国雲南省の騰冲あたりでは，人がすっぽり入れるくらい大きな竹籠が道路脇にいくつも置かれ，人々がその竹籠を覗き込んで吟味している様子が見られる。この竹籠は，直径約150〜180 cm，高さ70 cmほどの大きな円形のお椀状で，内側には網代編みの竹籠，その外側にゴザ編みの竹籠を組合せた二重構造の籠である。雲南省の徳宏傣族景頗族自治州のタイ族では「海箥」(haibo)，大理自治州の白族では「打斟」などと呼ばれ(Masanaga et al., 1998)，刈り取ったイネの束を籠の縁に打ちつけて脱穀する(図13)。中国西南部の多くのイネの品種は脱粒性の高いインディカ系で，この打ちつけ脱穀が一般的である。地域によっては，木製の四角い「打斗」(dadou)や木箱にタケのパーツをそなえる脱穀箱も使われている。タイ北部にもこの脱穀籠はあるが(Conway, 1992)，チェンライ近くのカレン族とタイ族は，籠を使わずに脱穀する(図14)。

カレン族は，mai kok kakと呼ばれる打ちつけ用のテーブルをイネの脱穀に使う。テーブル状の上面に割り竹を固定し，支えの基部は木材でつくられている。束ねたイネを手に持って打ちつける中国に見られる様式ではなく，khaeと呼ばれる竹棒に竹の紐で束ねたイネを挟みこんで打ちつける。このようなテーブル状の打ちつけは，江戸時代に大唐米やトボシと呼ばれるインディカ系の米の脱穀に使ったのとよく似ている(土屋, 1983)。一方，タイ族は，打ちつけの道具にタケを使わず，組み立て式の木製の板を使っていた。イネを挟む竹棒は，mai heabと呼ばれ，*P. albociliata*でつくられ，棒の長さは73 cmで，周囲長は8 cmであった。maiとは，タイ語で木(樹)を意味するが，木製，竹製に限らずmai heabと呼ばれていた。脱穀の後，*T. siamensis*でつくったkaと呼ばれる全長74 cm，円直径45 cmの大きな

第5章　多目的植物タケの民族植物学　109

図 13　打ちつけ脱穀するのに仕様される竹製の籠(2005年，雲南省；大野ほか，2006より)

図 14　竹製の道具を使ったイネの脱穀(2007年，チェンライ周辺；大野ほか，2008より)

団扇で風を起こし(図15)、空の籾殻を吹き飛ばす。周辺の竹林からタケを切り出す鉈は dam と呼ばれ、その柄にも竹材が使われている。農具の柄には稈の肉厚なタケが利用されることが多く、ここでは *P. albociliata* の稈が用いられていた(大野ほか、2008)。

チェンマイに近い場所では、イネの打ちつけに竹籠もテーブルも使わず、地面にビニールシートを敷いただけの場所に road と呼ばれるタケと木材を

図15 籾殻を吹き飛ばすのに使用する竹製の団扇(2007年、チェンマイ)

図16 タケと木材を組合せたイネ稿の担ぎ具(2007年、チェンマイ)

組合せた担ぎ道具(図16)を使ってイネを運び，木製の mai heab で打ちつけ脱穀していた。イネを束ねる竹紐には，mai bong(*B. tulda*)を使用している。竹紐は，竹籤にした後，乾燥させて保存し，使用する1日前に水に浸してから使用する。竹紐は結束紐として建築にもよく利用される(若林，1986；大野ほか，2007)。竹材は近くの山から採取しており，近くの農家の庭には山から採ってきて植えた mai sang(*D. strictus*)があった(大野ほか，2008)。

このようにタケの利用を見てみると，米とタケは文化的な関連が深いことがわかる。水田の周囲には自生か栽培かにかかわらず必ずといっていいほどタケがある。

(2)壁やフェンス，席(むしろ)につかう

Dendrocalamus latiflorus は漢名で麻竹，甜竹，南竹と呼ばれるタケである(王，2004；呉ほか，2003；図17)。稈高20〜25 m，稈直径15〜30 cm，節間長30〜60 cm，稈壁の厚み1〜3 cm の大型のタケで，中国，ベトナム，ミャンマー，タイに分布する(王，2004；呉ほか，2003)。稈が非常に太く，肉厚なので建築資材として利用される。このタケの稈は板のように広げて建物の壁や床に用いられる。丸竹を板状にするまでの手順は以下の通りである。①鉈を使って丸竹の両端と節に浅く切り筋を入れる。②稈を回しながら①の作業で切り筋を均等に入れていく。③切筋を1本だけ端から端まで通して切り目を入れて稈を開く。④稈の内側の節の組織を取り除いて整える。この所要時間はおよそ2分である。タケを斧や鋸を用いて伐採した後，金篦のような鉈で竹板をつくる(図18)。見た竹板のサイズは幅42 cm，1つの節間長79 cm で，節間が3つある。厚みは0.8〜1.3 cm であった。現地で切り出して加工し，荷台に積んで運び出す(大野ほか，2007)。竹板のつくり方は若林(1986)も記しており，それによると，丸竹の円周の1か所に1本の割れ目を入れ，その竹を回しながら外皮に浅い裂け目を幾本も入れる。始めに入れた割れ目を両手で広げながら内側の節の組織を取り除き，足で踏んで完全に熨(の)してつくる。竹板は厚み1 cm ぐらいの薄いものであるが，節があるために強度が増し，床板として十分役に立つとしている(若林，1986)。つくり方において，複数の切り筋を稈の内側から入れるか外側から入れるかの違いはあるものの，20年以上前と変わっていない(大野ほか，2007)。

図17　植物園内に植栽された *Dendrocalamus latiflorus*(2006年，雲南省)

　このような竹板は，中国雲南省やタイ，ミャンマー，パプアニューギニアなどでもつくられ，使用されている。竹の壁には竹板のほかにマット状のものも使用される。例えばミャンマーでは，kyathaung-waと呼ぶ *Bambusa polymorpha* や tin-wa と呼ぶ *C. pergracile* の稈を3等分に割り開き，さらに薄く3枚おろしにして長い短冊をつくって網代編みにし，約3.7m×2.3mのユニットをつくる(図19)。3人がかりで1日に編める数は7枚である。この2種のタケ皮は早落せず，長く稈に付着している。タケ皮を剝いだ部分の稈は黄色いので，鮮緑と黄色のコントラストの利いた竹マットができあがる。温帯性のタケ類の自生が主流であるブータンでは，*Borinda grossa* の稈を2等分に割り開く。このタケの稈は直径2cm程度なので道具を使わず，足で踏んで簡単に開くことができる。約20本分を並べ，割開いた1本のタケを編み込んでゴザ編みにし，約3m×1.3mのマットをつくる(図20)。お

第5章　多目的植物タケの民族植物学　113

図 18　竹板の作成（上）と道具（中・下）（2006 年，雲南省；大野ほか，2007 より）

図 19　竹マットを編むミャンマーの少女(2008 年，ミャンマー)

図 20　*Borinda grossa* で竹マットを編む様子(2010 年，ブータン)

図 21　城の壁の一部として使われる竹マット(2009 年，ブータン)

寺などの壁には模様が編み込まれた竹マットも使われていた(図21)。
　タケは，異なる地域であっても建物の壁や垣根としての利用は共通しているが，それぞれ民族固有のつくり方があり，それによってできる造形と模様が見られる。

アメニティに関わるタケ
　さまざまな用途のためにタケは人家や集落近くで栽培される。その結果できあがるのが竹の景観である。人との関わりが創る風景といってもよい。
集落とタケの植栽
　図22は，雲南省西部の怒江傈僳族自治州の六庫付近での山岳集落の景観である。タケ類，バナナ，コウヨウザン，マツ，広葉樹の一種，トウモロコシ，イネが確認できる。すべてが有用植物である。タケ類の植被率は写真全体の約22％を占め，集落近くではタケ類の占める植被率はさらに高くなる(大野ほか，2006)。また，雲南省永平県付近の写真では，水路に沿ってタケが植栽されている(図23)。タイや雲南省，バリ島などでも水路や農地の境界に沿って植栽される竹林景観はある。そのほとんどは人の手によって植栽されている。水路や農地境界に使用される種は，地域，民族によって異なり，例えば雲南省では*Bambusa lapidea*が圧倒的に多いが，タイ北部では*T. siamensis*，バリ島ではダイサンチク*B. vulgaris*が主流である(大野ほか，2009)。バリ島でTying ampelと呼ばれる*B. vulgaris*もまた，高さ10〜20 m，稈の直径4〜10 cmのやや大型のタケである。バリ島ではこのタケノコは食用としては一般的ではない。一方，タイでmai ruakと呼ばれる*T. siamensis*は高さ8〜14 m，稈の直径2〜7.5 cmのタケで，熱帯に生育するタケ類としてはやや小ぶりである。タイ北部では，このタケのタケノコを普通は食べないという。水路や田畑に植栽されるタケと集落内や民家で植栽されるタケとは，植栽される種が異なる。特にタケノコを食用とする種は生活のすぐそばに植栽される傾向にあり，タケには人の利用に合わせた植栽場所があることをうかがわせる。また，タケがつくる景観は，タケの植栽量とも関連し，ベトナムとタイの民家周辺ではタケ類のほかにココヤシやバナナも植栽される。ここではバナナは食料のほかに器，包装に利用され，ココヤシ

116　第Ⅰ部　「栽培化」の成立機構とその伝播

図 22　山岳集落で植栽されるタケ(2005 年，雲南省；大野ほか，2006 より)

図 23　水路に沿って植栽されるタケ(2007 年，雲南省；大野ほか，2008 より)

は材を建築資材などに使い，葉を籠や笊を編むのに使われる。ココヤシの実は油や食料のほか多様な目的に利用されるが，籠や笊，家具，建築資材などタケの利用法との重なりが多い。民家周辺のタケ類の植栽量の差は，気候風土の違いによるタケ類やヤシ，バナナといった有用植物の生育条件の違いを示している（大野ほか，2006）。

4. 栽培利用

これまで述べたようにタケは人間生活において食，材，景観といったさまざまな用途に利用されている。しかし，この大量に利用される多種多様なタケはどこからきたのだろうか。これまで紹介した居住地とその周辺や畑など人間活動の範囲に存在していたタケ類の利用と栽培を見ると（表3），タケという植物が人間生活にどれほど近づいているのかがわかる。

表3の23種のうち22種は何らかの形で栽培され，そのうちの9種には栽培品種が成立している。栽培品種は，人間との関わりのなかでのみ存在できるので，多くの栽培品種を抱えるホウライチクやモウソウチク，マダケは人間の生活圏に入り込んだ植物といえる。日本人にとって馴染みのあるタケは，そのようなものである。少しだけの栽培品種を持っているタケは，ダイサンチク，メダケ，*D. latiflorus*，*D. strictus*，チョウシチク，リュウキュウチクである。それ以外のタケでは栽培化はそれほど進んでいないが，多くが人家回りのみに見られる。野生や半野生の利用は *B. tulda*，*B. grossa*，リュウキュウチク，*P. albociliata* の4種であり，人家回りには真の野生はそれほどは多くない。この実態は，人が自然のなかから自らの生活に適した種を選択し，栽培して，少しずつ飼い馴らすことからタケという自然の恵みを確実に得る形に変えていると見られる。

これまで私は，熱帯や亜熱帯のアジアで多様なタケが豊富に生育しているのを見てきた。同時にそこには，人々が民族固有の文化とともにタケを上手く利用しながら生活する姿があった。タケは彼らの生活に欠かせないものであり，民族固有のアイデンティティを色濃く反映する植物の1つである。これほど重要な植物であるがゆえに人は自らの生活圏にタケを栽培し，タケと

表3 住居周辺のタケ類の利用と栽培(大野, 未発表)

種　名	利用(用途) 材	利用(用途) 食	栽培品種(数)	周辺での野生状況	備　考
Bambusa bambos	竹板, 建築資材	タケノコ, Pee Tong Leung	×	×	
Bambusa dolichoclada チョウシチク	農具, 工芸品[1]		○(1)	×	防風林[1]
Bambusa lapidea	柵, 紐		×	×	境界林, 水路保全
Bambusa multiplex ホウライチク	籠		○(30)	×	防風林, 境界林, 観賞用
Bambusa nutans	フワット[2]		×	?	
Bambusa oldhamii	建築資材, パルプ[1]	タケノコ[1]	×	×	観賞用[1]
Bambusa polymorpha	竹マット		×	○	
Bambusa tulda	農具, 日用雑貨, 建築資材, 紐	タケノコ, カオラム	×	◎	野生品を農具とタケノコに利用
Bambusa vulgaris ダイサンチク	農具, 日用雑貨, 建築資材[3]		○(5)	×	水路保全
Borinda grossa	竹マット		×	◎	野生利用がほとんど, 観賞用の報告あり
Cephalostachyum pergracile	竹マット, 柵	タケノコ	×	×	
Dendrocalamus giganteus	日用雑貨, 建築資材	タケノコ	×	×	
Dendrocalamus latiflorus	竹板, 建築資材	タケノコ	○(2)	×	
Dendrocalamus membranaceus	傘の柄, 籠	タケノコ	×	×	
Dendrocalamus strictus	農具, 日用雑貨, 建築資材	タケノコ	○(2)	×	
Gigantochloa nigrociliata	フワット[2]		×	?	
Phyllostachys bambusoides マダケ	農具, 日用雑貨, 建築資材	タケノコ	○(31)	×	観賞用
Phyllostachys edulis モウソウチク	農具, 日用雑貨, 建築資材	タケノコ	○(28)	×	観賞用
Pleioblastus linearis リュウキュウチク	建築資材		○(1)	◎	観賞用
Pleioblastus simonii メダケ	工芸品[3]		○(5)	?	
Pseudoxytenanthera albociliata	フワット, 農具[2]	タケノコ	×	◎	野生利用がほとんど, 観賞用の報告あり
Thyrsostachys siamensis	柵, 農具, 漁具, 籠, パルプ, 家具		×	×	観賞用, 境界林, 水路保全
Thyrsostachys oliveri	籠, 傘の柄	タケノコ	×	×	

利用記録：1：岡本ほか(1991), 2：藤田(1999), 3：Ohrnberger(1999)による. 栽培利用か野生利用かは不明
栽培品種数：Ohrnberger(1999)で計数. ○：あり, ×：なし, ?：不明, ◎：野生または半野生種を利用

ともに暮らしているのだろう。

本章の一部は, 科学研究費補助金(No.19・4200, 23710302(代表大野朋子)；No. 0017201045, 23310168, (代表山口裕之)および住友財団によるフィールド調査に基づいている。

第6章 野生化した薬用植物シャクチリソバ

山根 京子

　ソバは健康によいというイメージを持つ人も多いだろう。実際，ソバの種子は，ほかの穀類と比べて栄養価も高く機能性成分も多く含んでいる(Christa and Soral-Śmietana, 2008)。近年，健康機能面で優れた食品としてダッタンソバが注目されるようになった。ダッタンソバは，苦いため，別名苦ソバと呼ばれているが，この苦味こそ，健康のもととなる成分である(Fabjan et al., 2003)。苦味成分のうち，特にフラボノイドの一種であるルチンは毛細血管の弾力性を高め強化する効果から脳出血などの出血性諸病や高血圧症を予防する薬理作用を示すとされており，ダッタンソバはルチンをソバの約100倍近く含んでいることがわかっている(Jiang et al., 2007)。ソバとダッタンソバはルチンを子実に含むため，子実を食べれば自然に薬効成分を摂取できる。これまでソバの育種においては，主に安定した収量を得られることが目的とされてきたが，健康志向の高まりとともに近年では特にルチンのような機能性成分の含量を増加させるような品種改良が活発になっている。当然，新たな育種素材が必要になるが，ソバもダッタンソバも，原産地は日本ではないため，野生種の遺伝資源は他国に依存するしかない。

　一方，ソバ属のなかには，ソバに比べると知名度は著しく低いが，ソバやダッタンソバに近縁で中国やネパールでは薬用植物として利用されているシャクチリソバという野生種が存在する。日本では帰化植物として扱われているが，近年，日本のあちこちで大きな群落が見かけられるようになった。旺盛な繁殖力をもち，猛烈な勢いで分布を広げており，やっかいな雑草とし

て嫌われ者になりつつある。「薬用植物」として,そして「やっかいものの雑草」として,まったく異なる顔をあわせもつシャクチリソバの来歴は謎に包まれている。いつごろどのような目的で日本に導入されたのだろうか。シャクチリソバのきた道をたどってみたい。

1. ソバ属におけるシャクチリソバ

シャクチリソバ(*Fagopyrum cymosum* syn. *F. dibotrys*；漢名は天蕎麦,野蕎麦,金蕎麦,万年蕎麦,英名は perennial buckwheat)は多年生の虫媒植物である。牧野富太郎が『頭註國譯本草綱目』(1933年)で「赤地利(しゃくちり)」を *Fagopyrum cymosum* と記載したことから和名となった。栄養繁殖するため宿根ソバ(シュッコンソバ)とも呼ばれている(原,1947)。ソバやダッタンソバとは種が異なっている。

近年明らかになったソバ属の分子系統樹をみると(図1),ソバ属は,2つの大きなグループ(シモーサムグループとウロファイラムグループ)からなっている。シモーサムグループは栽培の2亜種を含めた4種で構成されている。ソバ(*Fagopyrum esclentum* ssp. *esculentum*；漢名は蕎麦,英名は common buckwheat)とその野生祖先種(*F. esculentum* ssp. *ancestrale*),ソバに非常によく似ている自殖性のホモトロピカム(*F. homotropicum*),ダッタンソバ(*F. tataricum* ssp. *tataricum* Gaert.；漢名は苦蕎麦,英名は tartary buckwheat)とその野生祖先種(*F. tataricum* ssp. *potanii*),そしてシャクチリソバである。シャクチリソバは,形態的特徴がソバに似ていることから,かつてはソバの野生祖先種と考えられていたこともあった。しかし中国南西部で1990年に大西によりソバの野生祖先種(*F. esculentum* ssp. *ancestrale*)が発見されている(Ohnishi, 1991)。分子マーカーを用いた研究からも,シャクチリソバはソバとは異なる種であることが明らかにされている。

2. シャクチリソバから種分化した野生ダッタンソバ

葉緑体DNA分析(Kishima et al., 1995)やさらに詳しい葉緑体と核DNAの

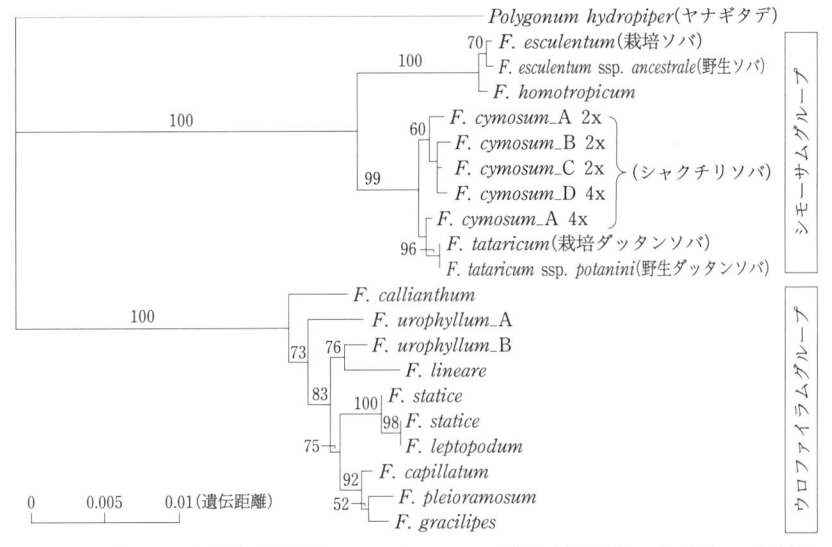

第 6 章　野生化した薬用植物シャクチリソバ　121

```
                              ┌ Polygonum hydropiper(ヤナギタデ)
                              │        ┌ F. esculentum(栽培ソバ)               ┐
                              │    70 ─┤                                      │
                              │   ┌────┤ F. esculentum ssp. ancestrale(野生ソバ)│
                              │   │ 100│                                      │
                              │   │    └ F. homotropicum                      │
                              │   │           ┌ F. cymosum_A 2x               │
                              │   │        60 │                               │ シモーサムグループ
                              │   │       ┌───┤ F. cymosum_B 2x               │
          100                 │   │       │   │ F. cymosum_C 2x   (シャクチリソバ)│
        ┌─────────────────────┤   │ 99    │   └ F. cymosum_D 4x               │
        │                         ├───────┤                                   │
        │                         │       └ F. cymosum_A 4x                   │
        │                         │    96 ┌ F. tataricum(栽培ダッタンソバ)        │
        │                         └───────┤                                   │
        │                                 └ F. tataricum ssp. potanini(野生ダッタンソバ) ┘
        │
        │                    ┌ F. callianthum                                 ┐
        │              100   │                                                │
        │          ┌─────────┤ 76 ┌ F. urophyllum_A                           │
        └──────────┤         │ 73 ┤                                           │
                   │         └────┤ F. urophyllum_B                           │
                   │              │                                           │
                   │              │ 83 ┌ F. lineare                           │ ウロフィラムグループ
                   │              └────┤ 100 ┌ F. statice                     │
                   │                75 │ 98  ┤                                │
                   │                   │     │ F. statice                     │
                   │                   │     └ F. leptopodum                  │
                   │                   │    92 ┌ F. capillatum                │
                   │                   └───────┤ 52                           │
                   │                           ├ F. pleioramosum              │
                   │                           └ F. gracilipes                ┘

0    0.005    0.01(遺伝距離)
```

図 1　葉緑体 DNA 塩基配列情報約 2.5 kb（*rbcL-accD* 遺伝子間領域）に基づくソバ属植物の近隣結合樹（Yasui and Ohnishi, 1998a を改変）。枝の上の数字は枝の再現性を示したブーツストラップ確率（50％以上を表記した）。アルファベットは系統番号。シャクチリソバの倍数性は系統番号に付記

塩基配列比較でも（Yasui and Ohnishi, 1998a, b），シャクチリソバはソバよりもむしろダッタンソバに近縁であることがわかっている。しかし，このとき，ダッタンソバに最も近縁となったシャクチリソバの供試系統は四倍体であったため，四倍体のシャクチリソバから二倍体のダッタンソバが種分化したとは考えにくく，疑問が残っていた。その後，安井らによって発見された二倍体シャクチリソバが，この疑問を解く手がかりとなった。この二倍体シャクチリソバ（系統番号 YC9806a と b）を含め，シャクチリソバ全体を葉緑体 DNA とアルコール脱水素酵素遺伝子の塩基配列情報によって系統解析したところ（Yamane et al., 2003, 2004），この系統はダッタンソバに最も近縁な二倍体となった（図 2）。図 2 からもわかるとおり，ダッタンソバの祖先をたどるとシャクチリソバにゆきつく。ダッタンソバの野生種はシャクチリソバから種分化し（Yamane et al., 2003, 2004），2 種は約 70 万年前に分岐したと推定された（Yamane et al., 2003）。この推定された分岐年代は，種分化にかかる時間とし

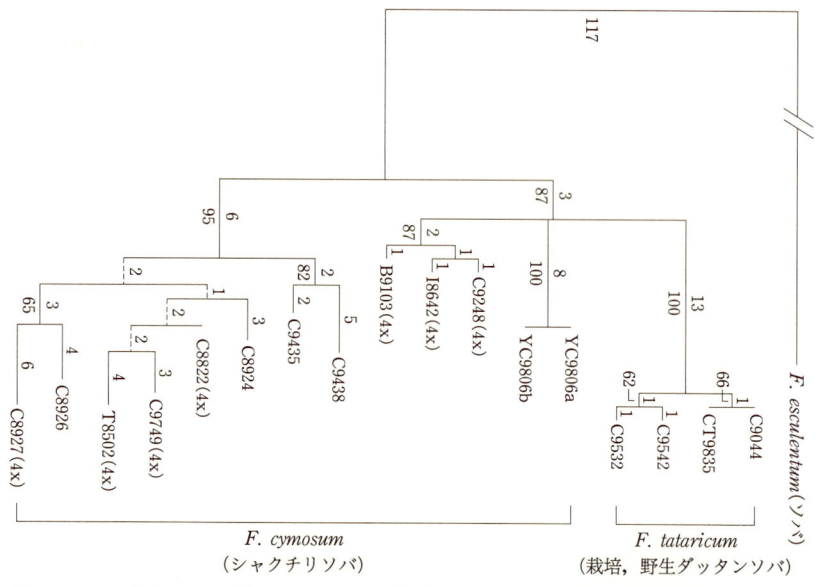

122　第I部　「栽培化」の成立機構とその伝播

図2　シャクチリソバとダッタンソバの葉緑体DNA塩基配列約5 kb（*rbcL-accD* および *trnC-rpoB* の遺伝子間領域と，*trnK/matK* 領域）に基づく最節約系統樹（Yamane et al., 2003 を改変）．枝の下の数字は100回のブーツストラップ枝の再現確率（50%以上を表記）．枝の上の数字はステップ数を，記号は系統番号を示している．4xの表記は四倍体，表記なしは二倍体

ては比較的短く，ダッタンソバは急速に種分化したと考えられる．急速な種分化の背景にはいくつかの要因がある．野生ダッタンソバは，シャクチリソバと違って，自家不和合性ではなく自殖性である．この生殖に関わる機能変化が，急速な種分化に関与したのであろう．さらに横断山脈（Hengduan Mountains）以西のチベット-ヒマラヤ地帯で第三紀の終わりから第四紀の始まりにかけてあった地理的あるいは気候的変動（Zhou, 1985）も，ダッタンソバの成立に影響を与えたと推察される（Yamane et al., 2003）．ダッタンソバがシャクチリソバから最近派生したことから，ダッタンソバの育種の上でシャクチリソバが遺伝子プールとして重要な遺伝資源となる．さらに，シャクチリソバは，花粉親に用いるとソバやダッタンソバとも交雑できるので（Woo et al., 1999），ソバ属において最も有用な育種母本となる．また，機能性成分ルチンもダッタンソバだけでなく，シャクチリソバにも多く含まれている

(Park et al., 2004)。

3. シャクチリソバの倍数性と地理的分布

　植物ではしばしば近縁種間や種内に染色体数の倍数性変異が見られる。ソバ属植物のほとんどは基本数を16とする二倍体であり，一部の種に四倍体が見られ，シャクチリソバには二倍体と四倍体がある。倍数体には，同じゲノムが倍加してできる同質倍数性と異なるゲノムが組合さってできる異質倍数性の2種類がある。一般に，同質倍数体は異質倍数体よりも稀にしか生じないとされているが，シャクチリソバは同質倍数体である(Yamane and Ohnishi, 2001)。一般的に倍数体になると細胞のサイズが大きくなるが，シャクチリソバの場合は逆に四倍体の方が小さい。シャクチリソバの分布全域にわたって調査すると，シャクチリソバの二倍体と四倍体には，草丈や葉の大きさに違いは見られないものの，種子のサイズには明らかな違いがあり(図3A左)，種子の大きさは倍数性を見分ける指標になる(Yamane and Ohnishi, 2003)。二倍体と四倍体にはさらにもう1つ形態的な違いがある。二倍体は根茎にバルブ(塊)をつくるのに対して，四倍体はつくらない(図3B)。これらの違いは，シャクチリソバの日本への伝播を考えるうえで鍵となる(後述)。

　シャクチリソバは，インド，パキスタンから中国，タイにかけて分布しており(図4)，ソバ属のなかでも広い分布域を持っている。倍数体は遺伝的あるいは生化学的な多様性が増すため，祖先の二倍体よりも広い分布域を持ちやすいとされる(Levin, 1983)。シャクチリソバにおいても，四倍体は二倍体よりも広い範囲に分布している。二倍体と四倍体の分布が重なっている場所でも，実際は明瞭にすみわけており，雲南省の大理市の一部の集団を除いて二倍体と四倍体が同所的に自生している場所はほとんどない。

4. 自生地でのシャクチリソバの利用

　シャクチリソバの野生集団のサイズはソバの野生祖先種に比べると小さく，ソバ属のなかでは中程度で，数十から大きくても数千個体というレベルであ

124　第Ⅰ部　「栽培化」の成立機構とその伝播

図3　(A)シャクチリソバの二倍体(左)および四倍体(右)の種子，(B)シャクチリソバの二倍体の根茎

る(多くの場合栄養繁殖によるクローン個体を含んでいるので正確な個体数はわからない)が，秋に自生地を訪れると，白い花をたくさん咲かせるため，遠くからでも簡単に発見できる．人里に近い路傍や民家脇に自生し，ソバ属のなかでも最も湿潤な土地を好む．路傍でシャクチリソバを指し，この植物は何かとたずねると，「野蕎麦（イエチャオマイ）」という答えが返ってくる．中国の自生地周辺の人々にとってシャクチリソバは身近な植物といえる．中国雲南省鶴慶県のバイ(白)族の男性は，シャクチリソバは解毒作用のほか，胆石や女性の病気に効くの

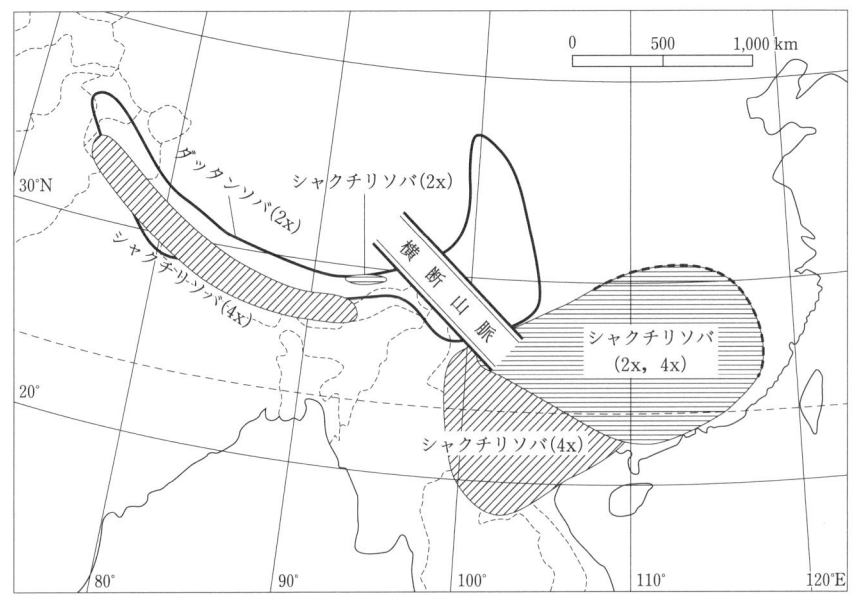

第 6 章　野生化した薬用植物シャクチリソバ　125

図 4　二倍体および四倍体シャクチリソバとダッタンソバの分布図
（Yamane et al., 2003 を改変）

だと教えてくれた。肥大した根茎の塊を煎じて利用するのだという。四倍体は根茎に塊は生じないので，主に二倍体を利用していることがうかがえる。中国の薬草辞典『全国中草薬彙編』によるとシャクチリソバは伝統的な薬用植物として，下痢，胃腸の消化不良，咳，リュウマチなどに効果があると記載されているが，本書の植物画にも，根茎の塊がはっきりと描かれている。ブータンでも，シャクチリソバは薬効性のある植物として，皮膚病によいとされている（松島ほか，2008）。食用としては，種子が簡単に脱落するからか，ソバやダッタンソバなどと同じような子実をもちいた利用形態は見られないが，雲南省では，葉や茎を野菜（中国での「野菜」は日本とは少し意味合いが異なる。中国でいう野菜は，山に自然に生えている草で利用できる植物を指す）として炒めものにして葉や茎が食べられていた。ブータンでは，喉がかわいたときに茎の水分が吸われる（松島ほか，2007）。

5. 帰化雑草としての帰化植物シャクチリソバ

　野生生物が本来の移動能力を超え，国外または国内の他地域から人により導入された種を外来種と呼んでいる。意図的に持ち込まれたものも非意図的なものも含まれる。さらに，日本で自生的に生育するようになった外来植物を帰化植物と呼び，シャクチリソバも帰化植物の1つである。シャクチリソバは，環境省が指定する特定外来種にも，そのほかの要注意外来種生物リスト84種にも該当しない(2009年12月現在)。ただし，北海道外来種データベース BLUE LIST (http://bluelist.hokkaido-ies.go.jp/index.html)には，シャクチリソバの記載があり，レベルもランクA(Aが最も深刻)に指定されている。シャクチリソバの具体的な生育場所としては，ほとんどの場合が河川沿いである。群落の規模は，いずれの場合も数千から数万という原産地をしのぐような大群落を形成しているのが特徴的である。ソバ属植物は，競争に強くなく，ガレ場などにほかの植物に先んじて侵入する，いわゆる先駆種的性質をもっている。シャクチリソバも例外でなく，安定した場所よりも，攪乱地を好む。河川環境は攪乱や変動が起こりやすく，また流水を通じた移動も起こりやすいことから，外来種の侵入が生じやすい場所であるが，まさにシャクチリソバにとっても群落を形成するのに好条件といえる。しかしながら，河川は，さまざまな生物のすみかであり，多くの在来植物が自生する貴重な環境でもある。外来種の侵入と定着は深刻な問題であり，1998年には「外来種影響・対策研究会」が設置され，外来種問題の対策が練られている。シャクチリソバも，根茎から容易に栄養繁殖をし，繁殖力も旺盛で，大きいものでは手のひら大ほどの葉をしげらせて一面を被覆してしまうため，在来種の光合成を阻害し，駆逐してしまう可能性が危惧されている。日本における分布状況としては，金井ほか(2006)の帰化植物分布図によると，シャクチリソバは実に36都道府県で確認されている。シャクチリソバの分布が確認されていない県としては，青森，福島，新潟，栃木，茨城，山梨，福井，滋賀，島根，徳島，沖縄となっている。分布が確認できていないとされている滋賀県においても，著者は伊吹山で集団を確認しており，実際の分布はさらに広

く，また現在でも拡大し続けている状態であると考えられる。

6. 古文書からの来歴推察

これほどまでに全国的な分布を見せるシャクチリソバは，いつごろから記録に現われるのだろうか。牧野が『頭註國譯本草綱目』でシャクチリソバを「赤地利」とした以前の記録をたどってみた。最も古くは，平安初期に著された本草和名に赤地利の記載が見られる。本書によると，詳しい表記はないが，赤地利という名前は唐の時代からあったらしい。実際，中国の唐で659年に勅撰された『唐・新修本草』のなかに赤地利の表記があった。ここには，赤地利のさまざまな薬理作用が書かれていたが，説明のなかに「蔓性植物であると」の記述があることから，ここでの赤地利は，シャクチリソバとは異なる植物であったと考えられる。明代の百科事典『三才圖會』にも赤地利は登場する。しかしここでも，描かれている植物の図はシャクチリソバというよりもツルソバを指しているように見える。説明のなかにも，「蔓性で，7月に開花する」とあり，通常秋に開花するシャクチリソバとは異なる植物のようである。さらに，清代に呉其濬が編纂した植物図鑑『植物名實圖考』のなかにも赤地利は見られるが，ここに描かれている植物の図は確かに現在のシャクチリソバに酷似していた。このことから，シャクチリソバは，本書に基づき赤地利とされたと推察される。一方，日本における記録をたどると，江戸時代の『和爾雅』(貝原好古，1694)に赤地利は登場するが，ここには植物の図はなく，説明文に赤薜荔(蔓性の植物)とあり，シャクチリソバとは異なる植物であると考えられる。さらに『和漢三才図会』(寺島良安，1712)でも，シャクチリソバとは似ていない植物の図が掲載されており，赤地利の読み仮名としてイシミカハ(イシミカワ；*Persicaria perfoliata* (L.) H. Gross)の表記がある。また『重修本草綱目啓蒙』(梯南洋，1844)の赤地利の項にも，説明書きにツルソバとあり，やはり現在のシャクチリソバを指すものではなかった。つまり，日本では赤地利に関する記述は平安時代にさかのぼることができるものの，江戸時代までは，赤地利とシャクチリソバは同一の植物を指すものではなかったと考えられる。さらに，上記の古文書ではほかに現在のシャクチリソ

バを示すような植物を確認できず，江戸時代以前にシャクチリソバが日本に入ってきたとは考えにくい。

7. 標本調査

　古文書の調査から，江戸時代以前のシャクチリソバの導入はなかった可能性が高いことがわかった。そこで，標本記録を調べ，いつごろシャクチリソバが日本にやってきたのかを考証した。東京大学総合研究博物館，国立科学博物館筑波実験植物園，京都大学総合博物館で，シャクチリソバの標本を調査した。合計76点の標本のうち，最も古い標本は1936(昭和11)年に牧野植物園で採集されていた(山口，2008)。採集年代で，1936～1946年(最初の採集から戦後直後まで)，～1956年(戦後から高度経済成長直前まで)，～1971年(高度経済成長期)，～2002年(高度経済成長以後)に分けて標本採集地をプロットした地図が図5である。図5からわかるように，最初の採集から1946年までは東京都内での収集(全6点)に限られている。その後高度経済成長以前(14点)は，西日本にも広がったように見えるが，実際は植物園や薬草園からの収集がほとんどとなっている。以後，分布は四国，中国，九州，と広がりをみせ，植物園以外の場所での収集が目立ってきたのは高度経済成長期(10点)であった。高度経済成長期の始まりとともに，シャクチリソバは植物園あるいは薬草園から逃げ出し，一気に全国的に広がったのではないかと推察される。高度経済成長期は，開発にともない河川沿いを含めたあらゆる場所で大規模な攪乱が生じた時期である。シャクチリソバは根茎の断片さえあれば容易に栄養繁殖してしまうため，土砂中に根茎が混じったまま移動した結果，移動先で定着してしまった可能性が高い。一方，比較対照として，文献でもしばしば混同されてきた同じタデ科のイシミカワの標本も調べた。イシミカワの標本は，最も古い標本として1891年(札幌)および1892年(筑前大井村)の採集品が残されていた。シャクチリソバの標本出現(1936年)と比べると，40年近く差がみられる。原(1947)は，小石川植物園において，1925年にダージリンからシャクチリソバの種子を輸入して栽培したと記している。この記録は標本調査の結果と矛盾しない。以上のことから，少なくともシャクチリソバは明治以前

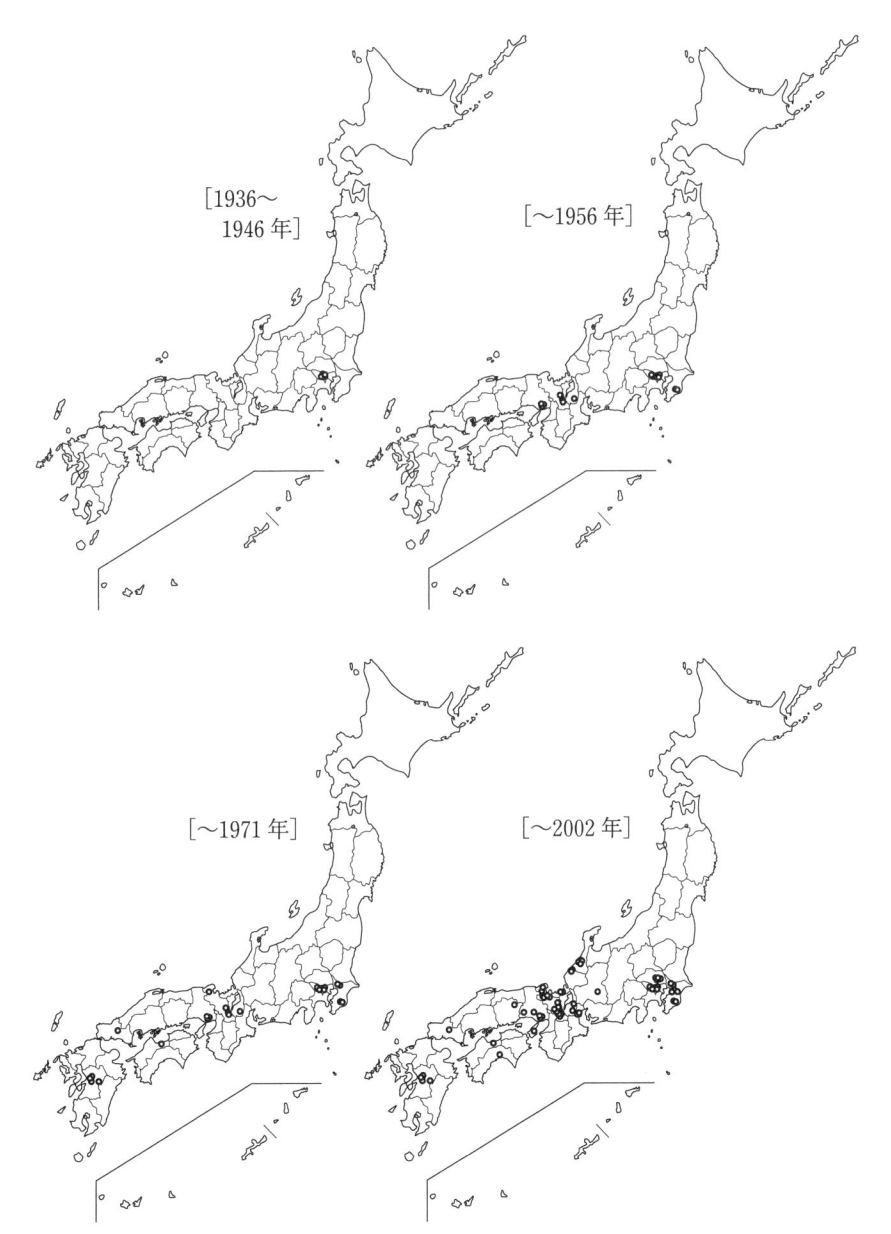

図5 シャクチリソバ標本の年代別地理的分布。東京大学総合研究博物館，国立科学博物館筑波実験植物園，京都大学総合博物館で調査した。合計76点の標本のうち，最も古いものは1936(昭和11)年に牧野植物園で採集されたものであった。標本採集の記録がある年代で区切り，1936〜1946年(最初の採集から戦後直後まで)，〜1956年(戦後から高度経済成長直前まで)，〜1971年(高度経済成長期)，〜2002年(高度経済成長以後)に分けて標本採集地をプロットしたもの。

には導入されていなかったと考えられる。

では，シャクチリソバは最初の導入以降，どのように日本全国に分布を広げたのだろうか。現在確認されている生育地の特徴としては，前述したように河川沿いであるということが挙げられる。さらにもう1つ興味深い特徴として挙げられるのが，シャクチリソバの群落が確認できる河川近くには，ほとんどの場合，薬草園，植物園あるいは大学関連の施設が存在する点である。

京都市左京区の一乗寺川は，紅葉で名高い曼殊院近くを流れる小さな川である。秋に訪れれば，シャクチリソバの白い目立つ花を簡単に見つけることができる。ちょうど曼殊院の参道と隣り合う位置に，薬草園がある。京都大学総合博物館には，「農場栽培」と記された1954年本薬草園にて採取されたシャクチリソバの標本が保存されていた。この付近のシャクチリソバは，薬草園からの逃げ出しと推察される。さらに一乗寺川の下流である鴨川でも，現在シャクチリソバが大群落を形成しており，特に大きな群落は，高野川と賀茂川が賀茂大橋と合流し鴨川となるあたりで，同じタデ科のミゾソバと競い合って花を咲かせる姿は原産地を思わせるほどの迫力がある。

8. 庄内川(愛知県)に見られる大群落

庄内川は，岐阜県恵那市の夕立山から愛知県の中心部を流れ，名古屋市港区で伊勢湾に注ぐ一級河川である。この川沿いで原産地をしのぐ規模のシャクチリソバの大群落が確認できた(図6)。集団は，定光寺駅付近から下流に断続的に20 kmにも及ぶ。周辺を調べたところ，分布の最上流の定光寺駅付近には薬草園らしきものはなく，どこからの逃げ出しであるのかわからなかった。最近では道路法面などの保護や緑化の材料としてシャクチリソバが用いられることもあることから，本地域での導入の推定は不可能かと思われた。しかし運よく庄内川に近い定光寺でシャクチリソバが栽培されているという情報を入手し，境内の奥でシャクチリソバを見つけた。個体数は少なく，全部合わせも数十個体ほどであった。住職によるとシャクチリソバは先々代の住職の在職中に持ち込まれた可能性が高いという。植物愛好家であった住職は茸草会という植物研究グループの一員であり，境内の薬学者朝比奈泰

図 6 庄内川におけるシャクチリソバ集団（2009 年 10 月撮影）。庄内川では，およそ 20 km にも及ぶシャクチリソバの大群落が形成され，種子繁殖がさかんに行われていた。左上の写真は異型花のうち短花柱花である。

彦の石碑の裏には住職を含めた甞草会のメンバーの名前が刻まれていた。当時さまざまな薬用植物がこの寺に持ち込まれたという。残念ながらシャクチリソバが持ち込まれた記録は残されていない。しかし，定光寺付近の庄内川はシャクチリソバの地理的分布の最上流部であることからも，定光寺から逃げ出したシャクチリソバが河川沿いに分布を広げ，現在に至ったと考えるのが妥当であろう。しかし，庄内川の原産地をしのぐ巨大群落が，寺の少数個体からの逃げ出しによって形成されたとは容易に想像できず，疑問が残された。

9. 大宇陀のクローン繁殖による大規模群落形成の可能性

森野旧薬園は奈良県宇陀市大宇陀にある江戸時代から続く薬草園である。この薬草園から小さな通りを 1 つ隔てた位置に淀川水系の宇陀川が流れている。庄内川の規模には及ばないが，この宇陀川沿い約 10 km にわたりシャ

クチリソバが大群落を形成している。分布の最上流付近にこの薬草園があることから，本地域のシャクチリソバはここからの逃げ出しであろうと容易に推察がついた。この旧薬園は，幕府の「御薬草見習」を務めた森野通貞により，1729(享保14)年開設された。通貞は8代将軍徳川吉宗による国内産の漢方薬の普及に貢献した人物としても知られる。通貞は大変緻密な動植物図鑑『松山本草』(全10巻)を完成させており，本書に赤地利の記載があった。しかし，図7で示したとおり，残念ながら松山本草に描かれている植物はシャクチリソバではなく，恐らくツルソバのたぐいと考えられる。その一方でソバは正しく記載されていた(図7D)。さらに，ソバの説明として8月開花とあることからも，秋に咲くシャクチリソバを見誤って「蕎麦」と解釈した可能性も否定できる。やはり，江戸期にはシャクチリソバはまだ日本の地におりたってはいなかったと考えるべきであろう。現在園にあるシャクチリソバがいつ持ち込まれたのかについては記録がないため不明である。しかし，非常に興味深いことがわかった。

シャクチリソバはソバと同様に他殖性の虫媒植物であり，自家不和合性の植物である。長い柱頭を持つ長花柱花と短い柱頭を持つ短花柱花の2種類の花を咲かせる特徴を持つ。それぞれの個体にはどちらか1種類の花しか咲かず，この特徴は遺伝的に決まっている。長花柱花は短花柱花の個体と(またはその逆)のみ受粉できる。つまり，種子をつくるためには，基本的に2種類の個体がないとできない仕組みになっているのである。しかし宇陀川沿いでは，長花柱花しか見られないことがわかった(図7A)。後日確認のために訪れたところ，種子をつけた個体は1つもなかった。つまり，大宇陀のシャクチリソバの大集団は，栄養繁殖により増殖したクローン個体の集まりである可能性が高いことがわかった。また，日本のシャクチリソバは赤サビ病にかかっていることが多いが，大宇陀のシャクチリソバは特に状態がひどく(図7B)，クローン繁殖と関係があるかもしれない。大宇陀のように，クローン繁殖を疑わせる集団はほかに見つかっておらず，興味深い調査地である。

第 6 章　野生化した薬用植物シャクチリソバ　133

図7　大宇陀におけるシャクチリソバ(A, B；2009 年 10, 11 月撮影)と『松山本草』で描かれた赤地利(C)と蕎麦(D)。A は大宇陀におけるシャクチリソバの花。異型花のうちの長花柱花である。大宇陀では長花柱花しか見られない。B は赤サビ病にかかったシャクチリソバ

10. 二倍体の謎

　シャクチリソバ全76点の標本のうち，21点で標本中に種子が残されており，種子サイズを計測することができた。その結果，興味深いことに，21点はすべて二倍体である可能性が高かった（著者，未発表）。この結果は日本各地の調査結果とも矛盾しない。これまで著者が調査した地点では，すべて二倍体と推定され，現在のところ四倍体は日本では見つかっていない。世界的に見ると，シャクチリソバは四倍体の方が分布が広い（図4）。にもかかわらず，日本では二倍体しか確認できないのはなぜだろうか。シャクチリソバは薬草として中国では肥大した塊茎を用いている。そして塊茎が肥大するのは二倍体の特徴であり，四倍体には見られない。したがって，日本各地の集団が二倍体種であることは，シャクチリソバが薬用植物として導入されたと考えればつじつまが合うのではないだろうか。

　帰化雑草は年々増え続け，在来種を駆逐しもともとの生態系を乱すなどという理由で深刻な問題となっている。これらのなかには，遺伝資源として重要な価値を持つものもあるが，雑草と資源という両方の視点から管理がなされている植物は少ない。本章では，帰化雑草であるシャクチリソバの来歴を，さまざまな角度から検証してきた。その結果，シャクチリソバの来歴には，植物利用の形態が深くかかわっている可能性が示された。しかし有用植物として持ち込まれたはずが，皮肉にも現在ではやっかいな雑草として駆逐対象となってしまっている。帰化雑草としてのシャクチリソバは，ほかの植物を駆逐してしまう可能性があり，このままの状態で放置しておくことは問題だ。何らかの対策を練り，これ以上の分布拡大を防ぐ努力は必要だろう。しかし，完全に日本から駆逐してしまうには，惜しい植物資源であることも間違いないのである。原産地中国ではその薬効成分が高く評価され，乱獲が続いた結果，現在では国家2級の保護植物として認定されている。また，薬用植物としてだけでなく，食用としても重要な植物資源である。ネパールでは，1999年より国際植物遺伝資源研究所（IPGRI: International Plant Genetic Resources

Institute）の支援を受け，ソバ属植物の現地保全（*in situ* conservation）が始まった．このプロジェクトでは，シャクチリソバは重要な遺伝資源とされ，現地保全を目的とした自然集団の遺伝的多様性調査が行われ，どの集団が最も現地保全に適当なのかを決めるためにDNAマーカー分析が行われている．日本でも，導入されたシャクチリソバを利用するために維持・管理することも視野にいれるべきだ．しかし適切な管理のためには，植物の持つ特性を知ることが不可欠であり，安易な利用は許されない．本章で示したシャクチリソバの来歴は，ごく短い期間で分布を広げ，ごく少数の個体から巨大群落を形成する可能性を示しており，帰化雑草を利用することの難しさが浮き彫りになった．資源植物を有効かつ安全に利用するためには，雑草性を含めた植物の特性を十分理解し，適切な管理にむけての基礎的なデータの収集を怠ってはならない．植物利用の新たな課題と可能性を，シャクチリソバが教えてくれた．最後に，長友大（『ソバの科学』）による，シャクチリソバの食べ方について紹介し，本章を閉じたい．

「宿根ソバの葉はとてもやわらかいので，食べるときには，葉の茹で方に一つのコツがあるようだ．つまり，サッと茹でて，すぐにとりあげ，これを水でよく冷やすことである．茹で方が過ぎると，新鮮さや美しい緑色が失せてしまう．はじめは私も，何度か失敗した．食べ方についても，浸しもの，和えもの，油いため，煮もの，吸いもの，味噌汁など，ひととおりのものは作ってみた．とくに真夏の〝宿根ソバの酢味噌和え〟は，一度食べると忘れられない味だ．また，宿根ソバの生葉を，葉柄をつけたまま，よく洗ってから「サラダ」として，晩酌の膳につけるのもまた乙なものだ．ことに，遠来の客におすすめして，私の自慢の種になったのである」

福井県の今庄町では，シャクチリソバの葉を添加した乾麺が販売されている．ちなみに，福井県は前述したシャクチリソバが確認されていない11県のうちの1つである．

第 II 部

美しさと香りの栽培史

イエギク
東アジアの野生ギクから鮮やかな栽培品種へ

第7章

谷口　研至

　イエギク(栽培ギク)は、三大花卉の1つで、今日では最も一般的な観賞植物である。平成17(2005)年の日本のキクの生産額は、花卉の総生産額2,993億円のうち829億円を占めている。バラの233億円、ユリの222億円、洋ランの382億円と比べても飛び抜けて多い。キクは、オランダでは15億本、中国では9億本が生産されており、その生産量は今も増え続けている。アジアでつくり出された栽培ギクが現在では世界の人々の日常の生活に浸透している。このような栽培ギクがどのような野生種から、どこで、どのようにしてできたのかについてはよくわかっていない。私たちはこのイエギクの起源を探るという非常に興味深い未解明の問題に取り組んでいる。これまでの重要なキクの研究成果についての歴史をたどるとともに、最近の成果を紹介したい。

1. 野生ギクの種類

　キク属 *Chrysanthemum* は、二倍体($2n=2x=18$)から十倍体($2n=10x=90$)までの染色体数の正倍数性を示すことが最初に明らかにされた植物である(田原、1914, 1915; Tahara, 1921)。東アジアを中心に、低地から5,300 mの高山まで幅広く分布している。いくつかの種では地方品種が数多く認められており、さらに種の間でも形態的に連続する場合があるため分類や同定が非常に難し

い。また，いくつかの種は種内に倍数性変異を含むため，分類をいっそう複雑にしている。私たちは，日本の種では北村(1940)の分類体系，中国の種ではShih and Fu(1983)の分類体系に従って分類群を認識している。しかし，形態的な分類のみではキクという植物の実体をとらえるのが難しい場面にたびたび遭遇してきた。そのため，常にそれぞれの集団について染色体数を調べ，倍数性を確認した上で種を取り扱っている。種内倍数体群は形態的に類似しているにもかかわらず，生殖的な隔離をともなうので，あたかも別種のように振る舞う。そこで形態分類学的には同一種であっても，種内倍数体群は独立した種として取り扱う必要がある。これを踏まえると，現在までに記載されている野生ギクのうち31分類群(日本17分類群，中国18分類群)と染色体数を確認していない重要な4種は表1のようになる。

野生ギクは，次に述べるように花の特徴から大きく舌状花をもたない無舌系統，黄色の舌状花をもつ黄花系統，白色の舌状花をもつ白花系統に分けられ，それぞれの系統内でさらに倍数性種を複雑に分化させてきた。

無舌系統

この分類群は中国を中心に，東アジアの高山や寒冷地に分布しており，『中国植物志』(1983)には *Ajania* 属として28種が収録されている。日本には中国と共通する高山性のイワインチンとオオイワインチンの2種と日本固有のシオギクとイソギクの2種の計4種が分布している(表1)。シオギクとイソギクは四国から房総半島にかけた沿岸部に分布しており，それぞれ八倍体と十倍体の高次倍数体に分化している。これら4種はいずれもほかのキク属植物と非常によく交雑し，野生でも自然雑種が生じているため，日本ではキク属と扱われてきた。中国の *Ajania* 属の多くの種はまだ詳細に研究されていないので，これらをすべて同一の属とすべきか，いくつかの属に分けるかは今後の課題である。私たちはキク属植物と自由に交雑する *Ajania* 属の種をキク属に含めている(図1)。

黄花系統

東アジアに普通に見られ，二倍体から六倍体までの種がある(表1)。日本

表1 野生ギクの種，倍数性と分布

グループ	学名	和名	2x	4x	6x	8x	10x		分布
無舌系統	Ch. potaninii		+						C
	Ch. latifolia				+				C
	Ch. rupestre	イワインチン	+					J	KM
	Ch. pallasianum	オオイワインチン			+			J	CKR
	Ch. shiwogiku	シオギク				(+)		J	
	Ch. pacificum	イソギク					(+)	J	
黄花系統	Ch. lavandulifolium	ホソバアブラギク	+						C
	Ch. seticuspe	キクタニギク	+					J	CK
	Ch. arisanense	アリサンアブラギク	+						F
	Ch. potentilloides			+					C
	Ch. indicum	シマカンギク	+	+	(+)			J	CKR
	Ch. glabriusculum				+				C
白花系統 リュウノウギク群	Ch. horaimontanum		+						F
	Ch. makinoi	リュウノウギク	(+)					J	
	Ch. wakasaense	ワカサハマギク		(+)				J	
	Ch. yoshinaganthum	ナカガワノギク		(+)				J	
	Ch. japonense	ノジギク			(+)			J	
	Ch. vestitum	ウラゲノギク			+				C
	Ch. morii	モリギク				+			F
	Ch. ornatum	サツマノギク				(+)		J	
	Ch. crassum	オオシマノジギク					(+)	J	
白花系統 イワギク群	Ch. chanetii	チュウゴクノギク	+	+	+				CKR
	Ch. maximowiczii				+				CKR
	Ch. naktongense				+				CKR
	Ch. oreastrum				+				CR
	Ch. mongolicum				+	+	+		CMR
	Ch. zawadskii	イワギク		+	+	+	+	J	CKMREA
	Ch. zawadskii var. latilobum	チョウセンノギク			+			J	K
	Ch. weyrichii	ピレオギク				+		J	R
	Ch. yezoense	コハマギク					(+)	J	
	Ch. arcticum	チシマコハマギク	+					J	R
染色体数未算定の重要種									
黄花系統	Ch. dichrum								C
	Ch. hypargyrum								C
白花系統	Ch. argyrophyllum								C
	Ch. rhombifolium								C

J：日本，K：朝鮮半島，C：中国，F：台湾，M：モンゴル，R：ロシア，E：ヨーロッパ，A：北米，＋は広島大学で確認した倍数性，(＋)は倍数体が日本固有であることを示す．

にはキクタニギクとシマカンギクの2種が分布している。キクタニギクは二倍体種で，中国大陸に広く分布しているが，日本では九州北部，近畿，関東から東北にかけて隔離的に分布している。シマカンギクは中国大陸に四倍体が広く分布しており，広東省の限られた地域に二倍体も報告されている(Nakata et al., 1992; Taniguchi et al., 1992; Tanaka et al., 1992)。この二倍体は分類学的にはキクタニギクの1変種として取り扱うこともできる。シマカンギクは日本では近畿以西の西日本に山地から海岸にかけて四倍体と六倍体が広く見られる。地域的に非常に多様で，北村(1967)はいくつかの地域群を種あるいは変種として区別している。六倍体は，中国には見られず，日本に固有で，西日本の四倍体の分布の空白地を埋めるように分布している(Taniguchi, 1987; Taniguchi et al., 未発表)。中国大陸から日本列島に分布を広げた四倍体シマカンギクが，どのようにして日本に固有の六倍体群を分化したかは興味深い問題である。

白花系統

白色舌状花をもつ白花系統は形態的に異なるリュウノウギク群とイワギク群に分類される。

(1) リュウノウギク群

日本に固有の二倍体から十倍体までの6種，リュウノウギク，ナカガワノギク，ワカサハマギク，ノジギク，サツマノギク，オオシマノジギクがある(表1)。二倍体のリュウノウギクは，九州東部の限られた地域から四国，福島県以西の本州に広く分布している。ほかの倍数体種は，それぞれ限られた地域に生育している。四倍体のナカガワノギクは，徳島県の那珂川流域に限って分布しており，河川の岩盤上の特異な環境に生育し，独特な流線形の葉をもっている。四倍体のワカサハマギクは鳥取県から福井県にかけた日本海沿岸に分布している。六倍体のノジギクは，種子島から九州東岸，四国西部の山地から沿岸，山口県の下松から広島県の蒲刈島にかけた瀬戸内海沿岸に連続的に分布するが，兵庫県姫路市を中心とする一帯にも隔離分布している。八倍体のサツマノギクは九州南部の東海岸と甑島や屋久島などの島嶼部に分布している。十倍体のオオシマノジギクはさらに南方の奄美群島，徳之

島に分布している。また，この群に含まれると考えられている種に中国大陸の河南省西部，湖北省西部と安微省西部の比較的狭い地域に分布する六倍体のウラゲノギクと四川省東部に分布する染色体数の不明な *Ch. rhombifolium* がある。台湾にはリュウノウギクによく似た二倍体の1種が分布している。日本に見られる倍数体種のうち四倍体のワカサハマギクとナカガワノギクについては詳細な研究があり，ワカサハマギクはリュウノウギクとシマカンギクあるいはキクタニギクが自然交雑後に種分化し，ナカガワノギクはリュウノウギクの同質四倍体であるとされる(田中，1959, 1960)。九州～西南諸島には六倍体から十倍体の種がある(堀田，1996)。

(2) イワギク群

キク属は東アジアの北半分に広く分布しており，さらに東ヨーロッパから北米まで分布している。白花系統のなかで根生葉の発達した群として良くまとまっているが，地方品種が数多く見られ，これまでに多くの種あるいは変種が記載されている。染色体数は二倍体から十倍体まであり，種内倍数性も見られる。Bremer and Humphries(1993)とBremer(1994)はこの群のうち二倍体チシマコハマギクを独立した *Arcanthemum* 属として位置づけ，イワギク群を2群に分けた。しかし，過去に亜種関係にあったコハマギクは *Chrysanthemum* 属の植物と容易に交雑し，DNAレベルでもイワギク群に共通した特異的な反復DNAをもち，一群としてまとまるので(表4, Taniguchi et al., 未発表)，ほかのイワギク群と同様にここでは *Chrysanthemum* 属と扱う。

2. キクの細胞学的特性

キク属植物の二倍体から十倍体までの正倍数性の発見以来，キクに特有な細胞遺伝学上の多くの成果が得られてきたが，今日までその倍数性ゲノムの成立は謎のままである。これはキクが同質倍数体であることに起因すると考えられる。そのなかでもいくつかの重要な発見があり，現在までに明らかにされてきた細胞遺伝学的研究の成果をたどってみる。

交雑親和性

下斗米博士から始まって，私たちの研究室ではキク属植物の交雑の研究成果を蓄積してきた。図1は二倍体から十倍体までの種間交雑の結果である。自生地での野生種間の自然雑種は互いの種の分布が接するところに限って生育している。人為的交雑では倍数性のいかんにかかわらずすべての種間で雑種ができる。種子稔性は，交配の組合せによりさまざまであるが，交配親の倍数性の差が小さいほど高くなる傾向にある。しかし，いったん雑種ができると，多くは丈夫な植物体となる。これらの雑種のうち，偶数倍数体の子孫

	イワインチン	リュウノウギク	キクタニギク	ワカサハマギク	ナカガワノギク	シマカンギク(4x)	シマカンギク(6x)	ノジギク	イワギク(広義)	オオイワインチン	イエギク	サツマノギク	シオギク	オオシマノジギク	コハマギク	イソギク
2x イワインチン		8														
リュウノウギク			1	○	○	○	○	●		2		●	●	●		●
キクタニギク				○	○	○	●	○			○		○	○		○
4x ワカサハマギク						○					9	●	○			○
ナカガワノギク						3					10					
シマカンギク(4x)							○	○			●	○	4	○		
6x シマカンギク(6x)								5			11					○
ノジギク											12	○	○	○	○	
イワギク(広義)											○					○
オオイワインチン																
イエギク												○	13		6	7
8x サツマノギク													○	○		
シオギク														○		
10x オオシマノジギク																
コハマギク																○
イソギク																

○：雑種が得られる。 ●：染色体の倍加した雑種が得られる。
灰色枠と数字は自然雑種を示す。1：シロバナアブラギク，2：トガクシギク，3：ワジキギク，4：ヒノミサキギク，5：ニジガハマギク，キバナノジギク，6：ミヤトジマギク，7：サトイソギク，ハナイソギク，8：リュウノウイワインチン，9〜13：名称なし

図1 キク属の自然交雑および人為交雑の結果(中田ほか，1987を改変)

は染色体数の安定した子孫を容易に残す．これに対し，奇数倍数体の雑種子孫は，稔性が比較的低く，しかも染色体数の変異した子孫を生じる．野生植物の自生地でも同様な現象が見られ，例えば十倍体のイソギクと八倍体のシオギクでは付近に植栽された六倍体のイエギクとの交雑が起こっている（コラム②参照）．イソギクとイエギクとの雑種は八倍体となり，それ自体で繁殖する八倍体集団を成立させていたのに対し，シオギクとイエギクとの雑種は七倍体となる．このF_1雑種は染色体の分配異常によって，安定した染色体数を維持することが困難である．そのため雑種自体で繁殖できる集団をつくるのが難しく，野生シオギクと頻繁に交雑することにより，栽培ギクの遺伝子が野生集団へ浸透している（田中ほか，1985）．

同親対合——キク属倍数体種は同質倍数体である

　二倍体の動植物の細胞核は母親由来の染色体と父親由来の２組の染色体から構成されている．キク属植物の染色体の１組（１ゲノムと呼ぶ）は９本の染色体から構成されており，二倍体は２組，すなわち２ゲノム，染色体数にして18本をもつ．減数分裂ではそれぞれ母親由来の染色体と父親由来の染色体が対合し，９個の二価染色体を形成して，n＝９の卵細胞と花粉を形成する．キク属は二倍体から十倍体までの正倍数体となるため，２，４，６，８，10ゲノムをもつ倍数体群が存在することになる．下斗米（1931a，1935）は，この倍数性ゲノムがお互いどのような関係をもつかを調べるため，四倍体と八倍体（シマカンギク×シオギク，シマカンギク×サツマノギク），および六倍体と十倍体（ノジギク×イソギク，ニジガハマギク×イソギク，ノジギク×コハマギク，ニジガハマギク×コハマギク）の間で種間交配し，そのF_1雑種の減数分裂を観察した．これらの雑種は基本的に二価染色体を形成していた．図2Aに示す例では，八倍体のシオギクと四倍体のシマカンギクの交配によってできた雑種子孫は六倍体となる．シオギクとシマカンギクの１ゲノム，すなわちn＝x＝９をそれぞれＳとＩで表示すると，この雑種はシオギクからのＳゲノム４つとシマカンギクからのＩゲノム２つの計６ゲノムをもつ．この６ゲノムが二価染色体を形成するとき，染色体の対合の可能性は図2Aに示す２通りが考えられる．シマカンギクの２ゲノムが同親対合（I-I）する場合には，シオギクの４

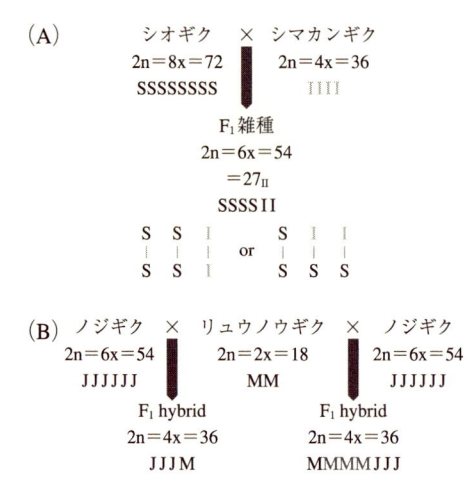

146　第II部　美しさと香りの栽培史

```
(A)         シオギク    ×   シマカンギク
          2n＝8x＝72      2n＝4x＝36
          SSSSSSSS          IIII
                 ↓
               F₁雑種
              2n＝6x＝54
               ＝27_II
              SSSSII

      S  S   I       S   I
      |  |   |   or  |   |
      S  S   I       S   S

(B)    ノジギク   ×  リュウノウギク  ×   ノジギク
      2n＝6x＝54      2n＝2x＝18       2n＝6x＝54
      JJJJJJ           MM              JJJJJJ
           ↓                               ↓
        F₁ hybrid                       F₁ hybrid
        2n＝4x＝36                      2n＝4x＝36
         JJJM                            MMMMJJJ
```

図2　(A)シオギクとシマカンギクのF₁雑種の同親対合，
　　　　(B)リュウノウギクとシオギクのF₁雑種の染色体数の増加

ゲノムすべてが同親対合(S-S, S-S)することになり(図2A左)，シマカンギクの2ゲノムが異親対合(I-S, I-S)する場合には，シオギクの残りの2ゲノムが同親対合(S-S)することになる(図2A右)。いずれの場合も，少なくともシオギクの2ゲノムは同親対合する。その後，四倍体と八倍体(シマカンギク×八倍体ノジギク，シマカンギク×サツマノギク)，二倍体と六倍体(キクタニギク×ノジギク，リュウノウギク×ノジギク)，二倍体と十倍体(キクタニギク×オオシマノジギク)のF₁雑種でも同親対合することが確かめられている。倍数体種を構成する染色体はゲノム間でも相同性が高く，無舌状花系，黄花系，白花系の間でもゲノムの相同性は高い(Shimotomai and Tanaka, 1952；金子，1961；Watanabe, 1977)。さらに，人為的に誘導された同質四倍体キクタニギクもほとんどが二価染色体を形成する(Watanabe, 1983)。四価染色体でなく二価染色体を形成するという染色体の特異な行動は染色体分配の安定化に大きく寄与しており，キク属では同質倍数体ゲノムの分化に効果的な役割を果たしていると解釈できる。

倍加する染色体

(1) 卵母細胞における染色体数の増加

　キク属植物では，倍数性の異なる種間で交雑すると，期待される子孫の倍数性と異なり，期待より多い倍数体の子孫がときどき生じる(下斗米，1932b，1935)。リュウノウギク(2x)とノジギク(6x)の交配では，母親の違いによって異なる形態を示すF_1雑種個体が得られる(図2B)。ノジギクを母親とするとノジギク寄りの性質を示す個体，リュウノウギクを母親とするとリュウノウギク寄りの性質を示す個体が生じる。六倍体と二倍体の交配であるから当然四倍体の雑種ができるが，この雑種はノジギクの3ゲノム，リュウノウギクの1ゲノムをもつので，ノジギクの性質が強く現れるのは容易に理解できる。ほかの倍数体種間の交配においても同様に倍数性の高い親の性質が強く現れると予想できる。ところが，二倍体リュウノウギクを母親として得られたF_1雑種はリュウノウギクの性質を強く示した。その雑種の染色体数を調べてみると，2n=63で，想定される四倍体の2n=36の染色体数より27本多く，すなわち3ゲノム分が増加していた。この雑種はリュウノウギクの性質が強いことから3ゲノムはリュウノウギクからきており，元のリュウノウギク1ゲノムを加えた4ゲノムとノジギクの3ゲノムにより2n=63の七倍体が生じたと推定されている。リュウノウギク(2x)×シオギク(8x)，リュウノウギク(2x)×イソギク(10x)のF_1雑種の場合も同様でリュウノウギク3ゲノムの増加を想定するとすべてうまく説明できる八倍体および九倍体であった。

(2) 花粉母細胞の染色体増加

　下斗米(1931b)はサツマノギクとノジギクの雑種(2n=62，染色体の1本が少ない七倍体)と推定される株の減数分裂第一分裂前期のパキテン期において，1つの細胞のなかに1核から数核をもつ細胞を観察している。10細胞の観察ではあるが正確なスケッチを残しており，4細胞は正常な1核性，2細胞は正常な同じサイズの2核といくつかの小核，4細胞は正常なサイズの1核と1から数個の小核をもっていた。またそれに引き続く第一分裂の中期と後期にも同様に2核性細胞による減数分裂が進み，最後に二倍性の巨大な四分子をつくっていた。一般的に，減数分裂の過程で起こる二倍性花粉は，第一分

裂の後期で分配されるべき染色体の遅滞(restitution)が起こり，最終的に二倍性の 2 分子を形成するが，この雑種では第一分裂前期以前の核膜をもたない時期を 1 回経過する前に遅滞が起こり，2 核性細胞となり，減数分裂が進行したと推察されている。最近，これとほとんど同じ内容を Kim et al.(2009) が報告している。彼らは，肥厚した細胞壁をもつ第一分裂前期ディプロテン期の細胞があたかも融合しているかに見える 1 枚の切片を証拠として，第一分裂以前の時期に 2 細胞が融合して倍加していると推定している。しかし倍化花粉が細胞の融合により形成されるなら小核は形成はされないので，下斗米博士の見た高頻度の小核の出現を説明することが難しい。遅滞か，融合かの問題を残しているが，この倍化卵細胞形成と倍化花粉形成はキク属の倍数体種の成立に重要な意味をもっている。

3. 多様なイエギク

今日までおびただしい数のイエギクの品種がつくられてきている。品種を特徴づける形質は，花の大きさ，色，形，草姿などの視覚的な形質にとどまらず，味覚や薬効にまで及んでいる。キクはもともと薬用植物として重宝されていたものが，観賞用や食用に利用されるようになり，多様な品種が成立した。現在は，ほとんどの品種が観賞用であり，その利用方法も多岐にわたっている。大輪菊，古典菊，懸崖菊，文人菊などの鉢植え，スプレーギクや輪ギクなどの切り花，グリーンベルトや花壇などの公共的な場から個人の庭に至るまでさまざまな場で使用される。私たちが日常目に触れる刺身のツマにもされる。中国では菊茶として親しまれており，中国や日本の一部の地域では食用にもされている。現在の消費は切り花が主流であり，特に日本では宗教的な結びつきが見られ葬儀用の生花，仏壇や道祖神への献花にも頻繁に利用されている。日本で現在見られるほとんどの品種の祖型は江戸時代につくり出されている。また，16 世紀末，最初のキクの品種が日本からヨーロッパに渡って以来，日本はもとより，中国や韓国の品種がたびたび欧米に渡った。イギリスでは 1827 年に最初の品種がつくられた。それ以来，キクは，欧米各地に広がり，現在では大きなマーケットを形成している。欧米で

は特にスプレーギクと呼ばれる切り花用の品種が数多くつくられ，1970年代の中ごろには日本へ逆輸入されるまでになった。スプレーギクは摘心を要せず，周年栽培できるため日本でも瞬く間に普及していった。現在は，東南アジアやアフリカにもその生産拠点が拡大している。

イエギクの染色体数の変異

イエギクの染色体数は，下斗米(1932a)以来，多くの研究者によって研究されている。現在までに報告されている約700品種の染色体数を大菊，中菊，小菊に区別して，その下位のグループごとに整理すると表2のようになる。大菊では日本産の品種だけを詳しく示している。外国産の大菊にも日本の厚物や管物に相当する品種があるが，ひとまとめにして英国品種，米国品種，中国ギクとしている。中菊の切り花品種は，スプレーギクや輪ギクとしても区別されるが，整理の都合上，日本産品種，外国由来品種，イギリス品種，米国品種としている。

イエギクの染色体数は，例外的な四倍体の1品種を除き，六倍体を中心に八倍体を超える$2n=47〜76$までの変異を示す(表2)。イエギクの染色体数を分類区分ごとに見るといくつかの大きな傾向がある。小菊では四倍体の1品種を除き$2n=51〜57$の間で極めて変異の幅が小さく，中菊では$2n=47〜67$と小菊に比べ変異の幅が大きくなっている。しかし，日本の品種は$2n=54$をモードとするのに対し，外国産の米国，イギリス，外来品種はそれぞれ$2n=57, 56, 55$をモードとしており，$2n=54$の六倍体ではなくそれより染色体数の多い異数性を示し，しかもお互いの品種群間で異なっている。一方，日本では輪ギクとして中輪ギクや小輪菊が切り花として従来販売されていたが，1970年代に欧米で品種改良されたスプレーギクが導入された。現在では，日本でも輪ギクなどの優良形質をスプレーギクに導入した新品種が次々と作成されている。染色体数は，欧米の品種では$2n=47〜58$の間で変異するが，日本の品種は$2n=53〜63$と七倍体までの変異を示す。育成経緯の明らかな新品種作成の例を柴田ほか(1988)の研究で見ると，六倍体スプレーギクと日本固有の野生種である十倍体のイソギクの雑種の戻し交雑により得られた子孫から作出された$2n=63$の新品種「ムーンライト」とその後

表 2 栽培ギクの染色体数の変異

品種群		倍数性/数 2n=36	47	51	52	53	6x 54	55	56	57	58	59	60	61	62	7x 63	64	65	66	67	68	69	70	71	8x 72	73	74	75	76	計	文献*
大菊	中国ギク		2	1			3	15	3	3	3																			30	1)
	管物						1	12	10	4	4	2	2	8	3	4														51	1),6)
	厚物					2	6	7	1	4	6	1	2	3	3	1	1	1	5	2	1			1						48	1),6)
	広物															1	1			1	1	1	1	4	6	3				21	6)
	英国品種							1	2	2	3	3	1	1	2	2										3	3			17	2),5)
	米国品種													2	3		1												1	7	3)
中菊	古典菊			2	15			78	15	4						2	5	3	3	1										114	4),6),7),9)
	食用菊						2	46	12	13	2		1																	90	8),10)
	ポットマム						1	4	5	1																				11	8)
	クッションマム						2	3	2																					7	8)
	日本:切り花						9	25	19	10	1	1	2			1	1													69	8),12)
	外国:切り花				1		3	3	9	2		2																		20	8)
	英国品種				1	1	5	8	8	12	3																			38	2),5)
	米国品種						2	2	4	12	4																			24	3)
小菊	文人菊					8	18	8																						34	1),6)
	切り花	1		1	2	10	15	7	2																					38	8)
	ツマギク			1	1	9	18	3																						32	10)
	英国品種					5	19	8	1																					33	2)
	米国品種						1	3	13																					20	3)
計		1	1	4	8	75	274	123	61	43	22	7	13	11	8	7	8	4	8	4	1	2	1	4	6	4	3		1	704	

*1) Shimotomai(1932); 2) Dowrik(1953); 3) Sampson et al.(1958); 4) Tomino(1962); 5) Dowrick and EL-Bayoumi(1966); 6) Endo(1969a);
7) Tomino(1968); 8) Endo(1969b); 9) Miyazaki et al.(1982); 10) Endo and Inada(1990); 11) Chang et al.(2009); 12) Shibata et al.(1988)

代の子孫が現在では流通している。これ以前に高次倍数体の野生ギクとの交雑により新品種がつくられたかどうかは定かでないが，現在流通しているスプレーギクには確実に高次倍数体野生ギクの血が混じった品種がある。また，食用菊はほかの中菊に比べ非常に特異的な染色体数の変異を示す。六倍体の2n＝54と高七倍体(7x＋1)の2n＝64に2つのピークを示し，その染色体数の変化は連続的でない。六倍体の食用菊と八倍体のキクとの交配により七倍体が生じたとも考えられる。

　大菊では染色体数が2n＝51〜76と小菊や中菊と比べ変異の幅が大きい。米国品種の染色体数は，2n＝61に頻度のピークを示し，2n＝58〜64の間で変異し，英国品種の染色体数は，2n＝57, 58に頻度ピークを示し，2n＝54〜63でほぼ六倍体から七倍体の範囲にある。日本の品種では，管物，厚物，広物でそれぞれ変異の幅が異なる。染色体数は，管物では2n＝54と2n＝60に2つの頻度ピークを示し2n＝53〜63の間で変異し，厚物では2n＝55, 60, 66に3つの頻度ピークを示し2n＝53〜73の間で変異し，広物では特異的で，2n＝72の八倍体に頻度ピークを示し2n＝64〜76の間で変異している(表2)。中国ギクは2n＝54に染色体数の頻度ピークを示し2n＝51〜58の間で変異し(Li et al., 2009)，大菊のなかでは最も変異の幅が小さい。それぞれの品種群は，一定の変異の幅を示すが，品種群の間では染色体数の変異の差は大きい。とりわけ日本の品種では染色体数の変異の幅は際だっている。また，アジアの品種は広物を除くすべてのイエギクにおいて2n＝54の六倍体に1つの頻度ピークを示すが，欧米の品種はイギリスの小菊品種を除きほかは六倍体より多い染色体数にモードを示す。これは，アジアから欧米に最初に渡ったキクが六倍体ではなく，それより染色体数の多い品種であったことを示唆している。また日本の品種の古典菊や古い形質を保存している大菊や食用菊の品種は，ほとんどが六倍体を中心とした染色体数の変異を示していることから，変異の幅が小さい中国ギクの性質を受け継いでいる可能性も考えられる。

キクの細胞キメラ "Sport"

　キクの品種改良では，昔から無性繁殖の枝変わりによって花色変異や多く

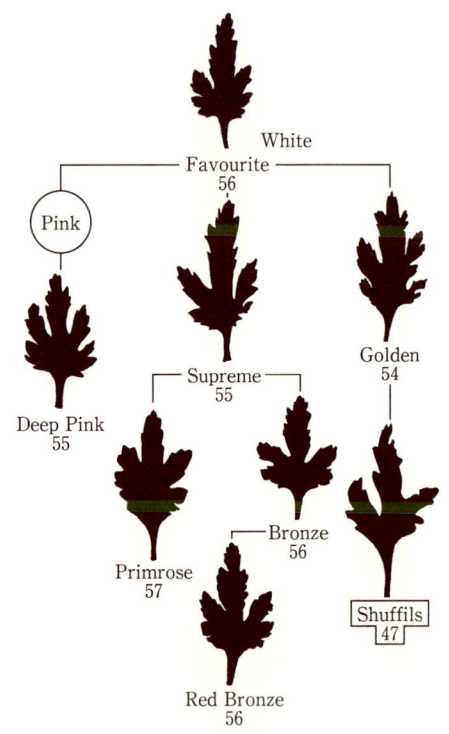

152　第Ⅱ部　美しさと香りの栽培史

図3 Favourite Famly の芽条突然変異体の系図における染色体数と葉型(Dowrik, 1953 より)。'Shuffils' は最少染色体数と異常葉を持つ。'Deep Pink' は白花系統の 'The Favourite' の芽条突然変異によりピンクの花色変異として生じた。

表3 同一系統から芽条突然変異によって生じた Favourite Famly 8 品種の個体内染色体数の変異(Dowrik, 1953 より抜粋)

品種名	染色体数(2 n)											計	キメラ %
	46	47	48	49	50	51	52	53	54	55	56	57		
Bronze											19		19	0
Fav. Supreme										8			8	0
Deep Pink										10			10	0
Primrose												7	7	0
Red Bronze										10			10	0
Favourite									2		20		22	9.1
Shuffils	2	10											12	16.7
Golden								4	14	2	2	1	23	39.1

の形態的変異系統が選抜され，これらが品種として受け継がれてきた。この現象に関して特定の親品種から枝変わりにより派生した品種でその関係が調べられている。キクでは枝変わりによる品種グループを "Family" と呼び，この自然発生的なキメラを "sport" と呼んでいる。キクでは枝変わりからの選抜でも高頻度に変異体ができる。Dowrick (1953) はイギリスのイエギクのいくつかの Family 内の品種について染色体数を調べている (図3，表3)。'Favourite' と呼ばれる白花の親品種 (祖先品種) は $2n=54$ が 2 細胞，$2n=56$ が 20 細胞のキメラ個体で，これから派生した花色や形態の異なる 7 品種の染色体数は，有性生殖を経ずに，もとの親の $2n=54, 56$ から $2n=47〜57$ の間に変化していた。そして，'Favourite' とその派生子孫の 'Shuffils' と 'Golden' の 3 品種は個体内で染色体数の変異したキメラで，その頻度は個体により 9〜39% の変異幅があった。これは，ほかの 3 つの Family でも見られている。また，Sampson et al. (1957) も米国の 10 Family において同様な結果を得ている。Dowrick は細胞分裂後期および終期の染色体の行動を調べ，染色体の遅滞および不分離などの異常が約 1% の頻度で起こっていることを確かめ，染色体数の異なる品種が派生してくる原因は，個体内の "sport" により生じると考えている。栽培ギクの品種群に見られる数多くの染色体数の変異は交配による後代の分離によることなしに，"sport" すなわち芽条突然変異によっても起こるのである。

4. 栽培ギクの起源

栽培植物の起源という興味深い課題については，コムギ，アブラナ，イネ，バラなど数多くの有用植物でその起源の一部が明らかにされている。イエギクでも，分類学，形態学，細胞遺伝学的な手法によって，起源は議論されてきたが，明瞭な答えは出ていない。そのなかで北村 (1948) は，これまでのイエギクに関する議論から，①シマカンギクの長年の栽培による淘汰，②ノジギクまたはこれに近縁な植物からの淘汰，③雑種説の 3 つに整理している。③の雑種説はさらに，ⓐ黄花種のシマカンギクと頑丈で銀白色の葉をもつ白色種の *Ch. sinense* (現在のウラゲノギク) との雑種化 (Hemsley, 1889)，ⓑシマカ

ンギクに加え，チョウセンノギク，ウラゲノギク，オオシマノジギク，リュウノウギクのすべてが交雑されてつくり上げられた(Stapf, 1933)，ⓒイワギク群の二倍体チョウセンノギクと四倍体シマカンギクが交雑して三倍体ができ，これが複二倍体化して六倍体ができた(北村, 1948)とする主要な3説を挙げている。3番目の仮説で白花種のチョウセンノギクと，黄花種のシマカンギクを祖先種と特定した理由として両種は中国で最も普通に見られ，多くの場所で分布が重なっている点を挙げている。現在は，この北村のチョウセンノギクとシマカンギクの雑種起源説が広く浸透している。

しかし，これらの諸説は分類学的あるいは地理学的な情報に加え，少ない実験的事実に基づいて組み立てられており，仮定的な要素が多い。キク属植物の系譜や起源について実証的研究がこれまで難しかったのは，イエギクが六倍体を中心とする高次同質倍数体であったため，ゲノム分析を応用できなかったことである。また，主要な有用作物では完成している連鎖地図もいまだに作成されていない。最近，分子レベルでの研究からのアプローチも可能となり，イエギクの起源に関していくつかの重要な証拠が見つかっている。

白花種と黄花種の雑種説

イエギクは白花と黄花を基調とする多様な花色の変異を示す。一方，キク属の野生種には白花系統と黄花系統があるが，双方の花色をもつ種はない。しかし，種間雑種には双方の花色を示す例がある。ニジガハマギクとキバナノノジギクは分類学的には種と扱われているが，いずれも六倍体シマカンギクと六倍体ノジギクの分布の境界に見られる雑種で黄花と白花の変異を示す。これは，イエギクの花色変異が白花系統と黄花系統の野生種の間での自然交雑により生じている根拠の1つともいえる。最近，この雑種起源説に再考すべき重要な発見があった(Kishimoto and Ohmiya, 2006)。キクの花色は白花が黄花に対して遺伝的に優性である(Miyake and Imai, 1934)。黄花はカロテノイドの生合成によって発現する。黄花と白花の未熟な舌状花ではカロテノイド量が等しいのに対し，成熟した白花の舌状花はその量が検出できないほど少ない。このことから，白花の発現はカロテノイド生合成経路の崩壊か制御能の低下によると考えられている。さらに，カロテノイドの発現を支配する遺

伝子がイエギクの白花品種 'Paragon' とこれより芽条突然変異によって生じた黄花品種 'Yellow Paragon' の cDNA ライブラリーから得られており，白花では高レベルで存在し，黄花では存在しないカロテノイド分解デオキシゲナーゼ遺伝子（*CmCCD4a*）として特定された（Ohmiya et al., 2006）。これは，白花からは突然変異で黄花を生じ得るが，黄花からは新しくこの遺伝子が加わらないと白花を生じないことを意味している。すなわち，二倍体レベルでは白花種から容易に黄花と白花の花色分離が可能となる。六倍体レベルのイエギクが *CmCCD4a* 遺伝子をいくつもち，どのように後代に分配されてきたのかは興味深い課題である。

原始イエギクの染色体数は？

イエギク全体を見わたすと，染色体数は約 80％の品種で 2 n＝53〜57 の六倍体付近に集中している。また，中国ギクは 2 n＝54 の六倍体を中心に染色体数の変異の幅が小さく，日本の大輪菊の 2 n＝53〜76 の六倍体から八倍体を超える染色体数の変異幅と比べ極めて対照的である。イエギクは，16 世紀までは中国，日本，韓国などの東アジアで主に観賞用に利用されており，この地域で生じたと考えることができる。しかし，この地域のどこで最初につくられたかはよくわかっていない。文書の記録では紀元前 2 世紀にはすでに中国では鑑賞や薬用あるいは食用として親しまれており，栽培化は紀元 4 世紀ころではないかと推定されている（丹羽，1930；北村，1948）。最初の栽培ギクの染色体数を東アジアの栽培ギクの染色体変異の範囲内に存在しているとすると，それは六倍体，七倍体，あるいは八倍体のいずれかであり，中国で最初につくられたとするならば，七倍体あるいは八倍体から現在のイエギクがつくられたと考えるよりは，六倍体からつくられたと考える方が説明に無理がない。

チョウセンノギクは片親か？

イエギクに特有な遺伝要素が特定の野生種あるいは種群に存在すれば，これらの種を由来親と見なすことができる。逆に，特定の野生種あるいは種群に存在する遺伝要素がイエギクに広く存在すれば，これらの種のどれかが由

来親であると見なすことができる。そこで種あるいは種群に特有の遺伝的マーカーとして高い多型性を示す反復DNAに着目し、キク属内のグループに特有な反復DNA(rDNAを含む)を探索した。25種のキク属植物について特異的な反復DNAと25S rDNAと18S rDNAの間のIGS領域のDNAをクローニングし、塩基配列を調べたところ、属内の特定の個体群や種群に特異的に出現するDNAファミリー、あるいはキク属に共通して出現するDNAファミリーで、塩基置換や欠失変異によって特定の群を区別できるDNAマーカーが見つかった。シマカンギクから単離されたpNN806反復DNAファミリーのA要素とD要素、リュウノウギクから単離された同ファミリーのM要素、イワギクのpMB587反復DNAファミリーから単離されたZ要素、イエギクから単離されたIGS領域のマーカーのG要素の5要素である。これらのマーカーは特定の分類群と必ずしも対応しておらず、属内でそれぞれいくつかのまとまりをつくっている(表4)。

　野生ギクについて見ると、M要素はリュウノウギク群の二倍体と四倍体に見られ、ほかには同群の六倍体ノジギクのごくわずかの個体に見られるのみで、ほかの種には見られなかった。Z要素はイワギク群のすべての個体に見られるが、ほかの種にはまったく見られない。D要素は無舌状花系の中国産六倍体種 *Ch. latifolium* と奄美諸島のオオシマノジギクを除くすべての種にさまざまな出現頻度で見られる。イワギク群すべての種、黄花系の二倍体、および二倍体リュウノウギクはすべての個体で見られ、それ以外の種はそれぞれD要素をもたない個体も含まれている。A要素とG要素はイワギク群(チョウセンノギクを除く)と二倍体種にはまったく見られない。それ以外の種はほとんどが種内で頻度変化を示している。特に、A要素とG要素は黄花系のシマカンギクおよび日本の無舌系種とリュウノウギク群の倍数体種でそれぞれの要素の有無による頻度変化を示し、組合せが非常に複雑である。

　野生ギクの多くの倍数体種はそれぞれの種内で非常に複雑なゲノム要素の組合せを示すのに対し、イエギクは比較的単純な構成である。M要素とZ要素は90品種すべてに見られず、A要素とG要素はほとんどすべての品種に見られ、栽培ギクは非常に均質である。一方、片親の1つと考えられているイワギク群に固有のZ要素はイエギクにはまったく見られない。シマカ

表4 特異的DNAマーカーによるキク属植物の識別

グループ名 種名	倍数性	分布*	観察株数	M	A	D	G	Z
無舌系								
Ch. latifolium	6x	C	6	−	+	−	−	−
Ch. shiwogiku	8x	J	37	−	(+)	(+)	(+)	−
Ch. pacificum	10x	J	76	−	(+)	(+)	(+)	−
黄花系								
Ch. seticuspe	2x	C	16	−	−	+	−	−
〃	2x	J	19	−	−	+	−	−
Ch. potentilloides	4x	C	1	−	−	+	−	−
Ch. indicum	2x	C	6	−	−	+	−	−
〃	4x	C	164	−	(+)	(+)	(r)	−
〃	4x	J	1280	−	(+)	(+)	(+)	−
〃	6x	J	1309	−	(+)	(+)	+	−
白花系 リュウノウギク群								
Ch. makinoi	2x	J	74	+	−	+	−	−
Ch. wakasaense	4x	J	68	(+)	(+)	(+)	(+)	−
Ch. yoshinaganthum	4x	J	114	(+)	(+)	(+)	(r)	−
Ch. japonense	6x	J	245	(r)	(+)	(+)	+	−
Ch. vestitum	6x	C	24	−	−	+	+	−
Ch. ornatum	8x	J	48	−	+	(+)	+	−
Ch. crassum	10x	J	50	−	+	−	(+)	−
白花系 イワギク群								
Ch. chanetii	2x	C	3	−	−	+	−	+
〃	4x	C	4	−	−	+	−	+
〃	6x	C	4	−	−	+	−	+
Ch. naktongense	6x	C	1	−	−	+	−	+
Ch. zawadskii	4x	C	9	−	−	+	−	+
〃	6x	C J	18	−	−	+	−	+
〃	8x	J	12	−	−	+	−	+
Ch. zawadskii var. *latilobum*	6x	J	20	−	(r)	+	(+)	+
Ch. weyrichii	8x	J	10	−	−	+	−	+
Ch. yezoense	10x	J	24	−	−	+	−	+
イエギク								
Ch. morifolium	6x		90	−	+	(+)	+	−

* ゲノム要素(遺伝子マーカー名) M：IGS-187R71F50m, A：pNN806-58R66F58a, D：pNN806-58R66F42d, G：IGS-179R71F50g, Z：pMB587-214R207F52z

* +：100%, +：>90%, (+)：90%〜10%, (r)：10%〜1%, −：<1%(観察株数100株以下は0%)

* 分布 J：日本, C：中国

ンギクとチョウセンノギク（イワギク群）の複二倍体化によりイエギクが成立したとする説に従うと，イワギク群のゲノムが安定的に維持されているはずであるから，イエギクの片親としてイワギク群を考えるのは難しくなる。しかし，複二倍体化後，ほかの種と限りなく交雑が繰り返され，選抜の過程でZ要素が完全に消失した可能性もある。いずれにしても現在のイエギクにはZ要素は含まれていない。

イエギクがイワギク群以外の中国の野生種から起源したと考えると，M要素とZ要素をもたない野生種は限られてくる。A要素をもつ種としては *Ch. latifolium* とシマカンギク，G要素をもつ種としてはシマカンギクとウラゲノギクである。白花のウラゲノギクはA要素をもたずG要素をほとんどの個体がもっている。黄花のシマカンギクでは，すべての個体がA要素からなる集団からまったくもたない集団までありさまざまである。シマカンギクにはG要素は四川省と広東省の限られた集団のわずかな個体で見られるのみでほかの集団では見られなかった。A要素をもつシマカンギクとウラゲノギクの交雑によりイエギクができたと考えると雑種起源説と矛盾なく説明できる。しかし，中国にはまだ解析していない重要な種もあり，ウラゲノギクに近い白花の *Ch. rhombifolium* と黄花の *Ch. dichrum* と *Ch. hypargyrum* についてはまったく解析されていない。特にこれらの白花種のなかに祖先種が存在する可能性は高い。

栽培ギクの祖先種を探す道もあと一歩のところへきている。

DNAを用いた解析から，イエギクは黄花系のシマカンギクと白花系リュウノウギク群の雑種化により生じた可能性が現実味を帯びてきた。中国と日本のリュウノウギク群のうち中国の野生種が本当に片親であるのか，日本の野生種の可能性はないのか。また，六倍体イエギクが成立するためには，四倍体シマカンギクとリュウノウギク群のどの倍数体種との雑種化が起こったのかについて研究を進めている。

第8章 サクラソウ——武士が育てた園芸品種

大澤　良・本城　正憲

　サクラソウ *Primula sieboldii* は，サクラソウ科サクラソウ属の多年生草本で，中国東北部から朝鮮半島，シベリア東部，国内では北海道南部の日高地方から九州までの各地に分布している。低地や山地の湿った草原や落葉樹林に生育し，身近な春の植物として親しまれてきた。江戸時代には，旗本や御家人たちが，野生のサクラソウをもとに多様な色や形をもつ園芸品種をつくり出した。サクラソウでは江戸時代から続くサクラソウ園芸文化として多数の品種が栽培方法や展示方法(図1)などとともに現代まで伝えられている。サクラソウには野生集団(個体群)内にも花の形態に多様な変異が見られるが，園芸品種にはさらに多様な変異が引き出されている(図2)。これらの園芸品種はどこの野生集団からつくられたのであろうか。園芸品種の多様な花器の形はどのようにつくり出されてきたのであろうか。DNA解析は，このような品種の由来に関する答えにヒントを与え，またコンピュータによる画像解析は江戸の人々が求めた花弁の形を示してくれる。現存する国内のサクラソウ野生集団の遺伝的多様性を解析し，それらと園芸品種との関係を示して武家が育てたサクラソウ園芸品種の成り立ちを紐解くことにしよう。

1. サクラソウという植物

　サクラソウは，落葉樹林内の沢沿いや，野焼きや草刈りなどの植生管理により維持されてきた草原や田畑脇の土手など，春先に明るい湿った場所に生

図1 サクラソウ花壇。江戸時代からといわれている鑑賞方法。筑波大学が作成し展示している。

育しており，そのような環境に適応した生理生態的特徴をもっている(Washitani et al., 2005；鷲谷, 2007)。国内では，岩手山や浅間山，八ヶ岳，九州の久住山や阿蘇山など火山の山麓に特に大きな自生地があり，火山活動にともなう攪乱や湿地形成がサクラソウの生育適地の創成に関与してきたと推察される。現在は，日本の植物レッドデータブックに希少種として記述されているが，少し前までは身近な植物であった。多くの里山の植物と同様に希少種となったのは人間活動の変化が大きく関わっている。生育地の開発に加え，野焼きや草刈りなどの管理放棄やスギなどの針葉樹の植林が春先の光を奪っていったのである。また，これに乱獲も追い討ちをかけた。現在は，このような要因による生育場所の分断や孤立化，そして個体数の減少がさらに絶滅のリスクを高めている。

　サクラソウは，種子繁殖とクローン成長(栄養繁殖)の両方によって増える

第 8 章　サクラソウ——武士が育てた園芸品種　161

[野生サクラソウ]

[サクラソウ園芸品種]

匂う梅　　　　　　　朝日　　　　　　　南京小桜

図 2　サクラソウの花の変異

典型的な野生植物である。異型花柱性の花をつけ，虫媒の他殖性で，トラマルハナバチなどの昆虫によって異なる花柱型の花を持つ個体の間で受粉すると健全な種子を結ぶ。1つの種子から生じた実生は，その後，地下部につくった芽からクローン成長により増殖し，同じ遺伝子をもつ新しい株をつくる。クローン成長で増えた株のそれぞれはラメットと呼ばれ，遺伝的に同一なこれらのラメットの集まりをジェネットと呼ぶ。園芸品種はこのクローン成長によって維持されているため，過去に育成された品種でも，遺伝的にまったく同じ個体が現在にも伝わっている。これらの伝統的園芸品種は，どこの地域の野生サクラソウ集団と似た特徴をもっているのだろうか。多くの野生生物がそうであるように，サクラソウもまた地域ごとに遺伝的に分化していることが明らかになってきた。各地域のサクラソウがどのような遺伝的特徴をもっているのかを知ることは園芸品種の起源を探る手がかりになる。

2. 野生サクラソウの遺伝的分化

多様性の理解は野生生物および遺伝資源の保全において極めて重要である。集団間に遺伝的分化が認められる場合には，それをもたらした歴史的背景を尊重して地域の環境条件に適応した遺伝子組成を保全するために，それぞれの集団を固有の遺伝的変異をもつ1つの単位として扱う。筆者らはこれまでに，分子マーカーおよび表現形質を指標として，野生サクラソウ集団の遺伝的分化を明らかにしてきた(Honjo et al., 2004, 2008a, 2009; Kitamoto et al., 2005; Yoshioka et al., 2007; Yoshida et al., 2008, 2009)。本章では，両性遺伝するマイクロサテライトと母系遺伝する葉緑体DNAを指標として各地域のサクラソウ集団の遺伝的変異を分析した結果を紹介する。この遺伝的変異に関する情報は，日本のサクラソウ集団の分化過程を知る上での基本であり，さらには園芸品種の起源を紐解く鍵ともなる。

自生地で採取された後，植物園や研究機関などで系統保存されている集団を含む日本全国のサクラソウ集団について葉緑体DNAの非コード領域の塩基配列変異(*trn*T-*trn*L, *trn*L intron, *trn*L-*trn*F, *trn*H-*psb*A, *trn*D-*trn*T, 計3060 bp)を分析した結果，32種類のハプロタイプが検出された(図3；Honjo et al.,

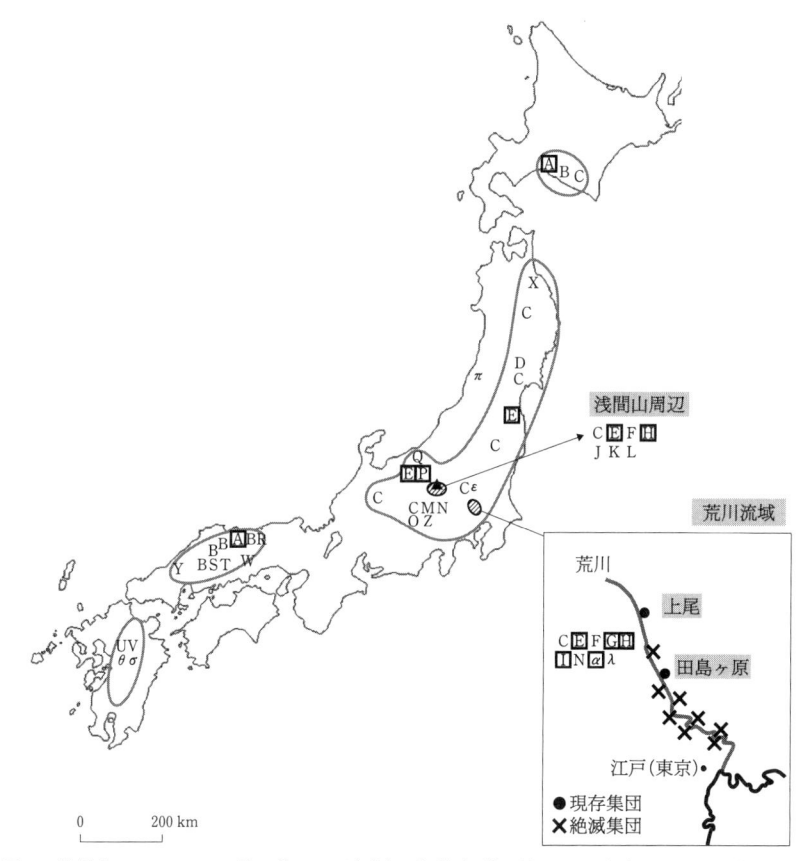

図3 葉緑体 DNA の5か所の非コード領域の塩基配列に基づいて決定されたハプロタイプの地理的分布(Honjo et al., 2008b を改図)。
　　四角の囲み：園芸品種に見られたハプロタイプ。線の囲み：現在のサクラソウの分布域

2004, 2008a)。カッコソウを外群としてサクラソウのハプロタイプを塩基配列情報に基づいて系統解析したところ，高いブートストラップ確率で支持されるクレードが検出され，大きく4つの遺伝的グループが認められた(図4，図5)。グループⅠのハプロタイプのうち，西日本(九州・中国山地)に分布する3個のハプロタイプ(U, V, Y)が系統樹のより根元に近い部分で分岐し，それ以外の東日本に分布する14個のハプロタイプが75％のブートストラップ確率で1つのクラスターを形成した。グループⅡに属するハプロタイプは北海道

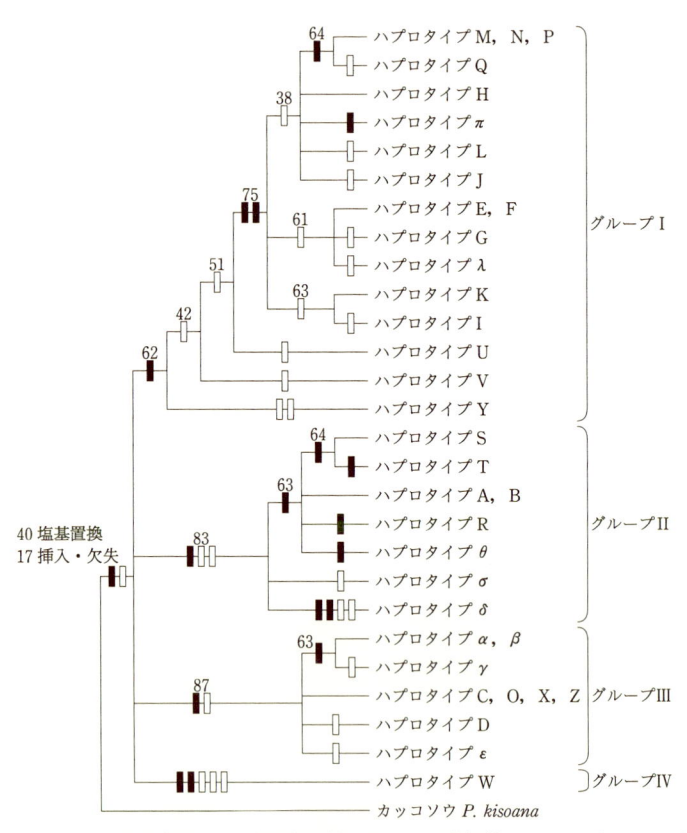

164　第II部　美しさと香りの栽培史

```
                    64 ┌── ハプロタイプ M, N, P
                  ┌─■□┤
                  │   └─□─ ハプロタイプ Q
               38 │   ┌─── ハプロタイプ H
              ┌─□─┤   ├─■─ ハプロタイプ π
              │   │   ├─□─ ハプロタイプ L          ⎫
              │   └───┤                            ⎪
           75 │       └─□─ ハプロタイプ J          ⎪
         ┌─■■┤    61 ┌─── ハプロタイプ E, F       ⎪
         │    │   ┌─□─┤                            ⎪
      51 │    │   │   └─□─ ハプロタイプ G          ⎪
    ┌─□──┤    │   │   ┌─── ハプロタイプ λ         ⎬ グループI
    │ 42 │    └───┤63 ├─□─ ハプロタイプ K          ⎪
    │ ┌─□┤        └─□─┤                            ⎪
    │ │  │            └─□─ ハプロタイプ I          ⎪
 62 │ │  └────────────□── ハプロタイプ U          ⎪
┌─■─┤ └───────────────□── ハプロタイプ V          ⎪
│   └──────────────────── ハプロタイプ Y          ⎭
│                    64 ┌─■─ ハプロタイプ S
│                  ┌─■─┤
│              63  │   └─■─ ハプロタイプ T
│           ┌─□───┤     ── ハプロタイプ A, B      ⎫
│       83  │     │   ┌─■─ ハプロタイプ R         ⎪
│      ┌─■■┤     └───┤                            ⎬ グループII
40塩基置換│  │         ├─■─ ハプロタイプ θ        ⎪
17挿入・欠失│  │         ├─── ハプロタイプ σ        ⎪
├──■□┤  │         └─■■ ハプロタイプ δ        ⎭
│      │  │      63 ┌─── ハプロタイプ α, β       ⎫
│      │  │   ┌─□──┤                            ⎪
│      │ 87│   │    └─□─ ハプロタイプ γ         ⎪
│      └─■□┤   ├──── ハプロタイプ C, O, X, Z   ⎬ グループIII
│         │   ├─□── ハプロタイプ D              ⎪
│         │   └─□── ハプロタイプ ε              ⎭
│         └──■■□── ハプロタイプ W            ⎤ グループIV
└──────────────────── カッコソウ P. kisoana
```

図4 サクラソウの野生集団および園芸品種に見られる葉緑体DNAハプロタイプの最節約系統樹。枝の上の黒いボックスは塩基置換を，白いボックスは挿入・欠失を，数字はブートストラップ確率(10,000反復)を表す。ハプロタイプ M, N, Pなど同じ列に記されたハプロタイプは，葉緑体DNA領域 *trn*T-*trn*L 内の1塩基反復配列の反復数のみが異なるハプロタイプである。この部分は突然変異率が高く，独立の突然変異が同じ反復数を生じたと推察されるため，系統解析にはこの変異を含めず同列に記述した。

および中国地方の野生集団と，九州由来のサクラソウ系統保存株に見られた。グループIIIは，本州中部(岐阜県)から北海道まで広く分布するハプロタイプCと，それによく類似したハプロタイプで構成されていた。ハプロタイプC以外のグループIIIのハプロタイプは，それぞれある1集団のみから検出された。一部にはグループIIのハプロタイプA，BやグループIIIのハプロタイプCのように広い範囲から見出されるハプロタイプもあるものの，多くの

図5 葉緑体DNAによる系統解析に基づくグループⅠ, Ⅱ, Ⅲの解析した野生集団における地理的分布

ハプロタイプは特定の地域・個体群のみに見られる傾向にあった。

マイクロサテライト分析(8座, 160対立遺伝子)においてもサクラソウは地域間で遺伝的に分化していた(Honjo et al., 2009)。マイクロサテライト遺伝子の頻度から求めた集団間の遺伝的距離を用いて主座標分析を行った結果(図6), 第1軸で北海道の集団とそれ以外の集団が分かれ, 第2軸では西日本, 中部関東, 東北の集団が順に並び, 地理的位置に対応した遺伝的分化が確認された。葉緑体DNA分析においては, 同じ地域内の集団に異なる遺伝子型(ハプロタイプおよび遺伝的グループ)も見られたが, マイクロサテライト分析では, 同一地域内の集団は主座標の上では互いに近接していた。これは, 母系の異なる個体間での花粉流動を介した遺伝子流動を暗示している。

これまで述べた遺伝的変異の地理的な分布パターンは, 日本のサクラソウ集団の分布変遷を考察する上で有効な情報を与える。グループⅠにおいて系統樹のより根元に近い部分で分岐する3つのハプロタイプは西日本に分布しており, それ以外のハプロタイプは東日本に分布していた。サクラソウは朝鮮半島や中国北東部にも分布しており, 大陸のサクラソウが祖先的であると

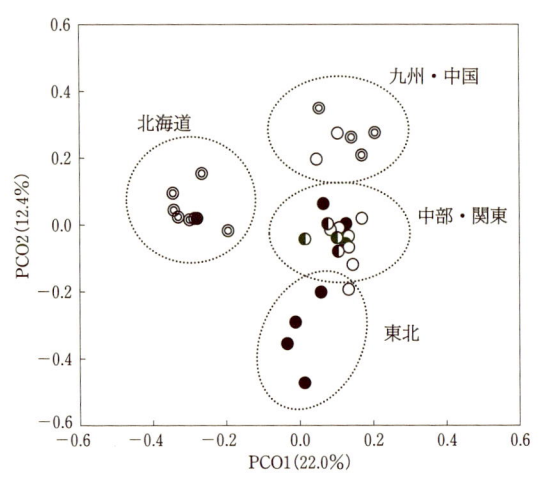

図6 マイクロサテライト変異に基づいて主座標分析により推定したサクラソウ野生集団の遺伝的関係。○：葉緑体DNA塩基配列に基づく系統解析でグループⅠに属するハプロタイプを示した集団(図4参照)，◎：グループⅡに属する集団，●：グループⅢに属する集団，◐：グループⅠとⅢが混在する集団

仮定すると，このようなパターンは，サクラソウのある一群が朝鮮半島から西日本を経て東日本へ分布拡大した過程に形成されたと解釈できる。この推論が妥当であるかを確かめるため，私たちは韓国の5つの野生集団についても分析を進めている。予備的な解析では，朝鮮半島のサクラソウからはグループⅠに属する5種類のハプロタイプが検出され，それらは日本の3つのハプロタイプと類似しており，私たちの仮説を支持している(Honjo et al., 2007)。グループⅡのサクラソウは中国地方と北海道に隔離分布していた。一方，マイクロサテライト分析の結果では，北海道の集団はほかの集団と遺伝的に大きく分化していたことから，北海道の集団は隔離されてから長い時間を経過していると推察される。グループ間の分岐年代やどのグループが派生的か祖先的かを十分に議論するには系統樹の解像度がやや低いが，かつて広く分布していたサクラソウの一部が中国地方や北海道に生き残り，気候の温暖化にともないレフュージアから分布を拡大したときにグループⅡが先に分布を広げ，その地方で優占できたことがあったのかもしれない。グループ

IIIでは，ハプロタイプCのみが岐阜県から北海道まで本州中部以北に広く分布しており，ほかのハプロタイプはハプロタイプCとの遺伝的分化が小さく，分布も局所的である．また，マイクロサテライト分析においては，緯度が高いほど集団内の遺伝的多様性が低くなる傾向にある．このことは，1つの祖先から派生した少数のサクラソウの系統が地史的タイムスケールにおいて比較的近年に分布を拡大した可能性を示している．推測の域を出ないが，各地域のサクラソウ集団は，それぞれ独自の歴史をもっている．このように悠久の年月を経て日本に分布したサクラソウは，江戸時代に武士や庶民と出会うことによって，地史のなかで創られた多様性をもとに園芸植物としての新たな展開を迎える．

3. サクラソウ園芸文化の始まり

サクラソウの園芸史は，サクラソウ園芸家の鳥居(1985, 2006)や山原(2007)，博物学史の研究者である磯野(2000, 2001ab, 2004)が古文書などに基づいて考究している．それらによれば，サクラソウの名が初めて記録に登場するのは，室町時代に書かれた奈良の寺院の尋尊大僧正の日記「大乗院寺社雑事記」であり，文明10(1478)年3月に庭に咲いていた花の1つとして記述されている(山原，2007)．また，鳥居(1985)によれば堺の富商，津田宗及の茶会記「天王寺屋会記」に，天正12(1584)年3月4日の朝茶の席に茶花としてサクラソウが活けられたという記述や，奈良の名家，松屋の「松屋会記」のなかに，寛永11(1634)年3月22日の晩に，京都の三宅奇斎宅の茶会でサクラソウが活けられたなどの記述がある．サクラソウが古代・中世の文献や和歌などに出てこないことや，確実な自生地が近畿地方からは見つかっていないことなどから，文書に表れるサクラソウは近畿地方から最も近い自生地である中国地方または岐阜由来の野生品ではないかと推測されている(鳥居，2006)．

私たちは野生のサクラソウの人為的移動について興味深い結果を得ている．広島県芸北町には，現存する野生集団のほかに，民家の庭で栽培されている系統が存在する(本城ほか，2005)．この系統は，かつて町内にあった「たたら製鉄」に従事する人たちの集落内に生えていたもので，それを昭和6〜

7(1931～32)年ごろに地元の人が掘り取って庭で維持してきた。すでに昭和15～16年ごろには，もともと生えていた場所にはわずか1株がカヤ原(ススキ草地)のなかに残存するのみであったという。この系統を維持してきた地元の方によれば，このサクラソウは，たたら製鉄に従事する人たちにより，ほかの地域から持ち込まれた可能性があるという。芸北町に現存する野生集団および栽培系統について遺伝的変異を調べたところ，現存する野生集団は固有の葉緑体 DNA ハプロタイプを示し，九州の阿蘇や韓国の集団に見られたハプロタイプに近縁であった。マイクロサテライト分析においても，中国地方のほかの集団と類似した遺伝的組成を示し，この集団は自生であると示唆された。一方，民家の庭で維持されてきた系統は，芸北町を含め中国地方の現存野生集団からは現在までに検出されていないハプロタイプを示し，またマイクロサテライト分析においても現存の野生集団とは異なっていた。日本のほかの地域でも，付近の自生地に由来するとされるサクラソウが民家の庭などで栽培されていたが，そのなかにはほかの地域由来と考えられる葉緑体 DNA およびマイクロサテライトの特徴を示す株が含まれていた(Honjo et al., 2008a)。サクラソウは観賞用によく用いられるので，人の手によって私たちの想像よりも大きく長距離移動しているのかもしれない。

江戸時代になると，日本最初の総合園芸書である水野元勝の『花壇綱目』天和元(1681)年にサクラソウの花色の変異や開花時期，栽培法などが記述され，中村惕斎の『頭書増補訓蒙図彙』元禄8(1695)年には葉や花色の特徴が記述される。それ以降，柳澤信鴻の『宴遊日記』安永10(1781)年や岡山鳥が著した『江戸名所花暦』文政10(1827)年には長谷川雪旦によるサクラソウが描かれ，江戸では，尾久の原や浮間ヶ原など郊外の荒川沿いの自生地に桜草狩に行くのが春の娯楽の1つとなり，町中を売り歩く桜草売も風物詩となった(磯野，2000；山原，2007)。このようにサクラソウは，江戸の人々にとって身近な存在であった。天保のころ(1830～40年ごろ)に記されたとされる『桜草作傳法』によれば，サクラソウ園芸は享保(1716～36)のころから流行し，文化初年ごろから花の優劣を競う花合わせが行われるようになった。染井(現，東京都豊島区駒込)の3代目伊藤伊兵衛三之丞による「花壇地錦抄」元禄8(1695)年には，サクラソウには紫と雪白の2種があることや簡単な栽培法

が記述され，4代目伊藤伊兵衛政武による『地錦抄附録』享保8(1733)年には約10品が記されている。同様に菊池成胤による『草木弄葩抄(そうもくろうはしょう)』享保20(1735)年にも花色や形状の異なる9品が記述されている。著者は不明であるが，安永9(1780)年の『聚芳図説』にもサクラソウの記載がある。大半は『花壇地錦抄』や『地錦抄附録』の写しであるが，形状や花色を識別する基本用語の記述があり，花銘のみ100品が記述されている。本書の「桜草名附部」には桜草230品種の花銘と注釈がある。磯野(2001)は，記述内容から本書の筆者は大名家や幕臣に出入りしていた植木屋であろうとしている。これらの資料から，18世紀前半は野生集団中の突然変異株や偶発実生などによる少し変わった花を見つけて拾い上げることが当時の育種の主な手法であったと推察される。18世紀後半からは，自然実生あるいは交配して生じた実生の変異を愛でるようになり，それには武士や，その意を受けた江戸の植木屋が一役買っていたと想像できる。天保6(1835)年の葦渓主人(坂本浩然)の『桜草勝花品』に86品の彩色図が紹介され，江戸末期には現代にも伝わる多くの品種が育成され，その数は300を超えている。

4. サクラソウ園芸品種の起源

古書から推察すると，江戸の町に最も近い自生地である荒川流域のサクラソウ集団がサクラソウの品種育成のもととなったと考えられるが，400種類を超えるサクラソウ品種のなかには，ほかの地域からのサクラソウをもとに育成されたものもあるかもしれない。これまでは品種の由来を調べる手立てがなかったが，現在では遺伝マーカーを利用してそれぞれの品種がどこの地域に由来するのかを推定できる。すなわち，日本全国の野生集団におけるマイクロサテライト遺伝子座の対立遺伝子頻度をもとに，園芸品種の遺伝子型が生じる確率をそれぞれの野生集団ごとに計算できる。この手法はアサインメントテスト(Manel et al., 2005)と呼ばれる。また，葉緑体DNAは一般に被子植物では母系遺伝するため，園芸品種の葉緑体DNAが示すハプロタイプがどこの野生集団に一致するかを調べると，品種育成の母本となった野生株の由来した地域を推定できる。マイクロサテライトと葉緑体DNAの両方を

指標とすると，異なる地域に由来する個体間での交配による品種育成の過程も推定できうるのである。

8遺伝子座のマイクロサテライト遺伝子型に基づくアサインメントテストの結果(Honjo et al., 2008b)，比較的高い信頼度で園芸品種の起源集団であると推定されたのは，日本全国の野生集団のうち，荒川流域および浅間山周辺の野生集団であった。以下の理由から，荒川流域と浅間山周辺のサクラソウ集団は歴史的に密接に関係していると考えられる。①葉緑体DNAおよびマイクロサテライト分析の結果，両地域の集団は遺伝的に近縁である。荒川流域と浅間山周辺域のサクラソウの葉緑体DNAハプロタイプは共通性が高く，特に，ある1つのハプロタイプが浅間山周辺域と荒川流域の集団のみに見られる。②サクラソウの種子や株は，しばしば水流により散布され，下流に定着し得る(Kitamoto et al., 2005；西廣(安島)・鷲谷，2006)。③サクラソウ自生地がある荒川下流域は縄文時代には海であり，その当時には現在の群馬県方面からの流路があった(平井，1983)。これらは，荒川流域の集団は上流から種子や株が運ばれて生じた可能性を支持し，この荒川‐浅間集団が大半の園芸品種の起源であると推察される。

一方，葉緑体DNA分析では，園芸品種からは10個のハプロタイプが検出され(表1)，そのうち5個(E, G, H, I, α)が荒川流域の野生集団または系統保存株(Honjo et al., 2008a)のハプロタイプ，1個(P)が長野県の集団から見出されたハプロタイプ，また，「大須磨」の示したハプロタイプAは中国地方および北海道のサクラソウに見られるハプロタイプであった(図3)。残り3個のハプロタイプ(β, γ, δ)は野生集団には見られなかった。マイクロサテライトおよび葉緑体DNA分析の結果では，個々の園芸品種の多くは荒川流域由来であろうと考えられたが，葉緑体DNA分析は，それらと異なる経緯の園芸品種の存在を示唆している。

品種「大須磨」が示したハプロタイプAと「秋の装」が示したハプロタイプδは，ともにグループIIに属する(図4)。グループIIに属するハプロタイプは，注意深く調べたにもかかわらず，中部・関東・東北地方の現存集団からはまったく検出されていない。一方，マイクロサテライト変異に基づくアサインメントテストでは，両品種とも荒川流域の野生集団に由来する可能

表1 園芸品種の育成年代ごとの葉緑体DNAハプロタイプの変異分布

葉緑体DNA ハプロタイプ	江戸 中期	江戸 後期	明治 大正	昭和	不明	計	各ハプロタイプ を示した品種
A	0	1	0	0	0	1	大須磨
E	4	1	2	3	0	10	駅路の鈴 他
G	0	4	3	1	0	8	喰裂紙 他
H	1	11	4	4	2	22	蛇の目傘 他
I	0	1	0	0	0	1	雪月花
P	2	2	2	2	1	9	小桜源氏 他
α	1	1	1	0	0	3	南京小桜 他
β	0	3	2	5	1	11	瑠璃殿 他
γ	2	24	20	12	3	61	高砂染 他
δ	0	1	0	0	0	1	秋の装
計	10	49	34	27	7	127	

性が最も高かった。これは，「大須磨」や「秋の装」の起源について2つの可能性を呈示する。1つは，本州中部にもハプロタイプAを示すサクラソウが分布していた，もしくは分布していて，それをもとにつくり出されたという仮説である。もう1つは，中国地方もしくは北海道のサクラソウを母系(種子親)として，荒川流域由来のサクラソウを花粉親とした交配によって生み出された可能性である。すでに述べたように，室町時代に京都や奈良で書かれた文書にサクラソウが登場することから，江戸時代以前からの大都市である京都や大阪に近い中国地方を起源地とする可能性がある。「大須磨」はほかの品種とのマイクロサテライト遺伝子座の対立遺伝子の共有程度が低く核ゲノムにおいてもほかの多くの品種とはやや異なっている。ほかの品種とは異なった独自の過程を経て成立した可能性が推測される。

　野生集団には見られなかった園芸品種のハプロタイプについては，①品種育成の段階で生じた品種特有のハプロタイプである，②野生集団に現存するが本研究では検出できなかった，③かつては荒川流域の野生集団にもあったハプロタイプが現在は失われてしまった，という3つの仮説が考えられる。荒川流域の野生集団の数，大きさがともに減少していることを考えると(図3)，野生集団では消失・減少したハプロタイプが園芸品種のなかに温存され

ている可能性も考えられる。サクラソウ園芸品種は江戸時代の野生集団内に見られた遺伝的変異を今に伝えるジーンバンクとしての意味をもつと考えられ，サクラソウの園芸品種は遺伝資源としても重要な存在である。

5. 江戸の育種家の眼と画像解析

江戸の人々はどのような花を自生地から持ち帰り，どのような変わり花を集め，交配し，多数の園芸品種を生み出したのであろうか。私たちは，園芸化にともなうサクラソウの花形の変遷を画像解析によって推測した(Yoshioka et al., 2004a, 2004b, 2005)。コンピュータを用いた画像解析では，総合的な形からいくつかの特徴を抽出して定量的に評価できるため，形がどの程度変わったのかという問いに対しても，それぞれの形の特徴ごとに数量的に答えることができる。まず始めに江戸時代から昭和にかけて育成された園芸品種75品種と，北海道，岩手，宮城，福島，群馬，長野，岡山，熊本の計11か所の自生地からの264ジェネットの花を採取し，その花弁をデジタルカメラで撮影した。撮影した花弁の画像について楕円フーリエ・主成分法に基づく画像解析を行い，園芸品種と野生のサクラソウの花弁の形を比較した。この方法は，花弁の輪郭がつくる曲線を周期関数としてとらえ，フーリエ級数展開により周期関数を特徴づける多数の係数を求め，さらに多数の係数情報を主成分分析により集約し，この分析により得られる少数の主成分を新しい形の特徴量として用いる。なお，この方法の大きな特徴として，各主成分がある特定の値をとった場合の輪郭を再現(再描画)することにより，それぞれの主成分がどのような特徴量であるかを視覚的に理解できる点が挙げられる。解析の結果，花弁の長幅比(第1主成分)，花弁上部の切れ込み(第2主成分)，花弁全体の曲がり具合(第3主成分)，重心の位置(第4主成分)などの特徴を抽出することができた(図7)。統計解析の結果，花弁の長幅比の平均値は園芸品種と野生集団で変わらなかったが，変異幅を表す分散は園芸品種の方が大きかった。また，花弁上部の切れ込みでは，園芸品種と野生集団で分散には差がないものの，平均値は園芸品種の方が小さく，花の切れ込みが浅くなっていた。花弁の曲がり具合では，平均値および分散ともに園芸品種の方が大

[第1主成分(花弁の長幅比を反映)]

[第4主成分(花弁の重心を反映)]

[第2主成分(花弁上部の切れ込みを反映)]

面積

[第3主成分(花弁の曲がり具合を反映)]

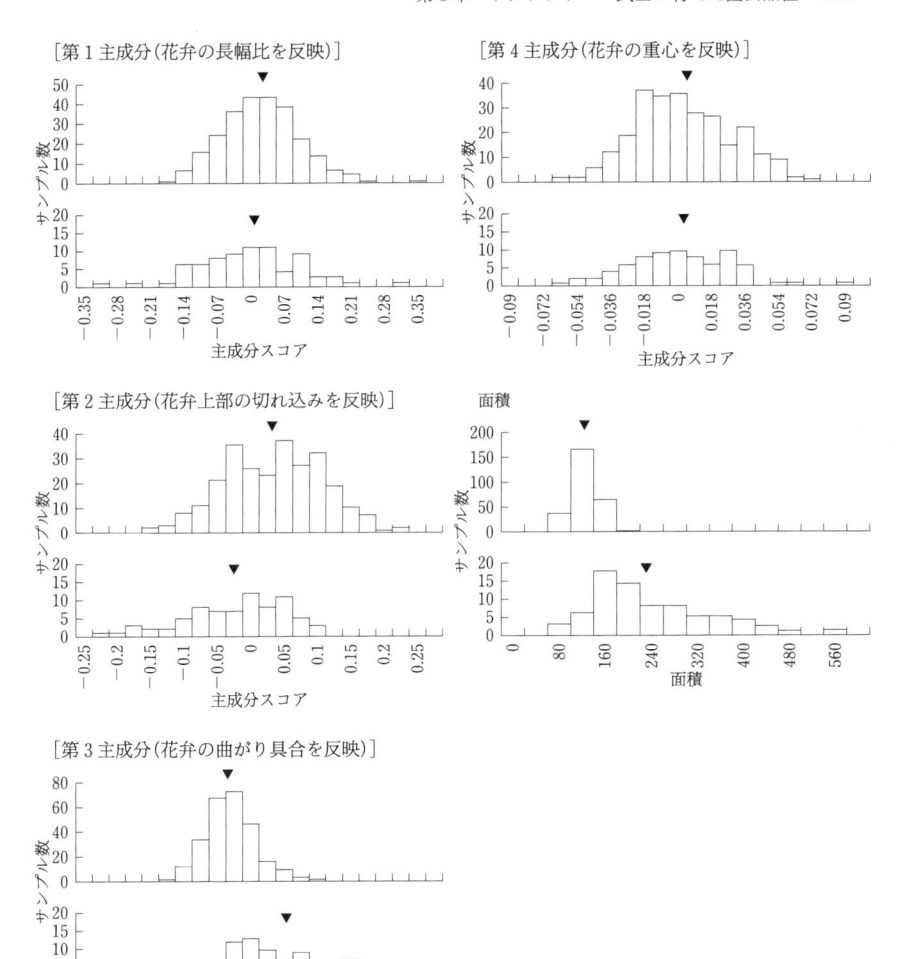

図7 花弁の特性を示す主成分スコアおよび花弁面積の頻度分布(Yoshioka et al., 2005 を改変)。上段：野生個体群，下段：栽培品種群，▼：各群の平均値

きく，曲がりがより大きな花弁に変化していた。花弁の重心の位置は，平均値および分散ともに野生種と園芸品種で変わらなかった。花弁の面積をみると，園芸品種では野生集団よりも分散が大きく，平均値は大きかった。さきに述べたように，サクラソウの園芸品種の多くは主に荒川流域の野生集団に由来すると考えられ，園芸化の初期には園芸品種に見られる遺伝的変異の幅は限られていたと思われる。しかし，花弁の形状について注目すると，園芸品種は 300 年の間に野生集団の変異と同等かそれ以上の変異を蓄積し，特に花弁の曲がり具合と花弁の大きさは，より大きく変化していた。かがり弁あるいはなでしこ弁といわれる花弁周辺に細かい切れ目が多数ある品種も好まれたようで，天保 6 年の「桜草勝花品」にもその記述がある。初期の品種にはどこか野生サクラソウの雰囲気がある。

　荒川流域の野生集団のうち，江戸の町に最も近い自生地の 1 つであった尾久の原(現在の東京都荒川区)の集団は，すでに江戸時代後期には衰退し始めていたことが 1827 年刊の『江戸名所花暦』に記されている。その後，昭和 20 年ごろまでに，過剰採取や土地利用の変化などにより，荒川流域の自生地はほとんど失われ，現存しているのは埼玉県内のわずか 2 集団のみである。DNA 解析の結果は，身近に多数の自生地が存在し，品種改良の基となる遺伝資源が豊富にあったことでサクラソウ園芸文化が花開き，多くの人々を魅了する多数の品種が生み出されたことを示している。また，日本ではサクラソウだけでなく，ツバキ，サクラ，ツツジ，ハナショウブ，フクジュソウなど，身近な山野に自生する植物から数多くの園芸品種がつくり出されてきた。これは，生物が内包している遺伝的変異を見つける目，さらには種内変異を引き出してみようとする好奇心が日本人にあったことを示している。このような園芸文化が発展したのは，身近に豊かな自然があったからこそであり，園芸植物遺伝資源の保全，あるいは園芸文化を生み出す根源の保全という意味からも，現存する野生植物集団の自生地内保全が望まれる。

コラム① 江戸中期に園芸目的で栽培された水草

石居　天平

　江戸期の日本は，天下太平のもとで花卉園芸文化が著しく発展し，幾度かのブームを繰り返しながら，多くの園芸品種が高度に品種改良された。日本の園芸は，東アジアにおける花卉園芸文化の第二次センターとして，江戸中期の元禄時代などには，西ヨーロッパより先進していたとされる(中尾，1986)。時を同じくして元禄期前後から，園芸書が続いて刊行され始めた。従来の写本から，木版で摺られた板本による出版物が一般的となり流通したのも江戸期である。これら出版物の記載内容を検討するとどのような植物が園芸目的とされていたのかを窺い知ることができる。

　元禄7(1694)年には貝原益軒による『花譜』が，翌年には三之丞伊藤伊兵衛による『花壇地錦抄』が刊行された。その後，三之丞伊藤伊兵衛の子孫，伊藤伊兵衛政武により『増補地錦抄』『広益地錦抄』『地錦抄附録』が宝永7(1710)年から享保18(1733)年にかけて刊行された。これらの園芸書には，当時流行していたキク，ツバキ，ボタン，ツツジなどのみならず，現在，園芸植物としては必ずしも主流ではない水草(沈水植物，浮遊植物，浮葉植物，抽水植物)も種および変種レベルで21種類が掲載されている(石居，2008)。

　例えば，花壇地錦抄におけるマコモの記載では「葉は大きく伸びて花は見るかいなし」と，ごく簡単にしか説明されていないが，形態的な特徴や栽培方法が抽象的な線画とともに解説されている水草もある。また，当時の浮世絵師などが参考とした絵手本集である『画本野山草』(橘保国，1755)にも，水草の写実的な図版と詳細な解説が記載されており，当時の人々の水草に対する受容の程度が示唆される。

種内に生じる変異の人為的な選択

　コウホネ類は，「賞すべし」と花譜では褒められているが，後の文化・文政年間の広島県東広島市(旧賀茂郡黒瀬町)に残る古文書にも生け花の花材としての記載があり(下田，2006)，観賞価値が評価されていた水草である。当時の園芸書に「萍蓬草」「川骨」「水川骨」と記載されているコウホネ *Nuphar japonica* のほかにも，「紅かうほね」「心紅川骨」という記載がある。「紅かうほね」は萼片が赤へと変色するコウホネの品種 'ベニコウホネ' *N. japonica* forma *rubrotinctum* に当たり，「心紅川骨」は，コウホネとベニオグラコウホネ *Nuphar oguraense* var. *akiense* の雑種由来といわれ，限られた地域に分布し紅色の柱頭盤を特徴とするサイジョウコウホネ *N. japonica* var. *saijioense* と推定される(図1)。

　コウホネ類以外でも，ミズアオイ *Monochoria korsakowii* は通常の水色の花弁ではなく，白色の花弁をつける系統が『花譜』と『花壇地錦抄』に記されており，『画本野山草』では通常の水色花と白色花が並べて描かれている。また，オモダカ *Sagittaria trifolia* についても，花弁が八重咲きになった「八重澤瀉」の記載が見られる。八重オモダカは『増補地錦抄』では「花白く万やう本花は随分かさね米庭櫻のごとく見事成」と観賞価値の高さが述べられ，『画本野山草』でも，通常のオモダカとともに，八重咲きのボール状の花序をつけた八重オモダカが描かれている(図2)。

　江戸期に，日本原産の草本類で栽培化された園芸植物の数はきわめて多いが，大改良されて多数の品種が生まれ，流行したものはそう多くない(中尾，1986)。水草も多くの種では，品種改良されることなく，身近な自然に生ずる種をそのまま取り入れて

図1 サイジョウコウホネと推定される心紅川骨(『広益地錦抄』より)

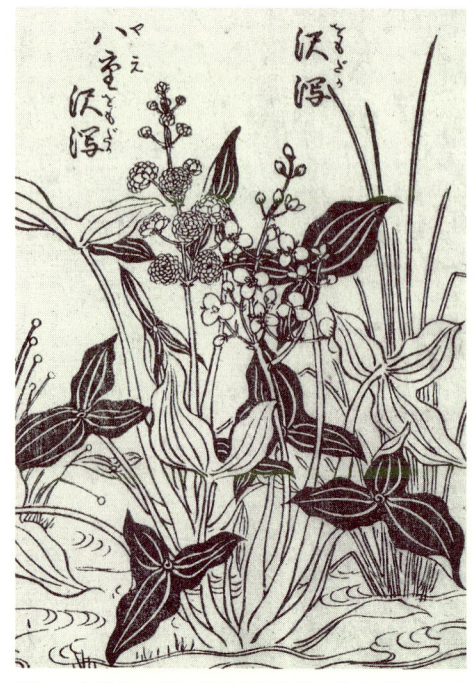

図2 八重オモダカ(『画本野山草 巻之三』より)

いたようだが，コウホネ類，ミズアオイ，オモダカでは，野生集団に生じた突然変異や雑種起源の特徴ある株を選択的に取り出し栽培していたと考えられる。

品種改良の対象となった水草

　ハス Nelumbo nucifera については従来の和蓮に対して，花譜では「近年もろこしより渡りて，世に漸多し」「其花和蓮に勝れり。故に賞する人多し」と唐蓮について記載し，栄養繁殖(根茎である蓮根)による栽培方法とともに，種子発芽の方法と実生の栽培方法も詳しく記載している。江戸中期の元禄期においては，まだ園芸品種名は多く見られないが，それでも数品種の存在が記されている。その後，ハスの栽培化が進み品種改良が進んだのは江戸後期で，老中を退いた松平定信はハスの栽培と品種改良を行い，90品種の図譜を残している(渡辺，1992)。

　セキショウ Acorus calamus もいくつかの園芸品種の記載がある。『花譜』では「砂を用ひ，盆にうへて席上の清玩とす。水をつねにそゝぐ。これを机上にをけば，夜烟をとり，目をやしなふ。水によろし。枯葉をさるべし。鉄と酒と塩と糞小便をいむ。又猫の飲みたる水あしきよし，園史にみえたり」と，引用も加えて詳細に記載している。当時の百科事典である『和漢三才図絵』(寺島，1713)には，雷文様の水盤(石菖鉢)を用いた栽培の様子の図示があり，観賞様式も確立していた(図3)。『花壇地錦抄』では，鎌倉石菖という品種について「葉ほそく長し。葉先しゃんとす。これを上とす。色青み上よし」と述べている。その後1800年ごろ以降には二度のセキショウの大流行が起こり，その際には斑入りや異形の系統が230種類を超え，非常に高値で取引されている(小野，1985)。江戸期には奇妙な形態の花や葉，斑入りの葉を特徴とする古典園芸植物といわれるジャンルが存在したが，その品種改良の美学は，本能的

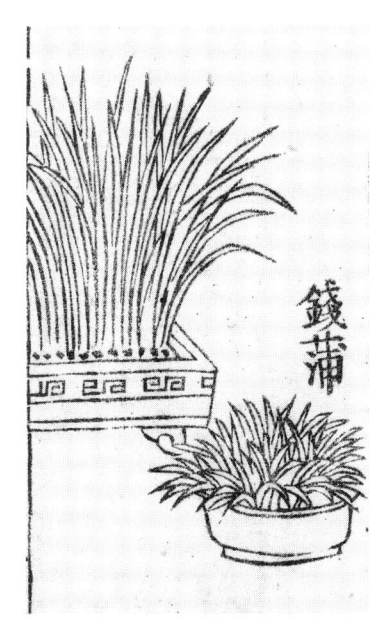

図3　セキシュウの栽培(『和漢三才図絵　巻第九十七』より)

美学とはなはだしく異なった文化的美意識によるものであったという(中尾, 1986)。しかし, 最も評価の高い鎌倉石菖では斑入りや葉の異形の特徴についての記載がなく, 江戸中期ごろのセキショウに対する価値観としては, 植物本来の美しさに重きが置かれていたようである。

　以上のように, 江戸中期には東アジア原産水草が観賞目的に取り入れられていたが, 古典園芸植物のように異形を尊ぶといった日本独自の美学による発展は水草においてはまだ見られなかった。しかし, 後に多数の品種が生じるハスやセキショウでは, すでに数品種の記載が見られ, 高度な園芸品種化への発展途上の段階であったと考えられる。より変わったものを求めて, 種内変異株を人為的に選択して栽培化していたことも明らかである。ハスとセキショウ以外では, 栽培方法については史実を記した園芸書も確認できないため想像の域を出ない。しかし,「心紅川骨」や「八重澤瀉」など, 希少な系統がある程度出回っていたと考えられ, 種苗をすべて野生集団に求めるのではなく, 人為的な栄養繁殖による苗も提供されていたのではないだろうか。園芸書ではないが,『大和本草』(貝原, 1709)の蔬菜類のなかには, 慈姑について「母子ハノコリテ又来春生ス」「春月苗生時其苗生スル處根ノ三分一ヲ切テ水ニ栽レハヨク活生ス」と繁殖子である塊茎を指す〝母子〟による越冬と栄養繁殖による栽培が記されている。水草には一般的に栄養繁殖が発達しているが, 観賞を目的とした水草の栽培化においても水草の持つ繁殖特性が利用されたのではないだろうか。

第9章 雲南の野生バラ——気品の起源

上田　善弘

　中国の野生バラは東洋の栽培バラだけでなく世界の栽培バラの親を提供し，できあがったバラの品種は王族や貴族の楽しむ美や癒しのもとであった。この章では，中国のバラについてその系譜の一部を紹介したい。

　中国各省におけるバラ属 *Rosa* 野生種分類群の分布を『中国植物誌』(中国科学院中国植物志編輯委员会, 1985)から抽出すると，図1のようになる。ここでは種と変種を1つの単位として数えているが，その数は四川省で最も多く，次いで雲南省となる。中国全体で82分類群が記載されているので，約6割ほどが四川省から雲南省にかけて分布していることになる。世界にバラ属の野生種は約150～200種あるといわれているが，中国西南部のように狭い地域にこれほど多くの種が分布しているところはない。

1. 雲南の野生バラ

　雲南省に分布する45分類群のバラ属野生種のうち，観賞バラに関わった種および興味深い種は以下の4種である。

R. gigantea

　R. gigantea は中国の栽培バラの成立に深く関わり，かつては栽培種の *R. odorata* の変種(var. *gigantea*)として扱われていた。中国では *R. odorata* を香水月季，*R. gigantea* を大花香水月季または打破碗と呼ぶ。その名前のよう

図1 中国におけるバラ属植物の分布。省名の下の数値は分布する分類群の数

に，野生種のなかでは花が大輪で，ティーの香りといわれる独特の強い香りを放つ。R. gigantea は，雲南省全域の標高1,500〜2,300 m の山岳部の河辺や林縁の低木群落に生育する。その分布はミャンマーやインド北東部，アッサム地方にまで及ぶが，隣の四川省には分布は記録されていない。昆明市の南東部にある景勝地の石林(シーリン)には巨大な株が見られる(図2)。その株は石林の石灰岩の石柱を登はんして20 m 以上になり，株元の直径は約30 cm ある。通常，蕾から花が開き始めるまでは淡いクリームイエローで開花とともに白色となるが，大理(ターリー)市と麗江(リージャン)市の中間に当たる三営の農地周辺では開花の進行とともにクリームイエローから淡ピンクへと花色が変化する個体がある。

第9章 雲南の野生バラ——気品の起源　181

図2　雲南省石林の石灰岩石柱を登る巨大な *Rosa gigantea* の株

R. banksiae var. normalis

中国中西部の標高 500〜1,500 m に広く分布する。昆明市から大理市，麗江市までの路傍に普通に見られ，標高は 2,000 m ぐらいまでは分布している。いわゆるモッコウバラの野生種で，枝の葉腋につく偽散形状の花序に一重咲きの白い花をつける。雲南省では，どこででも見ることができる種でちょうど日本のノイバラに当たるような存在である。

R. brunonii

ヒマラヤを中心に東は南西中国，西は小アジアから地中海周辺(南ヨーロッパ，北アフリカ)にかけて分布する種で，ムスクローズともいわれる。中国で

は雲南省とチベットの標高1,300〜2,200 m に分布する。

R. praelucens

雲南省の標高2,700〜3,000 m の中甸にだけ自生する種で，中甸刺玫と呼ばれる。バラ属のなかでただ1つ，樹状になる種でサンショウバラに近縁(サンショウバラと同じプラティロードン亜属に属する)である。江蘇省林業科学研究院王国良副院長によると枯死した母株の株元直径は約40 cm とされる(Wang, 2007)。1900年代初頭に雲南の植物を長年にわたり探索，調査した英国のプラントハンター，ジョージ・フォレストの標本に基づいて命名された種で，その標本は英国王立園芸協会ウィズレイ植物園に所蔵されている(図3)。そ

図3　ジョージ・フォレストにより雲南省中甸で採集された Rosa praelucens の腊葉標本(英国王立園芸協会ウィズレイ植物園所蔵，著者撮影)

の腊葉標本として貼りつけられている枝の太さと樹皮の形状はサンショウバラと同様に，樹状であることを示している。

2. 現代バラの系譜と中国のバラの役割

世界の野生バラから現在の栽培バラ（現代バラ）までの成立過程の概略は図4に示すとおりである。この図に沿って現代バラの系譜を追ってみよう。

バラは，香料や薬用を目的として栽培されその起源は古代ペルシャ（今のイラン）といわれる。ギリシャ時代やローマ時代にはバラは広く栽培され，特にローマ人はバラを多用したといわれる。その当時，栽培されていたバラは，ガリカローズ（*R. gallica*）とダマスクローズ（*R. × damascena*）であり，ダマスクローズは現在も香料用としてブルガリアを主として広く栽培されている。これらの古いバラがもとになり，現在のセンティフォリア系，モス系，白花のアルバ系など，一連の品種群がヨーロッパで成立している。いずれも香りが強く，丸弁でカップ咲きや花の芯が割れ分割されたように見えるクォーター・ロゼット咲きのバラで，典型的なオールドローズ（中国の栽培バラから四

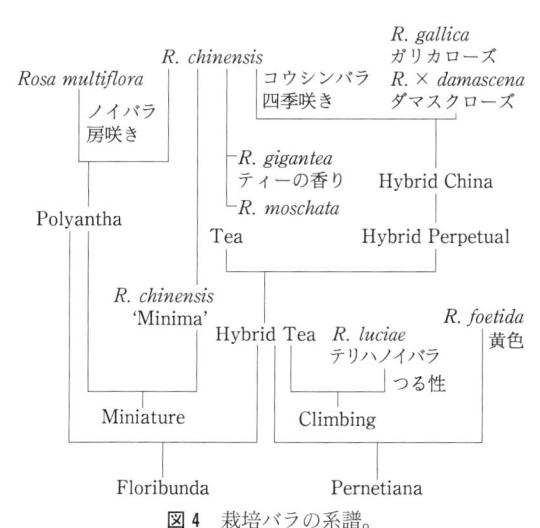

図4 栽培バラの系譜。
実際にはより複雑な経過を経ているが，簡略化してある

季咲き性が導入される以前のヨーロッパで独自に育成されてきた一季咲き性バラを指す)に見られる花型である。

　一方，中国でも，古くからバラが栽培されており，その野生種として，中国四川省を中心に分布する R. chinensis var. spontanea と雲南省を中心に分布する香りのよい R. gigantea が関わっている。これらの野生種は一季咲きであったが，人が栽培を続ける過程で，チャイネンシスバラが関わってできた栽培種にシュートが長く伸長せず背の低いブッシュ(木立ち)状になる個体が現れ，それとともにシュートの先端には常に花をつける「四季咲き」が生まれている。この四季咲きのバラをもとにいくつかの品種が育成され，宋代(960〜1279)には，洛陽だけで41品種があったとされる(荻巣，1994)。明代(1368〜1644)から清代(1644〜1912)には，剣弁高芯咲きのかなり完成されたバラが育成されていたようである。この剣弁高芯咲きの花型は，ヨーロッパのバラにはない形質である。剣弁高芯咲きは，花の開花進行とともに外側の花弁から順にその先端部分が裏側へ反転するため，花弁全体がちょうど剣のように見え，花弁数が多いため花の芯の部分がせり上がって高くなることから呼ばれる。この花型は，花卉のなかでバラだけがもつ洗練された形であり，バラが花の女王と呼ばれる由縁の1つとなっている。また，野生種 R. gigantea は独特の中国バラの香りである。ティーの香りを付与している。ティーは，花の香りが紅茶の香りに似ていたことから最初に中国の栽培バラに接したヨーロッパ人が呼んだのである。このティーの香りを引き継ぐ中国の栽培バラと初期の品種をティー系統と呼ぶ。このようなヨーロッパのバラになかった独特の特徴をもつ中国のチャイナ系やティー系の栽培バラは，18〜19世紀にかけ，商人やプラントハンターによりインドを経由しヨーロッパに渡っている。これらのバラは，「スレーターズ・クリムソン・チャイナ」(花が紅色)，「パーソンズ・ピンク・チャイナ」(ピンク色)，「ヒュームス・ブラッシュ・ティー・センティッド・チャイナ」(淡ピンク色)および「パークス・イエロー・ティー・センティッド・チャイナ」(黄色)の4品種であったといわれている。「スレーターズ・クリムソン・チャイナ」は R. chinensis から育成されたものであるが，ほかの3品種は R. chinensis と R. gigantea との間の種間交雑に由来している。これらのバラはヨーロッパで

育成されてきたバラと交雑され，四季咲き，香り，さらには剣弁高芯咲きの形質をヨーロッパの品種に導入している．中国のバラだけに見られる重要な形質に真紅の花色がある．中国の栽培バラが導入される以前のヨーロッパで栽培されていたバラの花色は，白，ピンク，紫がかった濃いピンク色で，純粋な真紅色はなかった．真紅色は上記の「スレーターズ・クリムソン・チャイナ」から導入されている．この花色は野生種 *R. chinensis* var. *spontanea* のもつ花色素のシアニジン 3-グルコシド（別名，クリサンテミン）によって決まっている．この花色素は開花の進行とともに増え，色素の生成には紫外線が関与しているとされる（上田，1995）．

コウシンバラの *R. chinensis* という学名はオランダ，ライデンのグロノビウスの標本館にあったバラの腊葉標本（標本には 1733 年のメモがある）をタイプとし，ジャックウィンが 1768 年に記載したものである（Jacquin, 1768）．この標本はどのように採集されたものかわからないが，栽培種である．そのため，後にコウシンバラの野生種には *R. chinensis* var. *spontanea* の学名がつけられている．

ちょうど，中国の栽培バラがヨーロッパへ渡り始めたころに，フランスでは，時の皇帝ナポレオンの王妃ジョセフィーヌが住んでいたマルメゾン宮殿の庭に当時のバラ 250 種類を収集し，園芸家に改良させたという．そして収集したバラを代表的な植物画家ルドゥテに描かせている．そのため，この図はそのころに栽培されていたバラを知る貴重な資料となっている．このジョセフィーヌのバラへの想いはバラに関わった園芸家に引き継がれ，今日のバラの礎を築くことになる．

ハイブリッドティー系統としての現代バラは，1867 年，フランスのギヨーにより「ラ・フランス」の名で発表された品種から始まる．ギヨー家は 1829 年にバラ苗を生産・販売する業者として始まり，現在も育種会社として続いているバラの名門である．ジョセフィーヌは 1814 年に亡くなっているので，ギヨーはジョセフィーヌまたはジョセフィーヌにかかえられていた園芸家とどこかでつながっていたと思われる．彼は，ヨーロッパで育成された耐寒性があり強健性のハイブリッドパーペチュアル系統の品種に中国のバラを導入してできた四季咲き性で剣弁高芯咲きでかつ芳香性のティー系統の

品種を交配して「ラ・フランス」を発表した。この完全な四季咲き性品種の誕生が現代バラ（モダーンローズ）の時代の幕を開けることになる。その後，フランスの育種家ペルネ・デュシェによって，ハイブリッドティー系統に西アジア由来の野生種 *R. foetida* から黄色い花色が導入されている。*R. foetida* はヨーロッパでは稔性が非常に低く種子ができにくかったため，1900 年に初めて黄色品種「ソレイユ・ドール（黄金の太陽）」が育成されるまでに十数年の歳月がかかっている。現在，栽培されている黄色系品種はすべてこの品種の後えいになるので，彼の功績は大きかったのである。このハイブリッドティー系統が現代バラの主要な系統であり，切り花として流通している大輪一輪咲き品種の多くはこの系統に含まれる。

「ラ・フランス」の育成者ギヨーは，さらに，日本のノイバラ *R. multiflora* をもとに，1860 年，四季咲きでわい性で多数の小輪の花を房咲きにつけるポリアンサ系統を育成した。このポリアンサ系統は，デンマークのポールセンによりハイブリッドティー系統の品種と交雑され，現代のガーデンローズの四季咲き性で中大輪房咲きのフロリバンダ系統へとつながっていく。

ヨーロッパに導入されたノイバラは，つるバラの育成にも利用され，「クリムソンランブラー」に代表されるムルティフロラ・ランブラー系統をつくり，のちに日本から導入されたテリハノイバラ *R. luciae* の血を引くウィクラナ・クライマーに置き替わっていった（テリハノイバラの古い学名は *R. wichurana* である）。一方，ハイブリッドティーをはじめとするブッシュローズにはつる性になる突然変異がときに見られ，それは木がつる性になる特徴を除いて母樹とまったく同じ性質を持っている。つるバラにも，東アジアのバラの系図とヨーロッパ系の枝変わり（突然変異）による系図の 2 つがある。

現代バラには，もう一系統，ミニチュア系統がある。この系統は，*R. chinensis* のわい性品種 'Minima' に由来し，現在流通している鉢植えのミニバラのもととなっている。

3. 中国の栽培バラの起源地

現代の栽培バラの成立に大きな役割を果たした中国の栽培バラがヨーロッ

パへ導入された経路については詳しくはわかっていない。広東やマカオからインドを経由して海路で導入されたともいわれている。一方，雲南省からミャンマー，インドを経由し，陸路(西南シルクロード)でヨーロッパに持ち込まれたものもある。これらの中国の栽培バラの成立には，雲南省を中心に自生する *R. gigantea* と四川省を中心に自生する *R. chinensis* var. *spontanea* が交雑した種間雑種が関わっている。しかし，これらの2種は自生する地域が異なり，分布は重ならない。おそらく人により運ばれた2種が近接した場所で栽培され，交雑が起こったと思われる。明らかな2種の種間交雑種に由来すると推定される個体は1997年に確認できた。その栽培バラは，雲南省麗江市周辺にだけ見られ，道路脇や民家の周辺，屋敷内に植栽されていた。*R. gigantea* の開花時期とほとんど同じ5月上旬に開花していた。これは強勢なシュートが伸長するつる性のバラで，伸びた枝の各節に1輪ずつ大輪の半八重咲のティーの香りの強い花をつける。その木の姿，花の色と香りなどは上記2種が関与したことを明らかに示している。花の大きさと重弁化のようすから見て，片親は栽培化されていたバラであろう。この特徴的なバラは私の確認の数年前(1993年)に英国の植物専門家が発見しており，この個体は「リージャン・ロード・クライマー」と名づけられている。おそらく，このバラは，当時の *R. chinensis* を中心にできていた栽培品種が雲南省に導入され，自生する *R. gigantea* と交雑して成立したものであろう。ただ，このバラは中国の栽培バラに一般的にみられる四季咲き性ではない。

　さて，ヨーロッパへ渡った代表的な中国の四季咲き栽培バラの「スレーターズ・クリムソン・チャイナ」の祖先種は，花色素などの特徴から *R. chinensis* var. *spontanea* であることは間違いないが，その種のみに由来するものではないとされる。スレーターズ・クリムソン・チャイナの花序は祖先種のように各節に単生することはなく，花茎には数輪の花が散房花序状につく。そのためノイバラのような房咲きの種が関与した可能性が示唆されている。

4. ラオスの中国栽培バラ

　雲南省をはじめ，中国では遺伝資源としての在来種や品種が急速になくなってきている。バラでも同様で，北京の中国科学院植物研究所の植物標本館に保存されている標本の雲南省における採取場所には野生のバラも栽培のバラもほとんど残っていなかった。文化大革命や経済発展によりことごとく古い文化が壊されて，なくなってきているのである。そのなかで，「バラの誕生」(大場，1997)には「……パリの自然史博物館には，インドシナ半島での栽培株からつくられたベンガル・ローズの標本がかなりの数保存されている。もしかしたら，ヴェトナムやラオスなどの片田舎や都会の片隅でひっそりと可憐な花を咲かせ続けながらベンガル・ローズなどがまだ生き残っているかもしれない」と書かれている。ラオスはフランスの植民地であったので，ラオスで採集されたバラの標本がパリの標本館に所蔵されている。ベンガルローズとは中国起源のチャイナ・ローズ *R. chinensis* をはじめ，チャイナローズをもとにした中国の栽培バラのことを指している。中国の栽培バラがインド経由でヨーロッパに運ばれたので，ベンガルローズとも呼ばれるのである。

　私の訪れたラオスの南部にある，ボロベン高原のパクソンとラオス北部のサムヌーア周辺地域では，明らかに中国から導入されたバラと思われるものが，数品種あり，農家の庭先に植栽されていた。1つはラオスの北部と南部ともに広く植栽されていた栽培型チャイナ・ローズである。花は紅色の小・中輪剣弁咲きで蕾から開花にともない，ピンク色から濃い紅色へ花色が変化し，まさに *R. chinensis* の特徴をそなえていた。もう1つは南部の農家の庭にだけ見られた「ヒュームス・ブラッシュ・ティー・センティッド・チャイナ」と思われる個体である。この個体は垣根や屋根にはい上がるような半つる性であった。花は淡いピンク色，中輪八重咲きで下を向いて咲き，香りのよい個体であった。それに対し，北部のみで見られた個体は，明らかに「パーソンズ・ピンク・チャイナ」(現存するオールド・ブラッシュ)であった。そのほかに北部でのみ確認された個体は，現在も栽培される四季咲き性の *R.*

chinensis 'Semperflorens'(中国からヨーロッパに渡った「スレーターズ・クリムソン・チャイナ」はこの品種といわれている)に近縁である(上田ほか, 2000)。このようにラオスには古くに伝わったチャイナローズ(ベンガルローズ)が, 新しいバラ品種とともに大切に育てられている。

5. 香りの系譜から見た中国のバラ

バラの栽培は, 香料用や薬用とするところから始まっている。紀元前12世紀には古代ペルシャの祭司階級マギの宗教的なセレモニーに利用するために栽培されていたといわれる(Hurst, 1941)。その場所は, 南ペルシャの山岳地域, シラズとその周辺である。バラは紀元前3〜4世紀にはギリシャや小アジアのミレトスで栽培され, 紀元後1世紀にはローマ人によりローズウォーターやバラの花がローマ帝国に輸入されていた。7〜8世紀にはアラブ人により北アフリカに香料バラが導入され, モロッコは今も主要なバラ精油の産地である。12世紀になると, 同様にアラブ人により北アフリカ経由で香料バラがスペインにもたらされ, ヨーロッパで最初の香料バラが栽培された。北アフリカへの香料バラ導入の5世紀後(13世紀), 十字軍遠征の帰国とともに中近東からも香料バラはフランスにもたらされ, 南フランスのグラースに香料バラの産地が築かれている。

現在, 香料バラとして栽培されている重要な種は, *R.* × *damascena*(ダマスクローズ)である。世界の主要なバラ香料の産地, ブルガリアでの栽培もこの種である。この種の起源については諸説あるが, Widrlechner(1981)によれば, 雑種起源で, *R. gallica* と *R. phoenicia* の2種の分布が重なるエーゲ海に面したトルコの西岸で自然交雑により成立したとされる。ダマスクローズは4世紀には, アビシニア(現, エチオピア)に導入されていたとされ, クレタ島のフレスコ画にダマスクローズに似たバラの画があり, これはバラの最も古い描写といわれている。クレタ島のミノア文化が栄えたのが, 紀元前2000〜3000年の間であるので, もし, この画のバラがダマスクローズだとすると, ダマスクローズは古くから使われていたことになる。ダマスクローズは *R. gallica* に比べて樹高が高く, 強健であり, 多花性である。また, 香

りの拡散性が強い。ダマスクローズにとって代わる香料生産に適したバラはなく，香料用としてなくてはならないバラである。

　ローズオイルといえば，ブルガリアが有名であるが，香料バラ生産の古い歴史に対して，この国で香料バラの生産が始まったのは比較的新しく，17世紀以降のことである。ギリシャとトルコの北，ブルガリアのカザンリックが香料バラの産地で，山岳地の谷のなかにあり，栽培されるダマスクローズは，カザンリック・ローズと呼ばれ，精油生産量の多い系統が選抜されたものである。

　ローズオイルには，水蒸気蒸留により得られるエッセンシャルオイルと溶剤抽出により得られるアブソリュートオイルがある。採油方法によって，オイルの成分組成も異なる。エッセンシャルオイルの香りは，華やかで新鮮でしかも強烈，香料の効きもよく，軽くやわらかいが，アブソリュートオイルは，匂いが甘くかつ濃厚で，保留性が強い(蓬田，1998)。ブルガリアンローズオイル(エッセンシャルオイル)の主な成分は，シトロネロール，ゲラニオール，ネロール，リナロール，フェニルエチルアルコール，メチルオイゲノール，オイゲノールなどである。これらのエッセンシャルオイルのような香りの花弁から抽出した香気成分に対し，実際の花から発散している香気成分が，分析されている。香気成分分析の技術進歩により，観賞用のバラを含む数多くのバラの野生種，品種の花が分析された結果，ハイブリッドティー系統を主とする現代バラから，ヨーロッパで古くから栽培されていた香料バラやヨーロッパで育成されてきたオールドローズに見られない香気成分が発見された。その主要成分である1,3-ジメトキシ-5-メチルベンゼン(DMMB)は中国由来の品種群であるティー系統に由来し，ティーローズエレメントと呼ばれる(蓬田，2004)。この成分は，中国雲南省に自生する *R. gigantea* にたどることができる。よく似た化学構造をもつ1,3,5-トリメトキシベンゼン(TMB)は *R. chinensis* var. *spontanea* に特有の香気成分である。この2つの香気成分は中国系栽培バラの系譜を反映しており，起源種と栽培種との関係は図5のようになる。

　中国の栽培バラの成立には *R. chinensis* var. *spontanea* と *R. gigantea* が関わってきたことを前述したが，どちらの種がより深く関わってきたかは，

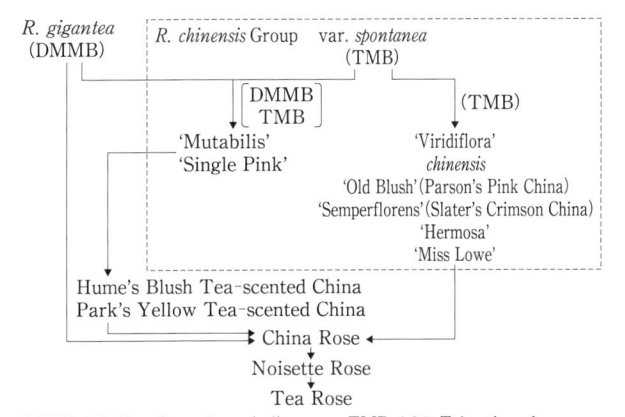

```
R. gigantea      R. chinensis Group   var. spontanea
 (DMMB)                                  (TMB)
                        ┌DMMB┐       (TMB)
                        └TMB ┘
                    'Mutabilis'      'Viridiflora'
                    'Single Pink'     chinensis
                                     'Old Blush'(Parson's Pink China)
                                     'Semperflorens'(Slater's Crimson China)
                                       'Hermosa'
                                       'Miss Lowe'
          Hume's Blush Tea-scented China
          Park's Yellow Tea-scented China
                       → China Rose ←
                         Noisette Rose
                           Tea Rose
DMMB: 1,3-Dimethoxy-5-methylbenzene, TMB: 1,3,5-Trimethoxybenzene
```

図 5 中国系バラの系譜と香気成分との関係（Jouchi et al., 2005 より）

分析品種においてそれぞれの祖先種に特有の香気成分である TMB と DMMB の構成比率から知ることができる。例えば 'Mutabilis' には 2 つの種が深く関わってきており，'Semperflorens' には *R. chinensis* var. *spontanea* が関わって成立してきたと推定できる。

　雲南省を中心とした照葉樹林文化圏のなかで中国の栽培バラが成立し，ヨーロッパにそれらのバラが渡り，現代バラに重要な形質を伝えているのである。現代バラに見られる四季咲き性，剣弁高芯の洗練された花型，上品で優雅な花の香りは中国のバラなくてはあり得ないことである。

第10章 チャ
癒し空間をつくる植物，その起源

山口　聰

1. チャなのか，茶なのか

いつのころから私たちは茶を飲んでいたのだろうか。そもそも，茶とはどのように定義できるのだろうか。大体のところでは，成分を熱抽出して飲用するのが「茶」であり，その目的で利用される植物が「茶植物」とされるであろう。各種のハーブも茶に含まれることになる。日本でも，ヨモギ茶，ドクダミ茶，ハブ茶などさまざまなハーブがあり，健康飲料として活用されている。例外的に日本独自の抹茶は，植物そのものを全部飲む茶である。茶植物の代表格は何といっても「チャ」 *Camellia sinensis* である。この活用のなかでは植物としての「チャ」と飲料としての「茶」が文字で区別されている。

茶利用の本場である中国には 30 を超えるチャ *Camellia sinensis* の近縁種があり（張，1981；Ming，1992；中国農業百科全集，1988），そのすべてが茶として利用している。これまでの報告では，これらは分類上の特徴に基づいて厳密に同定されてはいない。千年以上も生きてきたとされる多くの茶の巨樹(Tea King Tree，茶王澍，茶樹王)もほとんどが var. *sinensis* ではない原種である。あるものは *C. irrawadiensis* であったり *C. sinensis* var. *assamica* であったりする。真正の *C. sinensis* var. *sinensis* の古木は多くはない。近縁のツバキには樹齢 500 年近い古木もあり，もっと古い巨樹もあるのに比べると不思議な話である。チャの樹は，日本でも 300 年生からせいぜい 350 年生

程度の古木しかないし，韓国の古木もベトナムの古木も100年生か200年生程度である。古代人の飲んでいた茶のもととなるチャの木は，どのようなものだったのであろうか。

2. チャ利用の発展

　チャは不思議な植物である。チャは，世界の三大茶飲料植物のマテ(パラグァイチャ *Ilex paraguariensis*)，カット(アラビアチャ *Catha edulis*)とチャのうちの首位にいるといえるほど広く利用されている。また，ノン・アルコール系の三大嗜好飲料であるチャ，コーヒーとココアの1つでもある。さらに三大噛み料植物を見ると，チャ，ビンロウ，タバコとなり，チャは噛み料の1つに挙げられている(中尾，1976)。これは，チャが成分として，カフェイン(覚醒作用)，タンニン(抗菌性分)，アミノ酸(旨味成分)を豊富に含んでいるからである(Ashihara & Crozier, 1999；中林ほか，1991；Wilson & Clifford, 1992)。チャを発見したのは，どのような民族なのだろうか。

　最も単純なチャの利用法は生の葉をそのまま食べたり飲んだりすることかもしれない。ベトナム最北端の地域では，農民たちは朝仕事の前に，チャの生の葉を揉んでから，熱湯を注いでドロドロのスープ状にしてそのまま飲んでいる。これは朝飯前の一仕事のために，小腹を満たす効果がある。手で生葉を揉み砕いてから急須に入れて，熱湯を注いでから飲むこともある。これは普通のお茶と同じである。

　お茶の利用で生の葉をそのまま利用することの次に始まったのは，保存であろう。普通は，簡単な加熱をして，乾燥させる方法である。鉄器が利用できない時代には，土器を使っていただろうか。この場合には，葉を茹でる(煮る)か蒸すかしかできないであろう。その後の手順としては，いくつかのパターンが考えられる。1つは，竹筒に詰め込んで土中に埋めるなり，あるいは，桶のような大きな容器に詰め込んで一定の期間，密閉しておくことである。いずれの方法をとったとしても，茶葉は保存期間中に発酵して，いささか酸っぱい風味が生じる。また，タンニンも残っており，苦みもある。このような風習はタイからラオスにかけての東南アジアの地域に残されている

(橋本，1988；Huard & Durand, 1954；石原，1941；東亜研究所，1942；Le Bar, 1957；松下，1998)．

　チャ利用文化の中心地とされている中国ではどのように発達したのであろうか．湯通ししたり蒸した茶葉は，経験した人なら容易に想像できるが，粘りが大変に高くなる．これをつき固めて乾燥させると固形茶(団茶，餅茶)になる．固形茶は加熱した茶葉のもつ粘りを使った製品といえよう．固形茶は保存性が高いので，現在でも内陸部の遊牧民やチベットの山岳地の人々などに利用されている．輸送にも便利なので交易の品としては大いに利用された．固形茶は葉全体を利用する面では食べる茶と同じカテゴリーに含められるかもしれない．

　中国での茶の利用は当初どうだったのであろうか．漢民族自体が南方の嘉木として尊重するように，辺境に当たる中国南部には漢民族が追い払った少数民族たちが住んでいるが，彼らは長い民族移動のなかにあってチャの木そのものとその加工利用の技術を絶やさなかったのである．文化伝統の異なる少数民族の飲み物は漢民族にとっては当初は物珍しいものであっただろう．中国南部にはチャの特別な系統である「皋蘆」がある．これは現在の中国でのチャの分類では南方大葉種の区分の一部である．中国語では Gao Lu(クゥワオ・ルー)と呼ばれている．Gao Lu の Gao は皋月のころをさし，チャの萌芽時期としては極早生の春早くに新芽を萌す．「蘆」は水辺に自生するアシ(ヨシ)，あるいはマコモまでもイメージしている(呉，1987)．

　少数民族にみられる茶利用は，極めて原始的である．加熱して風乾する．加熱して容器に詰め込んで発酵させる．そのまま齧る．湯を注いで食べる．ちょっとした調理器具があれば(土器段階でも可能)利用できる技術である．これをもとにしてすこし洗練された加工技術である煮たり蒸した茶葉を餅のように固めて乾かす製法が開発されたのである．

　漢民族がこのような茶文化を発展させ始めた時期に伝来した特別な形態が日本にだけ残っている．「抹茶」である．日本では抹茶としての利用が伝わった後に，蒸した葉を揉んで乾かしてからお湯を注いで飲むタイプの煎茶が独自に発達したのであろう．

　中国では，鍋のような道具で炒りながら揉んで乾かす釜炒り製法が開発さ

れ，中国緑茶として進化していった。この手法は，かなり遅れて日本に伝わり九州の一部に広まったが，全国的には広がらなかった。

3. 中国から日本へ

　中国からヨーロッパには茶が大量に輸出されるようになった過程で中国南部の地域で製造されていた発酵度の高い「紅茶」が流通品目の中心となった。ミルクや砂糖と相性のよかった紅茶は，タンニン含量が多く，香りの強いものであった。ユーラシアでの茶の広がりは東の緑茶，西の紅茶という茶利用の二大文化圏を形成したが，日本へはどのように伝わったのであろうか。

　日本に伝えられた茶の利用形態を大雑把に見ると，唐代の団茶，宋代の葉茶(散茶)と片茶(団茶)，明代の葉茶(釜炒り，煎茶)があり，前二者は，新芽を蒸して，あるいは煮て用いるのを珍重している。遅れて入った葉茶利用で成葉まで利用すると秋冬番茶になっていく。これを煮出した色が，いわゆる「茶色」である。このあたりが，一般庶民が飲み始めた茶である。このころより前は，上流階級だけの嗜みの茶であり，江戸時代になってようやく町人の世界に茶がおりてきたのである。しかし，現在のような緑色の新芽を使った美味しいお茶を飲むようになるには，宇治の新しい製茶技術の開発を待たなくてはならなかった。

　茶利用は奈良・平安の時代には宮中の貴族層および僧侶階級の間で渡来文化の素養として始まっている。その間，自生の茶樹があったという研究者もいるが，さまざまな理由から，自生の茶樹ではなく茶の植物体も奈良・平安のころに日本に伝えられ，宮中でも栽培されていたと思われる。延喜式にはその栽培方法(マニュアル)が記載されている。宮中内裏の地図にも茶園の区画が描かれている。

　鎌倉時代から薬理的な効果が少しずつ喧伝され茶の利用が広がっていったが，江戸時代になって煎茶が始められてから一般庶民にまで普及する。街道筋に茶店が普及し，番茶がいつでも用意されるようになるから，茶は日本人にとっての一般的な飲料として江戸時代に定着したのである。ぐらぐらと煮出したり，いつまでもおいておくので，飲むときの湯の色は，まさに「茶

色」である。茶色の言葉はこのころから広く使われるのである。

　江戸時代には玉露が開発されて、茶利用文化は最頂点に到達したと考えてよいであろう。その主流は日本的な意味での「煎茶」と呼ばれる形態である。中国での「煎茶」は唐時代の飲み方で、ほかの植物や調味料も加えて、ぐつぐつと煮立てたものに近い。日本的な「煎茶」は、中国では「泡茶」と呼ばれている。煎茶は同一の文字で異なる事物を表現しており、事情を知らない他分野からは誤解されやすく、茶の研究では注意が必要である。いずれにしても唐から宋に変わるころ中国と日本を頻繁に往来する僧侶に携えられて茶は日本へ渡ってきたのである。その起点は寧波から杭州にかけての天台宗系の寺院の集中する地域だと思われる。寧波には当時の交流を顕彰して海上のティーロード起点の碑が建てられている(図1)。

　嗜みとしての「抹茶」、そして日常としての「煎茶」の2本立てで日本の茶利用文化は生き続けることになったのである。

図1　茶の海上の道の碑

4. 日本独自の茶育種の始まり

輸出資源としての茶の重要性に気がついた明治政府は，多田元吉をはじめとして茶の技術者数名をインドと中国に派遣し，茶の製造技術の習得，製茶機械の購入のほかに，茶の種子の導入という大きなプロジェクトを実施した（松崎，1962）。このときに導入された茶の子孫が最近になって新しい香味の茶の新品種として発表されるようになった。「そうふう」という農林登録品種がそれである。日本によって植物遺伝資源が組織的に探索導入されたのは，明治10〜12年のころであった。これは日本最初の遺伝資源探索であり，100年以上も前に，国が率先していたことに驚かされる。

現在の日本での茶育種の基本的な考え方は，多収性，強健性そして高品質（旨味と香り）であり，いずれも，基準品種の「やぶきた」を凌ぐ品種の育成と「やぶきた」の優秀性の解析が開発にあたっての基本となっている。

静岡の在来系統から選抜されたとされる「やぶきた」には，いくつか不思議な事実がある。はっきりした育成の来歴が残されていない。これは多くの劣性遺伝子をホモ接合でもっている。例えば，コーロ遺伝子であり（鳥屋尾，1966, 1967, 1979），短花柱遺伝子である（山口，未発表）。中国や韓国，そのほか日本在来も含めて，多くの遺伝資源収集系統との交配試験によってコーロ遺伝子の分離・発現を調査したところ，中国から収集した平水系統にコーロ遺伝子のヘテロ個体が見つかっている。

5. 茶のルーツを探す遺伝子レベルでの解析

茶の育種では，日本各地に自生する在来茶の集団や海外からの収集系統群から育種素材を探すことが重要であり，茶の成分含量については膨大なデータが蓄積されている。4つの成分を栽培品種と比較すると（図2），在来系統では比較的貧弱であり，科学的育種の成果がどれだけ品質向上に貢献したかを理解できる。

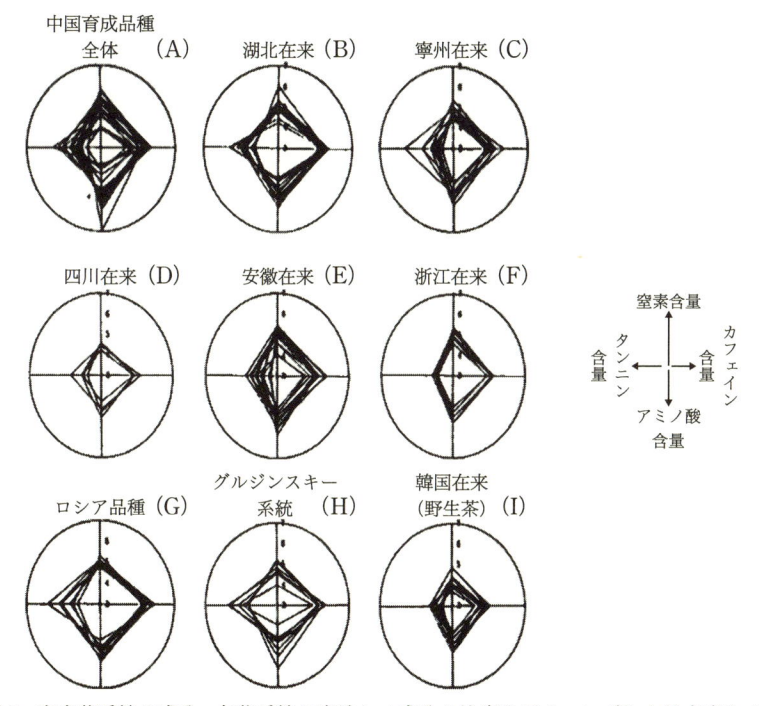

図2 在来茶系統の成分．収集系統の産地と4成分の比率を示す．いずれも日本産やぶきたを1としたときの値

6. 日本緑茶には2つのグループが存在する

　近年のDNA解析は，アジアでは南方に多様な変異が集まっており，中国本土では日本在来のチャの変異と類似していることを示している(Matsumoto, 2006; Tanaka, 2006)．

　田中の行ったRAPD解析では，日本の緑茶品種群に「やぶきた」グループと「あさつゆ」グループの2つが見られた．中国からの導入遺伝資源を調べたところ，どちらにも属さない系統，双方に属する系統などの存在が明らかになった．韓国をはじめとして，アジアのいくつかの地域からの収集系統，日本在来の系統の解析では，日本国内にもごくわずかではあるが，同じよう

な傾向にあった。

　花の雌蕊の形態調査の結果によると，京都の宇治，静岡の足久保，佐賀の背振山など古い茶産地のチャでは，雄蕊群より柱頭が突き出るほどの長い雌蕊をもつ個体が優占しており，この3つの在来茶は中国中部および中南部のチャに類縁性が高い(Yamaguchi and Tanaka, 1995; Yamaguchi et al., 1999)。しかし，日本のほかの地域の在来のチャでは雄蕊群より短い雌蕊を持つ個体が優占しており，これは中国中南部のチャにも発現している。韓国の野生茶では雌蕊の形態は雄蕊群よりも抽出する頻度が高く，日本の古い茶の産地のチャの形態と類似しているが，カテキン類の合成に密接に関係しているフェニールアラニン・アンモニアリアーゼ遺伝子(*pal*)のDNA解析では，韓国産は日本在来と系統的に大きく異なっていた。この遺伝子のAFLP解析からはA，B，C，D4通りの変異が認められたが，それらの組み合わせは図3に示すようにタンニン含量との間に関係があるように見うけられ，今後の厳密な検討が必要である。

　RAPD解析では，*sinensis*型と*assamica*型はマーカーによって明瞭に区別できるが，中国中南部の系統では両マーカーが混在していた(Yamaguchi and Tanaka, 1995)。また，同じ*sinensis*でも，韓国系統と日本系統ではかなりの違いが認められている。日本系統には中国中南部の系統に共通したマー

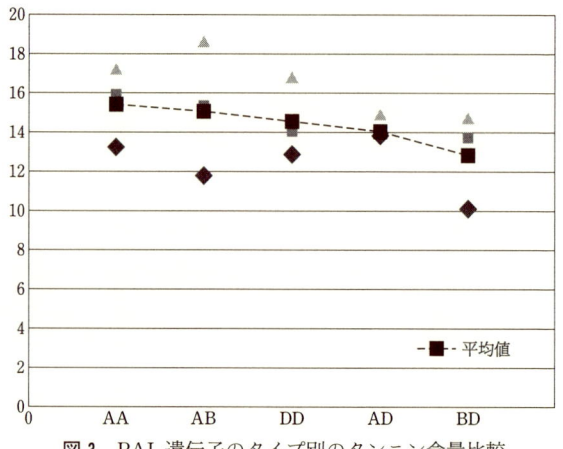

図3　PAL遺伝子のタイプ別のタンニン含量比較

カーが認められるので，日本のチャは中国中南部からの導入系統が主体を占めていると考えるべきである．また，同時に中国大葉種の遺伝子が導入されている可能性も否定できない．中国中南部は，*sinensis* と *assamica* の分布が重なりあっている地域であり(Ming, 1992)，長い間の気候変動で相互の分布域が南北に何回か移動しあったことも考えると，浸透性交雑が生じて複雑な遺伝子構成の系統が多数存在しているのかも知れない．

　韓国と異なり日本には，奈良朝以降中国から数次にわたりチャが各地に導入されている(松崎, 1992)(図4)．いずれも中国大陸の広大なチャ集団のジーンプールのごく一部を取り込んでいるだけであり，ボトル・ネック効果によって，日本のチャ集団のジーンプール組成を原産地の全体像と大きくかけはなれたものとしている可能性が高いことを常に念頭においてチャの起源を考える必要がある．

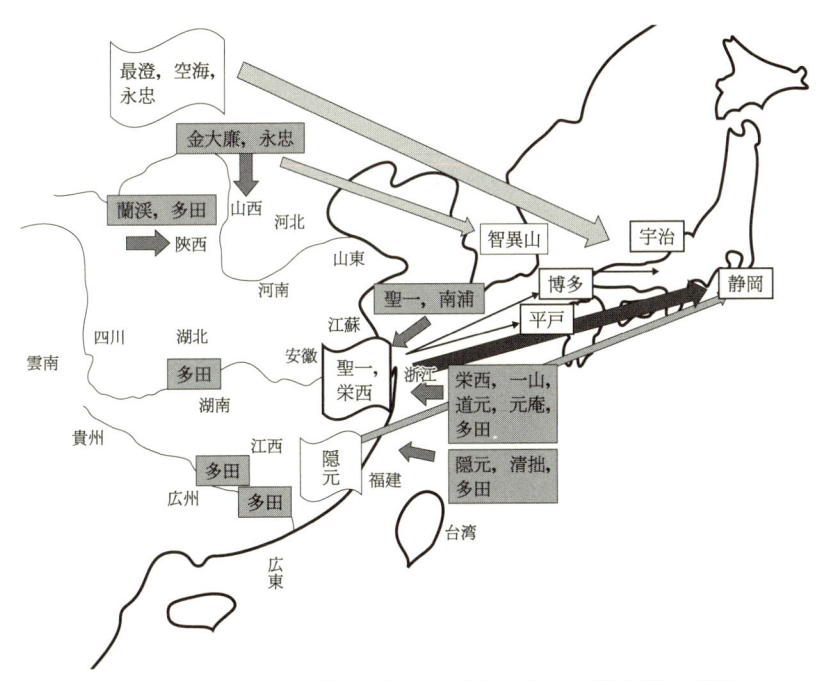

図4　中国からのチャの導入に関係する僧侶，研究者と滞在地域の概観

7. 茶の嗜好についての日中両国の国民性

　2008年の秋に杭州で中国の国立農業科学院茶葉研究所とワークショップを開催した。日本からは，育種関係者，茶文化研究者，茶器(陶磁器)研究者そして茶道の師範の方々6名，中国からは，茶育種研究者，中国茶道の師範の方と御弟子さんたち，中国食文化研究者の6名が参加し，唐時代の茶の淹れ方を実演(図5〜7)し講義した後に，唐代と宋代の2通りのタイプ(固形茶と散茶)の製造法で製作したいくつかの茶を題材として，抹茶仕様で審査した(図6)。観光地として有名な西湖のほとりの茶館での審査会は，おもむきのあるものであった(図7)。評点を取りまとめたところ，中国側は中国緑茶，日本側は日本緑茶を高く評価したが，唯一例外的に，唐代の名茶産地から収集しておいた遺伝資源収集系統(日鋳)の散茶仕立てが，いずれの国のパネリストからも高く評価された(表1)。唐代名茶産地が，宋代と明代にかけても隆盛を誇っていたのは，このような優秀な系統に恵まれていたところだけ

図5　唐代の茶の淹れ方実演(東京学芸大学高橋教授)

第 10 章　チャ——癒し空間をつくる植物，その起源　203

図 6　中国茶葉研での実験用固型茶製造

図 7　西湖を眺めながらの茶審査風景

204　第Ⅱ部　美しさと香りの栽培史

表1　日中両国の茶嗜好の違い

中国の順位				日本の順位			
固形茶	1位	2位	3位	固形茶	1位	2位	3位
総合点	龍井43	やぶきた	紫笋	総合点	やぶきた	龍井43	紫笋
香気	やぶきた	龍井43	紫笋	香気	やぶきた	龍井43	紫笋
水色	龍井43	やぶきた	紫笋	水色	龍井43	やぶきた	紫笋
滋味	龍井43	やぶきた	紫笋	滋味	やぶきた	龍井43	紫笋

中国の順位				日本の順位			
蒸し葉乾燥	1位	2位	3位	蒸し葉乾燥	1位	2位	3位
総合点	日鋳	やぶきた	紫笋	総合点	日鋳	紫笋	やぶきた
香気	日鋳	やぶきた	紫笋	香気	やぶきた	日鋳	紫笋
水色	日鋳	紫笋	龍井43	水色	日鋳	紫笋	やぶきた
滋味	日鋳・やぶきた	―	紫笋	滋味	紫笋	日鋳	やぶきた・龍井43

図8　コーロ遺伝子を保有している個体

第 10 章 チャ──癒し空間をつくる植物，その起源　205

図 9　中国茶試で審査中のコーロ型系統

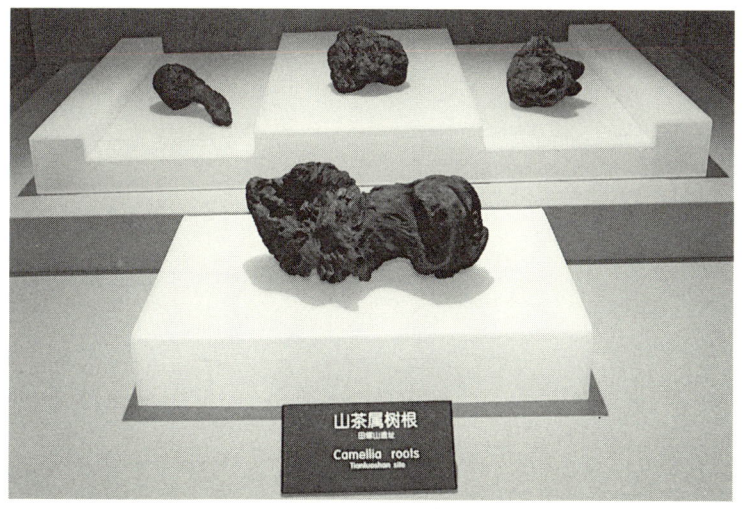

図 10　田螺山遺跡から出土した炭化した樹木の根株。チャと見なされている。

だったのかもしれない。中国式の緑茶と日本式の緑茶とに製造方法が分かれる以前の名茶産地から収集されていた遺伝資源収集系統が，どちらの国の審査員からも高く評価されていることに大きな意味がある。この系統は，日本式の緑茶仕立てにも適した香気と味なので，今後の利用が期待される。付け加えてさらに重要なことは，この産地のごく近くにコーロ遺伝子を保有している収集系統の産地がある上，ここでもコーロ個体が見つかっているのである(図8)。そのほかに，揚子江中流地域から品種候補が審査されていたが，在来茶から見つかったコーロ個体であった(図9)。中国本土でこれまでに見つかっているコーロ茶樹の産地の3か所のうちの1つなのである。さらに興味深いのは，ここからそれほど遠くない河姆渡文化圏に含まれる田螺山遺跡では，7,000年前の地層から炭化した茶らしい木の根株が大量に発掘されている(図10)(山口，2010)。日本と中国とを結びつける特徴を備えた茶植物や茶

図11 日鋳寺の在来茶園

利用文化のすべての要素が長江下流の海岸付近から背後の丘陵地帯に集中している。日鋳寺のある地域も興味深いものがある(図11)。両国の研究資源の交流が盛んになれば，さらにすばらしい茶遺伝資源が見つかり，それをもとにして，新しい茶が生み出されると期待される。世界中の人が，一杯の茶を飲み，立ち上るふわっとした香りと，あたたかで懐かしみのある味を楽しめる平和な時代がきて欲しいと願っている。

コラム② 栽培菊と外来ギクによる日本産野生ギクの遺伝的汚染

中田　政司

　日本産野生ギクは多くの種が，栽培菊(以下，標準和名のキクと表記)あるいは外来ギクによる遺伝的汚染の危険に曝されている。その具体的事例を紹介したい。

江戸時代に始まるキクと野生ギクとの交雑

　キク *Chrysanthemum morifolium* と野生ギクとの雑種は古くから記録されている。江戸時代の文政11(1828)年に原稿ができたとされる岩崎灌園の『本草図譜』(巻之一四)には，舌状花が黄色で葉に浅い切れ込みがあって裏が白い「ウラシロキク」が図示されており，キクとイソギク *C. pacificum* との雑種であると推定されている(北村，1967)。この雑種はハナイソギク *C.* × *marginatum* と呼ばれている(Ohashi and Yonekura，2004)。キクとシオギク *C. shiwogiku* との雑種も江戸時代から記録がある。安政3(1856)年の飯沼慾斎『草木図説』(巻之一七図版一四)には舌状花の発達した「シオギク」が描かれ，舌状花の発達具合に変異があることが記されている(北村，1967)。イソギクやシオギクは舌状花がなく葉がへら形をしていることから，キクとの交雑で生じた雑種は舌状花が出たり葉が幅広くなって「変わりもの」として認識されやすい。江戸時代はキクの栽培が武士町民の間で流行し400を超える品種があったという(荻巣，1997)。キクの野生ギクへの遺伝的干渉は，この時期に始まったのであろう。

　これまでキクと野生ギクとの自然雑種が報告されているのは，四倍体のシマカンギク *C. indicum*，ワカサハマギク *C. wakasaense*，ナカガワノギク *C. yoshinaganthum*，六倍体のノジギク *C. japonense*，イワギク(広義)*C. zawadskii*，八倍体のサツマノギク *C. ornatum*，十倍体のコハマギク *C. yezoense* などで，コハマギクとの雑種にはミヤトジマギク *C.* × *miyatojimense* という名前がつけられている。キクは多くの品種が2n＝54の六倍体で(下斗米，1932；遠藤，1969)，倍数性の離れた二倍体種のリュウノウギク *C. makinoi* やキクタニギク *C. seticuspe* f. *boreale* とは自然雑種は報告されてないが，四倍体以上の倍数性のすべての野生ギクには潜在的にキクによる遺伝子汚染の危険がある。

キクとシマカンギクとの雑種だったサンインギク

　キクと野生ギクとの雑種が新分類群として記載されて混乱を生じた例にサンインギクがある。これは1931年に島根県大田市の山あいの水田の石垣で採集されたものをタイプとして *C. aphrodite* と新種記載されたもので，シマカンギクに似て頭花が3〜4cmと大きく，舌状花は1〜2列で黄色または白色，染色体数は2n＝54の六倍体とされた(北村，1934)。その結果，黄花の六倍体野生ギクにはサンインギクの名前がつけられることになり，また，舌状花の白い半八重の六倍体ギクにもサンインギクという名前がつくことになった。

　富山県薮田村(現 氷見市)は原記載でも引用されたサンインギクの北限の産地である。サンインギクの実体を調べる目的で，1997年に氷見市大境の30個体について形態，染色体数，花粉稔性の調査を行った。舌状花の色は黄色系と白色系が15個体ずつの半々で，長さや幅，頭花当たりの数は変異が大きく，染色体数は2n＝54の正六倍体が18個体，そのほかに異数体，B染色体を持つ個体などが見られ，花粉稔性は8個体が50％以下であった(中田・竹内，1998)。これらの結果は「サンインギク」が

自然分類群ではなくシマカンギク六倍体とキクの雑種個体群であることを示唆している。個体レベルではシマカンギク六倍体と見なされるものもあったが、個体群を取り囲むように畑や人家でキクが栽培されており、継続的にキクとの交雑が起こっていると推察された。

現在、シマカンギクには四倍体と六倍体のサイトタイプがあって六倍体は九州北部から中国地方にかけて広範囲に、それ以東には島状に分布し、各地でキクとの雑種が生じていることが明らかとなっている(中田ほか、1987)。サンインギクの基準標本は六倍体シマカンギク中に生じたキクとの雑種であると考えられ、学名は *C. × aphrodite* とされている(Ohashi and Yonekura, 2004)。

キクと野生ギクとの交雑の増大

1967(昭和42)年に書かれた北村四郎博士の『日本の野生菊の分布に関する報告』には、シオギクに関して「(地元の)山中二男博士は2—3年この方、シオギクと菊との自然雑種が急にふえたと云った」との興味深い記述があり、「近年海岸近くの人家で、菊を植える人が多くなったからだろうと私は解釈した」と続けている。当時はオリンピック景気のなかにあり、人の暮らしが豊かになったころである。菊を栽培する余裕が人々に出てきたのか、海岸近くの人家そのものが増えたのか正確な理由はわからないが、人間生活の変化が野生ギクへの遺伝的汚染を拡大したことがうかがえる。

氷見市のサンインギクの場合、進野・大田(1966)には「黄花が大部分で八重咲きである。稀に白花もあり……」と書かれ、進野(1973)には「氷見海岸薮田の岸壁に懸崖の姿で黄と白の半八重の中菊が岩肌を飾っている。もとは雨晴雌島の陸地側を黄花がおおっていたし、対岸の岸壁には白の一株が絶壁から海をのぞいていた」と記されている。1997年の調査では黄花の割合が半分にまで減っていることから(中田・竹内、1998)、30年間で目に見えてキクとの交雑が進んだことがわかる。

キク属の送粉昆虫はホソヒラタアブやツマグロキンバエなどのアブやハエ類で(中田・竹内、1998)、これらが野生個体群の近くの人家や畑からキクの花粉を運んだり、道祖神や墓に供えられたキクの生花から花粉を運ぶと自然雑種が生じる。2008年にワカサハマギクの分布域全域のなかから44地点についてキクとの交雑の可能性を調べた結果、1〜50mほどの距離に花粉供給源となるキクが観察された個体群は21地点で、全体の約48％に達していた(中田、2012、図1)。このうち実際に雑種が観察されたのは6地点で、30年前の調査より2地点増えていた。雑種は長く生存することが確認されていて、鳥取県岩美町に生じた個体識別が可能な染色体数増加雑種(いがり、2005 p.65の写真)の場合、初認が1982年であることから少なくとも27年間生存していたことになる(中田、1989、1999、2012；中田ほか、2001)。

キクは最も普及した観賞用の園芸植物であると同時に仏事に使用される特殊性をもつことから、今後も流行り廃りなく使われ続けると思われる。キクによる野生ギクへの遺伝的汚染を防ぐためには自生地の近くでのキクの栽培や献花を控えたいが、実行は現実的でない。無花粉・種子不稔性キクの育種が望まれる。

外来キクタニギク、外来イワギクの日本への侵入

1992〜1995年にかけて、従来分布していないはずの青森、富山、広島、徳島の各県でキクタニギクが相次いで発見された。これらは新しくつくられた林道ノリ面で、緑化に使われたヨモギ類とともに生育していたことから、「在来種の野草による緑化」のために吹きつけられたヨモギの種子に混じって侵入したものと推定され、種子の採集地である韓国と中国が原産地と考えられた(中田ほか、1995)。その後11府県から

図1 ワカサハマギク個体群中の道祖神に供えられたキクの花束（兵庫県香美町）

報告が相次ぎ，標高1,100 m の白山スーパー林道や四国の山岳地の林道でも見つかり，ときに大群落が形成されていた．標本記録によると，富山県では1987年にすでに侵入していたようである．もともとキクタニギクの分布しない地域で発見されれば外来であることがわかるが，自生のある関東，近畿，九州の各地域では，在来キクタニギクとして見逃され，在来個体群と交雑を起こしている可能性がある．種としては同じだが，多様性保全という意味では「外来ギク」による在来キクタニギクの遺伝的汚染が問題となる．

在来のキクタニギクと日本の固有種リュウノウギクはともに $2n=18$ の二倍体であるため容易に交雑を起こし，分布の接点で自然雑種シロバナアブラギク $C. \times leucanthum$ が生じている（北村，1967）．リュウノウギクは東北南部以南の日本に広く分布するため，在来のキクタニギクが分布していなかった地域で外来キクタニギクとの交雑によるシロバナアブラギクが生じる可能性があり，リュウノウギクへの遺伝的汚染が懸念される．実際，富山県ではリュウノウギクの個体群から300 m しか離れてない場所で外来キクタニギクが見つかり駆除された．雑種はまだ確認されてないが，発見された時点ですでに花粉が運ばれている可能性がある．（追記 2012年に同地で雑種が発見され，懸念から現実の問題となった．）

外来イワギク（広義）も，ほぼ同時期に愛媛，富山，岩手の各県で初認され（中田ほか，1995），その後各地で発見されたが，キクタニギクほど多くはない．これは草丈が低く，ヨモギと誤認して緑化工事用に採種される確率がキクタニギクより低いためであろう．日本に侵入しているのはチョウセンノギク $C. zawadskii$ var. $latilobum$（『中国植物誌』では小紅菊 $C. chanettii$）と呼ばれる葉の切れ込みが浅く裂片の幅が広い型で，$2n=54$ の六倍体である．中国や韓国に広く分布するこの仲間は倍数性があって変異が激しく，分類学的見解が統一されてない．日本には外来イワギクに似た広葉型と裂片の細い狭義のイワギクが遺存的に隔離分布し，両者とも絶滅危惧植物に指定されている．在来種との交雑のおそれは外来キクタニギクほど高くないと思われるが，愛媛・高知両県では，狭義イワギクが自生する山の直下の山岳林道で，外来イワギクが見つかっている．

外来シマカンギクの侵入と在来ギクとの交雑

シマカンギクは、北陸から西の近畿、中国、四国、九州に分布し、キクタニギクやイワギクと比べて分布域が広いため、外来個体の侵入に気づきにくい。2001年に初めて、形態的な違いから外来シマカンギクと推定される事例が見つかった(中田・伊藤、2003)。場所は愛媛県の国道改良工事にともなって緑化された大規模ノリ面の下部で、約 4×14 m の範囲に絡み合うように倒伏した茎を長く伸ばし、多数の頭花をつけていた(図2)。このシマカンギクは横走した空中の茎から多数の不定根を出すという特徴から、細分すると中国中南部に分布する変種ハイシマカンギク var. *procumbens* に相当する。中国湖北省のハイシマカンギクには B 染色体を持つ個体があり(Nakata et al., 1992)、この外来個体群にも染色体数 2 n＝36＋1 B の個体が見られたことは興味深い。

2007年にこの外来シマカンギク個体群を再調査したところ、生育範囲は約 35 m の長さに拡大し、舌状花が長く、白色〜淡黄色舌状花を持つ個体が混じるようになっていた(中田・伊藤、2009)。この白色舌状花2個体は五倍体および 2 n＝42 の低五倍体であったことから、周囲に自生する在来六倍体種のノジギクとの交雑、および雑種と外来シマカンギクとの戻し交雑が示唆された。また、当初は個体群中の外来シマカンギクに見られた B 染色体は1個だけだったが、2007年では 1〜4 個の B 染色体を持つ個体が出現しており、個体内では B 染色体数が一定していたことから、配偶子に不均等分配された B 染色体の受精によって多様な B 染色体を持つ個体が生じたと推定された。すなわち、個体群は栄養繁殖だけでなく種子繁殖によっても拡大していると示唆される。生育地の下には田渡川が流れており、下流に外来シマカンギクが拡散し、在来ノジギクと交雑するおそれがある。

これまで外国産ヨモギの種子吹きつけによって20年以上「緑化」が行われてきた。外来ギクによる野生ギクの遺伝的汚染の実態は、これから明らかになるのかもしれない。

図2 大規模ノリ面の下部に繁茂した外来シマカンギク(愛媛県内子町)

第III部

栽培植物が支える文化多様性

第11章 黒潮洗う八丈島におけるコブナグサの栽培化

梅本　信也

　黒潮洗う太平洋に浮かぶ伊豆諸島に属する東京都八丈島には古くは江戸時代から全国的に名を馳せた「黄八丈」と謳われた特別産品があり，黄八丈の生産に欠かせない染色用の植物素材としてコブナグサ *Arthraxon hispidus* (Thunb.) Makino が重要な役割を果たしてきた(東京都八丈町，1993)。イネ科植物のコブナグサは，日本各地の水田畦畔，休耕田，やや湿った畑，溝，池の縁などにごく普通に見られる一年生雑草である。草丈も膝まで程度，目立たない草なのでともすれば見過ごしがちだが，葉，穎果の形態，草型には顕著な変異が認められ，穎果には有芒や無芒の変異が知られている(笠原，1985；長田，1993；大井，1975)。一般的にはコブナグサは山野の野草であり，里域や都市域では管理や除去の対象となる雑草であるが，八丈島ではそのような性格をもつとともに染料用の資源植物として大切な種でもある。

　私は，1998年と1999年の冬期に，離島における植物の利用や保全状況を知るために八丈島を訪れ，黄八丈の染元として知られる山下誉さんにコブナグサに関するいくつかを教えていただいた。その際に，約10年前からご自身の畑で作づけされているコブナグサの種(たね)を頂戴した。それは，ビニール袋に入れ冷蔵庫に保存されている次年度用の種子である。成熟して乾燥した穎果(以降，種子と呼ぶ)が花序の穂軸にしっかりとついたままなのでやや奇妙に感じたが，これは，その後の試験栽培で種子がまったく脱粒しないことを確認した。栽培化が進行しているのだ。八丈島にはマスクサと呼ばれ親しまれ

ている矮化したススキ Miscanthus sinensis が知られているが，コブナグサでも独特な進化が生じている可能性がある。

この章では，コブナグサの利活用の歴史と現状を紹介し，次に栽培実験によってわかった八丈島産コブナグサの特殊性を言及したい。八丈島におけるコブナグサと人間との関係の歴史変遷から植物の利用や栽培化の動的な実態を読み解いてみたい。

なお，八丈島では調査に当たって住民の方々，特に黄八丈染元の方々や八丈町役場職員の方々にお世話になりました。御礼申し上げます。

1. 八丈島におけるコブナグサの利活用史

東京都八丈島は，第四紀更新世から現世にかけて成立した海洋性の火山島で，成立時期がやや異なるほぼ円形の2つの島がつながった形をしている。南東部の三原山(東山)と北西の八丈冨士(西山)からなる複式火山である。特に西山は，土壌形成が進んで褐色森林土壌となり，ほぼ全域がスダジイ Castanopsis cuspitata var. siebaldii やタブノキ Machilus thunbergii，ヤブニッケイ Cinnamomum japonicum，ツバキ Camellia japonica，サカキ Cleyera japonica を極相とする木本の植生に覆われる。冬季でも表海水温度が16℃以上もある暖流黒潮の影響を受け，年平均気温は18.1℃，最寒月の月平均気温は10.2℃，年降水量は3,073 mm で，気候的には暖温帯南部となる(東京都八丈町，1993；気象庁資料など)。

八丈町教育委員会などから入手した資料や文献を見ると，不明な点も少なくないが，コブナグサは，この約450年間に採取利用され，いく度か栽培されては途切れ，再び栽培が復活してきたようである。その歴史は，江戸時代，戦前，戦後の3つの時期に区分して見ると理解しやすい。

江戸時代

八丈島においてコブナグサの利用や栽培がいつ始まったかはよくわかっていない。しかし，八丈島から本州への絹織物の出荷は遅く見積もっても室町時代中期ごろからと推定されている(吉本，1991)。時代は下って，江戸時代

のはじめには幕府への上納があり，その上納物のなかで，上平紬は元来，白紬であった。三代将軍徳川家光公の治世には桑染めの紬となり，その後はカリヤス染めの紬すなわち黄紬となっている。黄紬を染めたカリヤスは，現在のコブナグサである。いまでもコブナグサは八丈島ではカリヤスと呼称されている。

　江戸中期の寛延2(1749)年の「尋問請書」(東京都八丈町，1993)を見ると，コブナグサが積極的に利活用されていた様子が垣間見られる。

　　黄染ニ用ヒ候蓋ハ山草或野草乎畑ニ仕付候哉。右蓋ノ儀ハ野草ニ御座候得共，野ニ生ジ候ハ御染ニハ用ヒ不申候。毎年種ヲ取，アシタ草蒔付候畑エ蒔付，穂ニ出候ヲ，節ニ致シ取リ煎シ申候。尤茎根葉共に用ヒ申候。御染致シ方ノ儀ハ，蓋一日煎ジ一日ニ壱度宛御染仕候テ，七拾度宛染汁ニ漬シ申候。紬ハ四拾度程宛漬シ染揚候節ハ，榊椿ノ木ヲ灰ニ焼候テアクヲ出シ，壱度宛漬ケ候染揚申候。

とある。アシタ草とはセリ科のアシタバ *Angelica keiskei* である。

　また，寛延2年の「尋問請書」にならって，問答形式化し記述したと思われる近藤富蔵著『八丈実記』(東京都八丈町，1993)では，

　　○寛延(1748-1751年)度後尋書伝，
　　○黄染ニ用候蓋ハ，山草カ野草カ，畑ヘ仕附候哉。国土ニテハ何様ノ草ニ似テ，花実葉茎共ニ煎染候哉。実種ヲ取候哉。
　　答，蓋ハ野草ニ御座候得共，野ニ生候ハ御染ニハ用ヒ不申候。毎年種ヲ取，アシタ草蒔附候畠ヘ蒔付，穂ニ出候ヲ節ニ致シ取センジ申候。尤茎葉根共ニ取，御染ニ用ヒ候。御染致方ハ，蓋一日センジ，一日ニ一度宛御染仕，凡七拾度程宛染汁ニ漬シ申候。紬ハ四拾度程宛漬シ，染揚ケ候節，榊椿ノ木ヲ灰ニ焼候而ハアクヲ出シ，一度宛ツケ候而染揚ケ申候。且カリヤス惣躰大竹ノ葉ニ似候テ，茎ホソク節御座候而穂ニ出，実ノリ候。

とある。

　江戸時代初期から中期にかけて，八丈絹では，黄，樺，黒という3色が染色の基本構成要素となった。樺の原料としては八丈島東南部にそびえる三原山の谷間に自生または半自生するタブノキが採取され，染汁を煎じ出し，灰

汁漬け媒染された。黒色の原料としては三原山の尾根筋に自生するスダジイが採取され，低地の沼泥を使って媒染された。いずれも極相林の樹種を適宜に伐採して持続的利用を意図した保全と使用が一体化した生態系管理手法によっているともいえる。

　黄色の染料素材としては，田や湿地など人里に自生するコブナグサである。貢絹の染色のために使われるコブナグサは，特別に畑に種子を播き栽培した。最もよい染色の効果を得るためには，草が充実した秋に，出穂しかけたコブナグサの植物体を刈り取り，乾燥させたあとに釜で朝から夕方まで煎じた。煎汁に浸して15回から20回ほど重ね染めした絹糸を，三原山から採取したツバキとサカキの灰汁に漬け込んだ。この作業によって，黄土色の絹糸はたちまち輝く黄金色となる。灰汁漬けを施したあとの絹糸は，熟成され，強く絞り込んで乾燥させた。こうした手法は，先に述べた江戸期寛延年間から近年までほとんど変化なく継承されてきている。

　八丈島では，江戸時代から黄色染色用にコブナグサが利用され，栽培もされてきたようである。しかし，八丈島では，火山活動や度重なる台風や発達した低気圧，高潮，冬季の異常低温などの気象災害，遠近の大地震による津波の襲来，本土や異国船がもたらす疫病とその流行によって，社会的な負の影響があるとその利活用は時に絶え，そして，ある時期には復活したのであろうと推測される。

第2次世界大戦前後

　明治時代における黄八丈染色のためのコブナグサの利活用や栽培慣行についてはよくわからないが，山下誉さん(私信)によると，大正時代か昭和時代の初期には，八丈島の一部で染色用の素材を得るためにコブナグサは栽培されていたようである。

　昭和7, 8(1932, 33)年ごろには化学染料が八丈島にも導入されるようになり，その染色技法は「都染め」として大いにもてはやされた(吉本，1991)。そのためか，染料の素材の入手に手間と労力がかかり，資源確保に時間もかかる伝統的な染色方式は急速に下火となっていった。

　しかし，昭和10年ごろには，八丈島に古くから伝わる技術の保存と生産

の復興と産業振興を目的として，「黄八丈振興組合」が設立され，伝統的な染色技法が復興の兆しを見せた。そのようななかで，不幸にも始まった第2次世界大戦によって日本全体は戦時経済体制となってしまった。このころは黄八丈のような高級産品の生産そのものが難しく，戦後しばらくの間も黄八丈の生産は止まったままであった。

「もはや戦後ではない」と謳われるころの昭和27(1952)年には，黄八丈は，「助成の措置を講ずべき無形文化財」として文化庁から選定された。この文化庁による選定を契機に，昭和28年に「黄八丈保存会」が結成され，戦中からの伝統の空白を埋めることになる。昭和37年には「八丈島黄八丈品質保存会」が結成され，八丈島に継承されてきた黄八丈の伝統的な製作技術体系の動的保存や品質の向上，生産振興に努力が払われるようになった(吉本，1991)。

昭和30年代の八丈島の景観を見ると，水田やサツマイモ畑が海岸から谷をぬって山に駆け上がるように広がっている。秋には水田の畦畔や湿った畑の畝間にコブナグサをはじめとする雑草は大量に生育していたのである。もちろん，多くの雑草は除草されたが，コブナグサだけは別で，染色材料として丁寧に収穫されて，島内の黄八丈の染元に持ち込まれた。このコブナグサの採集と運搬は当時の若者にとっては格好の臨時稼ぎになったという。当時を知る人によれば，コブナグサの買取り価格は重量制であったので，稼ぎを増やすために持ち込む材料に加水したり，重さのある異物を加えたりして増量をはかった話もある。大量な需要は島にとって好ましくないことも生んでしまう。染元には「黄八丈には八丈島産コブナグサで」という主義があったが，いくつかの事情で染色用のコブナグサが不足したときには，同じ伊豆諸島にある三宅島から移入せざるを得なくなったという(山下誉，私信)。

昭和後期から平成時代

八丈島は確かに耕地面積が狭小であったが，戦後しばらくは島内のあちこちにある水田や水田畦畔，野菜畑は盛んに耕作されていたので，染料素材としてのコブナグサの確保は困難ではなかった。しかし，高度経済成長政策が始まると，農家の所得倍増を目的として換金性の高いヤシ科シンノウヤシ

Phoenix humilis var. *loureirii* などの都会向け園芸用観賞植物への作づけ転換によって水田から畑地への転換が急速に進行した(東京都八丈町, 1993)。土壌の耕耘を必要としないシンノウヤシの栽培面積が増大したために,畦畔植物は姿を消し,畑地では多年生植物の植生へ変貌し,自生のコブナグサは著しく減少した。染色素材の確保が困難となっていったのである。コブナグサは黄八丈染色の職人にとっては島の「誇り」であって,黄八丈の生産に欠かせないものであるのに。

こうした状況を受けて,島内南西部の樫立地区では約30〜40年前から,中之郷地区では約20年前から,染元が独自にコブナグサを畑で栽培し始めた。樫立と中之郷が産地となった原因は歴史的背景のためと思われる。

2. 八丈島のコブナグサ栽培慣行

樫立地区と中之郷地区における染料用のコブナグサの栽培では,いずれも移植という作業をともなうが,樫立では翌年用の種子を確保せず,中之郷では種子を保存する。さっそくその詳細を見てみよう。

樫立地区の事例

三原山の西南斜面の北部に位置する樫立地区では,約30〜40年前に野菜栽培の手法を参考にした,2軒の黄八丈染元が考案した手間要らずの栽培方法である。

栽培しているコブナグサのもともとの種子は畑の周辺にある一年生作物の畑に自生していた集団から個体を特に識別せずに採取(バルク採取)したものである。コブナグサを栽培してきた畑は地区内に数筆点在し,ほかの野菜畑と同様に「ヤマ」と呼称される。

(1)定植まで

1回移植と2段階移植の2つの手法がある。

1回移植法では,毎年2月から3月にかけて,栽培された前年の個体から落下した種子が発芽してくるので,そのなかから生長のよい幼苗を現場で選び整地したあぜに移植する。染元が自ら移植するのが基本である。5月ごろ

に 10～12 cm に生長した苗を 5 本または 7～8 本ずつ束にし，50～60 cm 間隔で正条植にする．20 cm 四方の面積に健康な苗が活着するように，植え痛みや歩留まりを考慮して必要な分量の 3～5 割り増しの密度とする．

2 段階移植法では，毎年 2 月に前年のコブナグサから落下した種子が地面上で発芽を開始するので 4 月ごろに適正な苗を選び畑の横(片隅)に仮移植する．6 月に 10 cm 以上に生長した 3 個体を 1 株として 70 cm 四方の格子状に定植する．数筆の畑で得られるコブナグサで十分である．

(2) 肥培管理

普通は特に肥料は与えない．苗立ちを促進するために定植から 10～14 日後に化学肥料を適当量散布することもある．活着後に発酵した油粕を施肥すると茎と葉が大きくなり収量が増大するが，効き過ぎると草丈が 1.6 m 以上に達してしまい，外見上はすこぶるよいが，染色材料としては適さない．普通は，草丈が約 80 cm となる．

病虫害防除のための農薬は一切使用しない．かつて，ウンカ類が大発生したが，特に対応しなかった．まれにコブナグサ以外の雑草を除草する．

(3) 収穫

9 月から 10 月にかけて出穂する直前に地上部を収穫する．この収穫の時期は大切である．染色の上で重要な要素である「コク」が最も深まるからである．なお，「コク」とは染色職人による独特の表現で，染色力のことを指す．「コク」の深まりには降雨もよくない．染色作業の進捗状況や天候を勘案して収穫作業に入る．不幸なことに八丈島の 9 月は悪天候が続き，収穫は 10 月上旬になだれ込むことが多い．

収穫には数人のお手伝いさんを雇う．鎌で根際から地上部を刈り取る．収穫時のこぼれ種子が翌年の芽生えのもとになる．収穫したコブナグサは，2～3 日の間，畑で天日干しした後，トラックで染色工房まで搬送する．雨に濡れると染色力が低下するので，工房では直径 80 cm 程度に縛った株を軒下で保存する．

コブナグサは染色のために煮てしまうと染色材料としての価値はなくなるので，工房付近の空き地に野積みし，ウシなどの家畜の餌としたり畑作物の肥料とする．畑に余ったコブナグサは焼却される．

中之郷地区の事例

中之郷地区では約20年前から行われてきた方法で，1軒の染元が栽培している。ここでも栽培を開始するころの野菜の栽培法を参考にしている。コブナグサの幼苗を移植する点では樫立地区と同じであるが，翌年用の種子を前年に採集し，室内冷蔵庫で保管しておく点と種子を播種する点が異なる。もとの種子は，樫立地区と同様に周辺の畑に生育していたコブナグサから採取したものである。

(1) 定植まで

3月ごろに箱(30×40×5 cm)を使った苗床にコブナグサの種子を播く。比較的揃って出芽する。4月ごろには苗が生長し大きくなるので，5月上旬には1反ほどの畑に1,000個体ほどを30〜40 cm間隔で1個体ずつ正条に移植する。この染色工房で年間に使用する量は1反の畑からの収穫で十分であり，畑から集めたコブナグサは例年かなり余る。

秋の収穫のための一工夫として，栽培初期に幅120〜150 cmの仕切り板で幼苗を区切っておく。この一手間によって回転式刈り払い機での作業の際に茎から地面へ垂れ下がった不定根を切り離しやすくなり，植物体を起こしつつ丸めやすくなる。

(2) 肥培管理

連作障害はいまだ確認されていないが，コブナグサを栽培する畑は自給用の野菜の作づけとローテーションを組んで輪作している。染色力の低下を防ぐため無施肥である。生長期間中に一度，除草対策としてやむを得ずコブナグサに直接かからないように株間に除草剤を散布する。虫害や病害はなく，殺虫剤や殺菌剤は使ったことはない。コブナグサは1個体が30〜40 cm四方に拡大し，大人の腰の高さまで生長する。周辺に自生するコブナグサと比較して明らかに大きくなる。

(3) 収穫

10月ごろに出穂する直前に収穫する。この時期が黄八丈の染色材料として最適である。1個体ずつ間隔をあけて移植するのでコブナグサの下部の茎から根が出，不定根が垂れ下り，根と茎が地面に接着するので収穫は容易ではなく，鎌で丁寧に刈り取る。栽培してコブナグサを確保する以前には，

水田に自生するコブナグサではこうした発根がなく，手で容易に収穫できた。最近は，仕切り板を設置しているので収穫がやや楽になった。将来は直播きを考えているという。収穫したコブナグサはトラックで工房まで搬送し，納屋で保管して，染色の材料とする。

(4) 種子採集

翌年用の種子は，植物体の収穫の後，刈り残した区画から歩き回りながら目についた個体または穂から種子のついた小穂(花序)をでたらめに採取する。片手に一握りほどを持ち帰り，ビニール袋に入れて冷蔵庫で保存する。種子が落ちないので厳密な採取時期は決まっていない。

栽培コブナグサの変異と染色力

栽培されているコブナグサには，全草が赤い個体と青い個体があるという。自生のコブナグサでも同様である。いずれの個体も株立ちの様子には中之郷地区と樫立地区とも大きな差はない。中之郷地区の年配の女性によれば，染色材料としては赤い個体の方が上等であり，栽培品よりも自生個体の方がよいともいう。

3. 八丈島のコブナグサの出穂と形態的変異の特徴

私たちは，八丈島の栽培コブナグサの特徴を知るために大阪で栽培実験を行った(石神ほか，2001)。染色目的に栽培されている個体を栽培コブナグサ，八丈島と近畿地方に雑草として生育しているコブナグサを野生コブナグサとし，均一な条件で栽培し特徴を調査した。八丈島産の栽培コブナグサ3系統と野生コブナグサ11系統と比較として近畿地方産の野生コブナグサ5系統を供試して(表1)，堺市の大阪府立大学実験圃場で3月から催芽作業を開始し，5月22日に実生を1個体ずつ1/5,000 a ワグネルポットに定植し，比較栽培し，出穂の時期と期間，葯の色，葉の色や形，脱粒性などを調査したところ，著しい変異が認められた。

表1 コブナグサ供試系統(石神ほか,2001より)

栽培/野生	系統No.	家系数	移植個体数	採集地			生育場所	備考
八丈島栽培	1	1*	10	東京都	八丈島	樫立	コブナグサ畑	施肥あり・採種なし
	2	1*	10			樫立	コブナグサ畑	施肥なし・採種なし
	3	1*	9			中之郷	コブナグサ畑	施肥なし・採種あり
八丈島野生	4	3	15	東京都	八丈島	中之郷	路傍	
	5	2	10			樫立	普通畑の縁	
	6	2	10			南原千畳敷	路傍	
	7	2	10			大賀郷永郷	農道	
	8	2	10			三根永郷	路傍	
	9	8	40			三根	水田・水路際	
	10	4	20			登龍峠	路傍	
	11	6	30			末吉北	普通畑の縁	
	12	3	15			末吉西	路傍	
	13	2	10			八丈富士	路傍	
	14	6	30			三原山	路傍	
近畿野生	15	2	10	兵庫県	篠山市	西紀町	水路際	
	16	2	10		三田市	西相野	水田畦畔	
	17	2	10	大阪府	堺市	上神谷	水田畦畔	
	18	2	10	和歌山県	橋本市	隅田町	水田畦畔	
	19	1	5			日高町	水田畦畔	

*バルク種子

出穂,形態形質,種子脱粒性の変異

　出穂の習性や形態には顕著な変異が認められた(表2)。栽培コブナグサと八丈島の野生コブナグサは10月初旬から11月中旬にかけて主茎と側枝の先端の葉鞘から一斉に出穂し,順次下位方向に出穂した。八丈島の栽培コブナグサでは野生コブナグサよりも出穂期間が短かった。近畿地方の野生コブナグサは6月初旬から10月中旬に出穂し,出穂までの日数は低緯度の系統ほど大きくなった。ほとんどの個体で花序の基部が葉鞘から抽出したが,八丈島の野生コブナグサの系統(No.5,10とNo.13)の一部では花序の半分程度が第2葉鞘から半ば抽出した状態で種子が成熟しており,いわゆる出穂み現象が認められた。

　八丈島の栽培コブナグサと野生コブナグサでは第2,3葉鞘長と第2,3葉身長,芒長,第1〜4節間長,小穂長はいずれも近畿地方の野生コブナグサよりも大きく,小穂幅には大きな差はなかった。栽培コブナグサの第2葉身幅は野生コブナグサより広く,八丈島の野生コブナグサと近畿地方の野生コブナグサの間には差はなかった。とりわけ,第2,3葉とも葉鞘長,葉身長,

表2 コブナグサにおける開花および形態的形質の変異(石神ほか，2001より)

系統No.*	出穂迄日数	出穂期間(日数)	葉鞘長(mm) 2*2	葉鞘長(mm) 3*2	葉身長(mm) 2*2	葉身長(mm) 3*2	葉身幅(mm) 2*2	葉身幅(mm) 3*2	穂長(mm)	節間長(mm) 1*2	節間長(mm) 2*2	節間長(mm) 3*2	節間長(mm) 4*2	小穂長(mm)	小穂幅(mm)	芒長(mm)
1	227.0	13.0	31.5	25.2	40.0	41.5	15.2	15.5	62.8	135.1	85.4	53.9	45.3	4.9	1.0	3.1
2	227.0	13.0	24.4	20.1	34.1	36.2	13.2	13.2	47.2	134.5	79.2	44.1	27.3	4.6	1.0	3.5
3	251.0	18.0	26.6	21.0	33.9	34.3	14.1	13.5	51.4	108.5	72.3	48.9	36.4	4.7	1.2	5.4
八丈島栽培 平均	235.0	14.7	27.5	22.1	36.0	37.4	14.2	14.0	53.8	126.0	79.0	48.9	36.3	4.7	1.1	4.0
標本標準偏差	13.9	2.9	3.6	2.7	3.5	3.7	1.0	1.2	8.1	15.2	6.6	4.9	9.0	0.2	0.1	1.3
4	239.3	28.3	27.3	20.9	34.9	37.5	11.8	12.3	51.9	87.0	63.9	45.6	37.8	4.8	1.2	4.3
5	246.0	25.9	24.7	18.8	30.7	30.4	11.9	12.6	50.8	83.6	67.8	47.7	35.5	4.8	1.2	4.8
6	253.0	23.0	27.9	22.0	28.2	28.2	11.1	11.9	47.8	91.6	72.3	44.2	42.1	5.8	1.2	8.1
7	232.0	29.0	27.5	22.9	34.4	35.9	13.2	14.4	52.5	151.2	80.3	44.2	43.5	5.8	1.4	6.5
8	236.5	24.5	23.1	18.8	31.0	33.9	11.7	11.7	49.2	111.9	60.6	44.1	38.0	4.9	1.1	5.9
9	231.0	28.1	26.5	20.0	33.5	34.3	11.9	11.6	54.5	110.8	72.9	47.5	38.9	4.9	1.1	5.2
10	222.8	25.9	26.8	20.5	33.8	34.5	13.5	14.1	52.3	118.0	75.9	55.9	49.4	4.3	1.0	2.2
11	229.5	28.7	25.0	19.3	31.4	32.5	11.3	11.4	47.6	139.8	90.0	56.7	42.7	4.5	0.9	1.9
12	236.7	22.3	24.7	18.6	30.3	34.8	11.9	11.8	49.1	107.0	71.6	52.2	39.5	4.2	1.0	3.4
13	237.0	25.9	25.4	19.1	29.0	31.6	11.6	11.7	54.0	128.9	80.9	52.4	39.9	4.3	1.0	0.7
14	228.8	25.8	24.4	18.8	30.7	31.6	12.4	12.5	51.5	101.9	67.6	42.7	34.1	4.4	1.0	3.3
八丈島野生 平均	235.7	26.1	25.8	20.0	31.6	33.2	12.0	12.4	51.0	112.0	73.0	48.5	40.1	4.8	1.1	4.2
標本標準偏差	8.4	2.2	1.5	1.4	2.2	2.6	0.7	1.0	2.3	21.5	8.4	5.0	4.2	0.6	0.1	2.2
15	141.6	70.4	19.7	17.0	22.9	24.7	12.1	12.8	33.2	134.8	56.7	33.8	24.6	3.7	0.9	0.0
16	90.0	122.0	20.9	18.9	27.1	26.3	13.4	14.0	44.6	125.4	60.5	38.0	33.0	4.3	1.1	0.0
17	184.1	45.9	23.4	18.6	21.8	25.4	11.7	12.7	39.9	86.2	69.6	39.0	32.4	3.8	1.0	0.0
18	200.0	25.0	21.7	17.2	22.3	22.8	12.4	12.7	36.6	149.5	76.7	39.0	29.7	3.8	0.9	0.2
19	200.0	24.3	18.4	18.4	26.8	27.1	11.9	12.0	50.6	89.1	63.2	33.0	22.4	3.8	0.9	0.0
近畿野生 平均	163.1	56.7	22.0	18.0	24.2	25.2	12.3	13.1	41.0	117.0	65.3	36.6	28.4	3.9	0.9	0.0
標本標準偏差	47.4	41.6	1.8	0.9	2.6	2.0	0.7	0.5	6.8	28.2	7.9	2.9	4.7	0.3	0.1	0.1

*は表1を参照，*2は節位を示す．系統の平均値を表示

葉身幅，穂長ですべての供試系統中で最大であったのは栽培コブナグサ系統No.1で，残りの栽培コブナグサ系統も大型であった．八丈島の野生コブナグサは近畿地方の野生コブナグサよりも大きく，栽培コブナグサの各系統に類似していた．

近畿地方の野生コブナグサは，大変に脱粒しやすく，軽く触るだけで種子がバラバラと落ちたが，八丈島の栽培コブナグサや一部の野生コブナグサでは数回叩いても種子はなかなか脱粒しなかった．

栽培コブナグサの系統No.1の葯は黄，赤色でその他の系統では赤，紫，黒色であった．葯色の系統内変異はなかった．栽培コブナグサの系統No.1と近畿地方の野生コブナグサの系統No.15，16小穂の色は帯白緑であった

が，そのほかでは紫色であった。栽培コブナグサでは葉身の表側が緑色であったが，野生コブナグサでは一部または全部が紫色であった。葉身の裏側は近畿地方の野生コブナグサの系統 No.15, 16 で一部が紫色で，そのほかの系統では緑色であった。葉鞘部にある毛は八丈島のコブナグサでは多く見られたが，近畿地方の系統では少なかった。

主成分分析

多変量解析の1手法である主成分分析によってこれらの特徴を集約すると(表3)3つの主成分(全体のばらつきの79.2%を集約)が得られた。因子負荷量から判断すると，第1主成分は出穂関連形質と器官長を示し，第2主成分は器官幅と相対的な相違性を，第3主成分ではそれ以外の特徴を示している。

各系統のスコア散布図をばらつきの約66%を示す第1主成分と第2主成分で見ると(図1)，八丈島の栽培コブナグサ，八丈島の野生コブナグサ，近畿地方のコブナグサの特徴はよくわかる。栽培コブナグサは第1象限に分布

表3 主成分分析によるコブナグサの各形質の因子負荷量(石神ほか，2001より)

形質	第1主成分	第2主成分	第3主成分
出穂迄日数	−0.587	0.356	−0.299
出穂期間	0.725	−0.532	0.477
第2葉鞘長	0.930	0.007	−0.013
第2葉身幅	0.393	0.826	0.179
第2葉身長	0.908	0.167	0.036
第3葉鞘長	0.873	0.263	0.255
第3葉身幅	0.258	0.829	0.336
第3葉身長	0.876	0.111	−0.060
穂長	0.858	0.033	−0.022
第1節間長	0.053	0.639	−0.262
第2節間長	0.590	0.245	−0.569
第3節間長	0.737	0.014	−0.494
第4節間長	0.772	0.018	−0.126
小穂長	0.763	−0.248	0.458
小穂幅	0.483	−0.280	0.739
芒長	0.704	−0.478	0.386
寄与率(%)	49.0	17.0	13.1
固有地	7.85	2.73	2.09

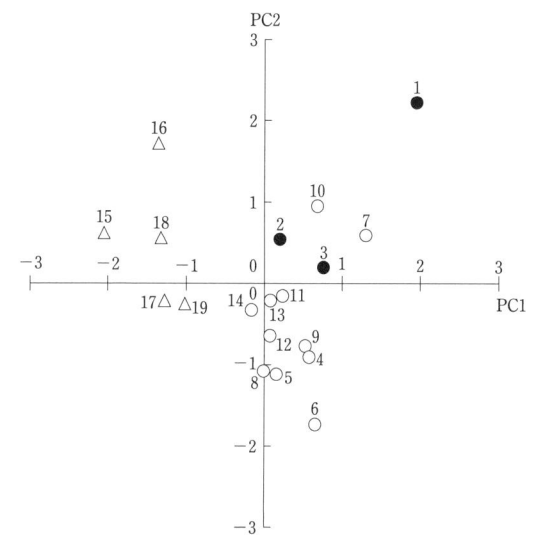

図1 主成分分析によるコブナグサ系統のスコア散布図(石神ほか，2001より)。
記号に付した数字は系統番号(表1参照)。PC：主成分(軸上数字はスコア値)，
●：八丈島栽培，○：八丈島野生，△：近畿野生

し，特に系統No.1は第1，2主成分とも大きく，葉の形，遅い成熟などを示している。八丈島の野生コブナグサは一部の例外もあるが，ほぼ第4象限にまとまり，植物体のすんなりした早生の近畿地方の野生コブナグサは第2，3象限に分布した。

4. 八丈島におけるコブナグサの栽培化

古文献や聞き取りの情報を総合すると，八丈島では江戸時代以来，コブナグサが黄八丈の生産用に採取利用され，時に栽培されては途切れ，再び栽培が復活することが約450年間にいく度も繰り返された。昭和後期から平成時代にかけて，自生するコブナグサの激減を受けて，現在のコブナグサの栽培が復活したと推定される。

植物が栽培化される初期には積極的な利用や採取や保管，播種などの一連の栽培行為により複数の形質に対して無意識的または半意識的な選択が働き，

種子においては脱粒性の喪失，大粒化，生長や成熟の同調性が発達する(Harlan, 1984)。八丈島の栽培コブナグサではまさにこのような形質の発達が見られたのである。

　八丈島は黒潮の影響を大いに受けて年中海風が卓越し，それに対応する適応，すなわち種子脱粒性の喪失や穂の出渋みという特徴がコブナグサにおいて確認された。このような特徴は，紀伊半島南部海岸など強い海風が吹く地域に見られるキク科タカサブロウ *Eclipta thermalis* の難脱粒型(梅本, 1997)や強風地域におけるカラスムギ *Avena fatua* の穂の出渋み(山口, 1979)と一致する。八丈島の畑地などでよく見られるマスクサと呼ばれる矮化型ススキもこのような症候群の1つであろう。

　生態的に隔離された海洋島である八丈島に見られたイネ科コブナグサの栽培化は人間活動による社会経済的な圧力により生々しくダイナミックに植物が進化するという典型的事例であるとともに生物の保全に関する多角的視野の必要性を示している。

　なお，八丈島における染色技術の起原やコブナグサ利用の起原については今後の考古学資料や文献研究が欠かせないが，室町時代かそれ以前における中国大陸との関係を無視できないことを付記しておく。

コラム③　十字架の島とカタシ文化

歌野　礼

　中通島は九州から西方約50 km海を隔てた海上にある。五島列島で2番目に大きな島ながら，十字架のような形をしたこの島には平地がほとんどなく，人々は港々に集まって住み，漁業によって生計を立ててきた。
　その一方，山に向かって家が点在する集落もある。港から遠く不便な土地で，絶壁のような斜面を開いてつくられた耕作条件の悪い段々畑のなかに点々と屋敷を構えている。そこには，苦しい生活のなかにひっそりと守られてきた信仰のあかしがある。この島のカトリック信徒と「カクレ」または「神道祭」と呼ばれる人々は，難を逃れてきた隠れキリシタンの末裔といわれ，島のなかでも対立や差別の間でどちらかといえば豊かではない暮らしを強いられてきた面がある。しかしその分，この島の厳しい自然のなかで生きる知恵と工夫と，島の恵みに感謝する心を醸成してきた。
　五島ではツバキ *Camellia japonica* の実(果実)を「カタシ」と呼ぶ。ツバキの木もそう呼ばれる。文献上は定かではないが，油，材，木炭，灰，防風林など，カタシの利用は古く多岐にわたる。とりわけツバキ油は，油料作物を植えるほど耕作地に余裕のない山がちの島の恵みである。高品質の油を生むカタシは，ときに換金作物ともなり，島の生活になくてはならない樹木として大切にされてきた。

図1　切り返しや中切によって萌芽管理されたツバキ林

図2　さまざまな椿の園芸品種は，庭木や教会の植え込みによく利用される。

図 3 カトリック墓地。背面に刈り込まれた椿の生け垣が見える。段々畑最上部の傾斜地にも椿が植林されている。

雑木を切ってツバキを残して山を育て，ツバキの枝からつくる「引き棒」を持って山に入り，背負子にカタシを集める年ごとの営み，大きな労力のいる搾油における「やうち」(＝親戚)の助け合い，鍋ひとつで油を抽出する熟練の「炒り搾り」技術など，カタシ文化と呼んでもよい島人とカタシの密接な関係は，しかし，いま伝承の域に入ろうとしている。油とりの技術は機械の製油に代わり，炒り搾りの名人もいく人も残っていない。町の公社が買い上げるカタシの実は，採取しやすい場所で小遣い稼ぎに集める程度になってしまい，手入れの行き届いたツバキ山も減った。島の生活に深く根ざしていたカタシ文化はいま，薄くなり消滅しようとしている。

そのカタシ文化の面影は，島の中央部から 20 km も細く長く北に延びた半島，十字架の先端部分に点在する北魚目のカトリック集落にたどることができる。季節風を避ける場所も平地も少なく非常に条件の厳しい斜面に建てた家を守るように，小道の両脇を固めるように，そして狭く急峻な段々畑と山の境を埋めて濃い緑に葉を茂らせ，ある樹は中切りされ，ある樹は雑木を払って手入れされ，カタシの林は，風から家や畑を守り，芋や野菜などの耕作ができない岩場から初秋の実りをもたらす。

バスチアン様の椿や教会装飾，教会の植え込みなど，長崎のキリシタン文化にもカタシは関わっている。現在の状態を見れば，カタシはどちらかといえばキリシタンの末裔たちと関係が深いように見える。しかしそれは宗教的な関わり合いというよりも，厳しい自然のなかで自給を基本とし，島の恵みを受けて生きる工夫を守り伝えてきた人々の生活のなかにカタシ文化が残存していることにほかならない。

野生のツバキ，ヤブツバキを指標とする照葉樹林は，ヒマラヤから日本へ続く植物的自然をつくってきた。中尾佐助によると，使われる種類は異なるが，樹木の油を使う文化はこの照葉樹林帯に特異的に発達しているという。カタシの油の利用を照葉樹林文化の一要素と見れば，東アジアに横たわる生活文化の基層がここにもあることになる。

この最果ての島で，なにを風土とし，なにを大切に生きるべきか，この島に残るカタシの木々は私たちに問いかけている。

ヤナギタデの栽培利用
「葉タデ」と「芽タデ」と愛知県佐久島の半栽培タデ

第 *12* 章

中山祐一郎・保田謙太郎

　百貨店の地下食品売り場では，食用菊や大葉などとともに'鮎タデ'や'紅タデ'を薬味の陳列棚で見つけることができる(Yasuda and Yamaguchi, 2005)。'鮎タデ'も'紅タデ'もヤナギタデ *Persicaria hydropiper* から栽培化された作物である。ヤナギタデは，北半球の冷温帯から亜熱帯地域に分布するタデ科の一年草で，河原や水湿地に生育している(Yonekura, 2006)。全草に「蓼食う虫も好き好き」の語源になった強烈な辛味をもち，古くから魚料理に用いられてきた(土屋，1989；青葉，1991)。この辛味には主成分としてポリゴジアールが含まれ，駆虫作用や防腐・抗菌作用，胃粘膜の保護作用がある(土屋，1989；青葉，1991；吉川，2005)。

　現在栽培されているヤナギタデは，利用形態によって「葉タデ(笹タデ)」と「芽タデ」に分けられる(図1)。「葉タデ」は，'鮎タデ'という栽培品種の若い植物の茎葉を用いるもので，アユなどの塩焼きの飾りに添えたり，葉を飯粒とともにすりつぶして酢や出し汁を加えた「タデ酢」というつけ汁にされる。葉タデは現在でも料亭や旅館では鮎料理に使われるほか，瓶詰めの「タデ酢」などの製品も市販されている。「芽タデ」は，双葉の状態の幼植物を刺身の「つま」に用いるもので，品種には赤紫色の'紅タデ'のほかに，緑色の'青タデ'がある。最近では'紅タデ'をもやし状にしたいわゆるスプラウトも販売されている。'青タデ'は特に赤身の刺身に用いる(土屋，1989；青葉，1991)が，'紅タデ'ほどには見かけない。

図1 ヤナギタデの栽培品種(Yasuda and Yamaguchi, 2005 より)。A：「芽タデ」として利用される'紅タデ'，B：「葉タデ(笹タデ)」として利用される'鮎タデ'

　ヤナギタデには，「葉タデ」や「芽タデ」のように業務用に特化した利用のほか，葉身の千切りを混ぜてつくる小魚のなれ寿司や，葉の細切りを味噌とまぜて炒めてつくる「タデ味噌」などの伝統食としての利用がある(木下，1987；山崎，1987)。日本の食文化を特徴づける植物であるのにもかかわらず，伝統的に利用されるタデはどのような特徴をもつ植物なのか，野生利用の実態や栽培の技術はよく知られていない。
　ここでは愛知県の佐久島に見られる自生のタデを用いた「タデ汁」という独特の料理に関する聞き取りを緒(いとぐち)にして日本に見られる多様なヤナギタデを紹介し，植物の多様性の成立や維持に人がどのようにかかわっているかを考えてみたい。

1. 愛知県佐久島におけるタデの半栽培と利用

　佐久島は，知多半島と渥美半島に囲まれた三河湾のほぼ中央に位置する面積 181 ha，海岸線延長 11.6 km の小さな島である。島には東と西の 2 つの集落があり，300 人程の住民は漁業と民宿などの観光業を生業としている。かつてはイネや野菜，温州ミカンの栽培が農業を支えていたが，現在では放棄された農地が多く，生産物の大半は自家消費されている。

　東の集落にある民家では，さまざまな野菜類や花卉・花木が植えられた自給用の菜園に，こんもりと茂ったタデの群落が見られる(図2)。このタデは，採種や播種をせずに，自然に落下した果実(こぼれ種)から出た芽生えによって維持されており，いわゆる半栽培の状態にある。タデは民家の庭やその付近の路傍，植え込みの下など島内の各地に生えているが，どの場所でもタデの株の周囲はよく除草されていて，こぼれ種から芽生えた個体が意図的に残されている。

　「タデ汁」は，タデの葉を摘んで，以下のようにしてつくる(図3)。Ⓐ擂り鉢でいりゴマを擂りつぶしたところに，Ⓑタデの葉をひとつかみ入れてⒸさらに擂る。Ⓓよく擂れたらⒺ葉脈などを取り除き，Ⓕ擂り鉢にみそ(豆味噌)と砂糖を入れて，Ⓖ水を少しずつ加えながら擂り混ぜる。Ⓗ汁状になったら出来上がりで，Ⓘご飯にかけていただく。味噌でやわらいだ辛味と，爽やかな香りがゴマの風味ともよく調和して，食欲を刺激する。

　「タデ汁」は佐久島のどの家庭でも食べるというわけではなく，食べる家庭と食べない家庭があり，食べる家庭は島の 3 分の 1 程度である。また，「タデ汁」は島の東の方でよく食べられ，西の集落ではタデ自体を知らないこともある。戦前は佐久島の東と西の集落を結ぶ道が大変狭く，通婚は皆無にひとしく，東が漁業，西が農業を中心とする生業の違いもあったとされ(印南, 1999)，島の東西で違った食文化が成立していたのかも知れない。

　佐久島のタデ汁は家庭によって少しずつつくり方が異なり「家の味」となっている。砂糖を加えるようになったのは戦後になってからで，最近では昆布や鰹，煮干でとった出汁を加えることも多い。擂り鉢での擂り方でも味

図 2　愛知県佐久島の民家庭園で半栽培される"タデ"

が変わり,「擂りつぶせばよいというものではなく,葉をきざまずに擂るのがよい」という人もいる。

「タデ汁」はご飯にかけて食べることが多いが,野菜とあえることもある。夏ばて解消のために夏場には毎日食べるので,「"ピリ辛"ではなく"ピリ"くらいの味にするのがよい」そうだ。ただし食べるのはお盆前までで,その後は葉が硬くなるし味も苦くなるので普通は食べない。お盆はタデの開花期にあたる。薹が立ったタデはおいしくないのだろう。

図3 愛知県佐久島における"タデ"を用いた「タデ汁」のつくり方。説明は本文を参照のこと

2. 野生・半栽培・栽培ヤナギタデの形態的特徴と分類

　河原や水湿地に生えるヤナギタデの葉はヤナギのように細長く，茎は細くて分枝の基部は傾伏する。しかし，佐久島のタデは一般的なヤナギタデとは形も色も異なり，葉は楕円形で茎は太く，分枝も斜め上に伸びている。そして茎や若い葉は赤味を帯びている。佐久島のタデは，野生のヤナギタデや「葉タデ」と「芽タデ」の栽培品種とどのような関係にあるのだろうか。

　牧野富太郎は，『本草綱目』(1596)や『草木図説』(1860頃)などの中国や日本の本草書に掲載されたタデ(蓼)や日本に生育するヤナギタデのさまざまな型を *Polygonum* 属のもとでまとめている(Makino, 1903)。後に根本(1936)や Araki(1952)はこれらを *Persicsria* 属に組み替えたが，ランクの変更や新たな種内群の記載を除いて分類群の概念は牧野とほぼ変わらない(表1，図4)。

　同一環境で栽培して得た茎や葉の形態的特徴をもとに，さまざまなヤナギタデの系統を牧野冨太郎の認識に従って見てみよう。

野生系統の多様性

　河原や水田畦畔，水路に自生するヤナギタデの集団から得た野生系統では，葉の大きさ(葉面積)は 6.5〜16.7 cm²，葉は細長く(葉身の幅/長さ 0.14〜0.27)，若い葉も展開後の葉も緑色をしている(図5)。主茎は，太さ 1.6〜3.9 mm，長さ 71.8〜166.5 cm で，斜立し(草高/主茎長 0.63〜0.88；図6)，主茎の下位節(第1〜11節)には地面との角度 13.5〜54.2°に傾伏した長さ 56.7〜135.9 cm の一次分枝を 6〜9 本つける(図7)。野生系統には大きな変異が認められるが，河原に生育する系統は産地にかかわらずよく似た特徴を示す。

　野生のヤナギタデ *Persicaria hydropiper* var. *hydropiper*(図4のA)のうち，水中に生えてより葉が細くて長い型をカワタデ f. *aquatica* と呼ぶ。野生系統のなかで，富山県高岡市の流水の絶えない水路に生育していた系統(図5，6，7のA)は，牧野がカワタデの記載に引用した『草木図説』の図版や京都市の下鴨神社を流れる小川で牧野自身が採集して"カハタデ"と記している標本(図4のB)に形態もたいへんよく似ており生育環境からもカワタデにあ

表 1 ヤナギタデの分類 (Makino (1903), 根本 (1936), 村越 (1940), Araki (1952), 大井 (1953) を基に作成)

学名		和名	別名	茎葉の特徴	利用
Persicaria hydropiper var. *hydropiper*		ヤナギタデ (狭義)			
	f. *aquatica*	カワタデ	ミズタデ	水中に生えて茎は水流に沿って長く伸び、節から発根する。葉は赤紫色を帯びる。	'紅タデ'の細葉品種として栽培される。
	f. *purpurascens*	ムラサキタデ	ムラサキヤナギタデ	ヤナギタデに似るが葉は赤紫色を帯びる。ヤナギタデより細長い。	'鮎タデ'として栽培される。
		アザブタデ	エドタデ	茎は基部から多く分枝し密に葉をつける。葉は披針形で葉柄は短い。	
	f. *angustissima*	イトタデ	ヤオゼンタデ、ホンパエドタデ	葉はアザブタデよりも細く線形。	栽植される。
	var. *fastigata*	ホソバタデ	サツマタデ	分枝が多く叢生状になる。葉は狭披針形〜線形で葉柄は長い。茎は紫色を帯びる。	栽植される。
	var. *maximowiczii*	アオホソバタデ		ホソバタデに似るが茎葉は緑色。	栽植される。
	var. *laetevirens*	アイタデ	アオタデ	茎は壮大で分枝が多い。葉は卵状〜長楕円状披針形。茎葉とも緑色。	'青タデ'として栽培される。「葉タデ」としても利用される。
	var. *viridi-purpurea*	ムラサキアイタデ	トウタデ	アイタデに似て茎葉は紫色か縁色、若い葉は赤紫色を帯びる。	'紅タデ'として栽培される。
Persicaria vernalis*		ワセヤナギタデ		葉はヤナギタデより やや小型で鈍頭。	水田などの農耕地に自生。

*野生のヤナギタデの一型。Yonekura (2006) では var. *hydropiper* に含めている。

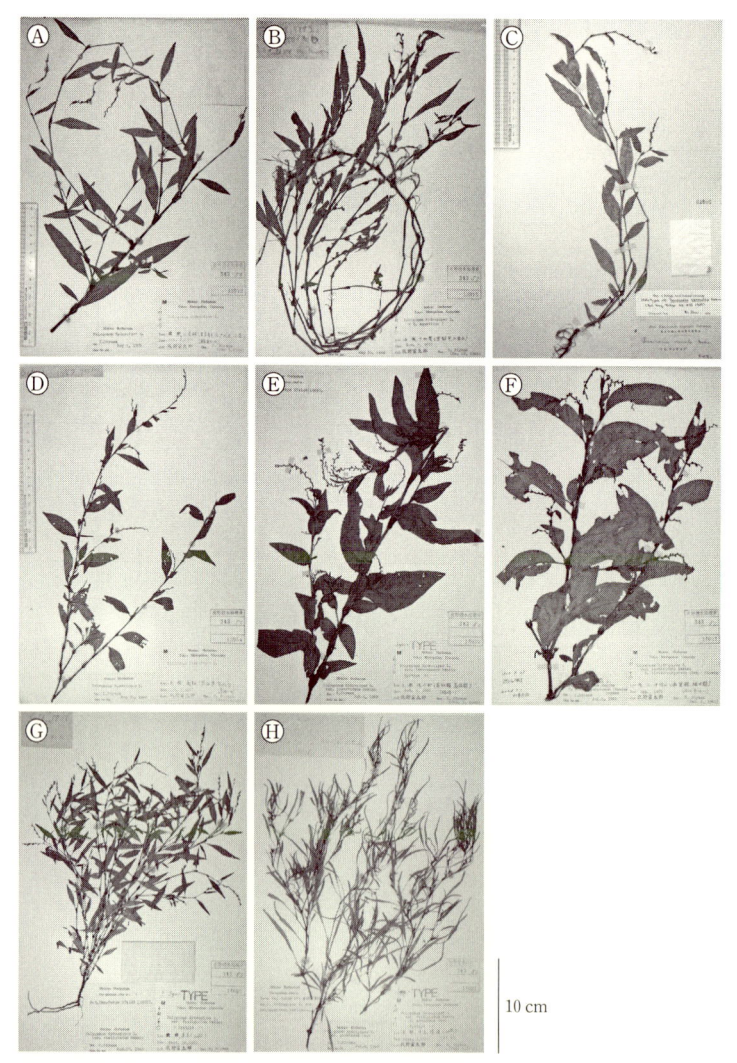

図4 標本資料に見るヤナギタデの多様性。A：ヤナギタデ Persicaria hydropiper var. hydropiper (T. Makino, Oct. 2, 1904; MAK 13972), B：カワタデ var. hydropiper f. aquatica (T. Makino, Nov. 8, 1893; MAK 13995), C：ワセヤナギタデ Persicaria vernalis (N. Ui, May 31, 1928; TI), D：ムラサキタデ P. hydropiper var. hydropiper f. purpurascens (T. Makino, Oct. 1, 1887; MAK 13954)栽培品, E：アイタデ P. hydropiper var. laetevirens (T. Makino, Oct. 1, 1887; MAK 14037)栽培品, F：ムラサキアイタデ P. hydropiper var. viridi-purpurea (T. Makino, Sept. 29, 1905; MAK 14041)栽培品, G：アザブタデ P. hydropiper var. fastigata (T. Makino, Sept. 18, 1903; MAK 14008)栽培品, H：ホソバタデ P. hydropiper var. maximowiczii (T. Makino, Sept. 4, 1903; MAK 14021)栽培品

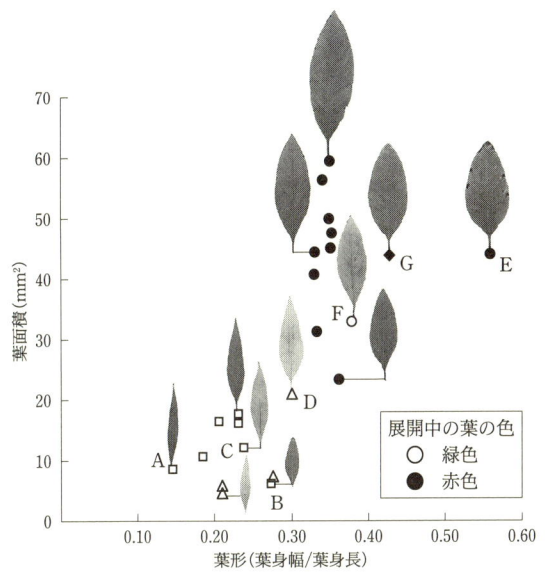

第 12 章 ヤナギタデの栽培利用——「葉タデ」と「芽タデ」と愛知県佐久島の半栽培タデ　239

図 5 葉の形質に関する象形散布図(生越・中山, 未発表)。主茎につく最も大きな本葉の測定値について，系統平均値を示す。□：野生系統(A：水路の流水中の系統，B：水田畦畔の系統，C：佐久島の湿った畑の系統，そのほかは河原の系統)，△：「葉タデ」の系統(D：兵庫県産の加工用の系統，そのほかは東京都，愛知県，兵庫県産の'鮎タデ')，○：「芽タデ」の系統(E：大阪府産の'紅タデ'，F：福岡県産の'青タデ'，そのほかは静岡県，愛知県，大阪府，広島県，福岡県産の'紅タデ')，◇：半栽培系統(G：佐久島)

たる。

　また，野生のヤナギタデに似ているが，植物体は小型で，葉は小さく幅はやや広く先の尖らない特徴をもつ個体が *Persicaria vernalis* として記載されている。大井(1953)はこれをヤナギタデの一型であるワセヤナギタデとした。原記載に引用されている標本(図4のC)には「麦畑附近ニ普通ナリ」と記されており，実際に農耕地で採集された標本にはこの型にあたるものが多い。『高知県植物誌』(小林, 2009)に引用されている葉が小さくて鈍頭の特徴をもつ「水田型」もこれにあたる。水田畦畔には，ワセヤナギタデや水田型のヤナギタデと同じ特徴の個体(系統)が生育している(図5, 6, 7のB)。

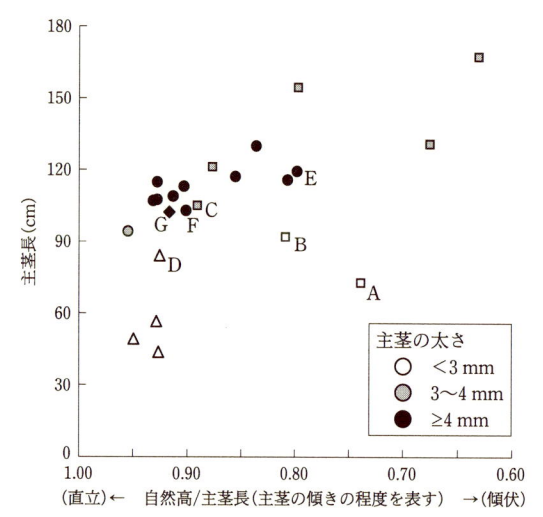

240　第Ⅲ部　栽培植物が支える文化多様性

図6　主茎の形質に関する象形散布図（生越・中山，未発表）。系統平均値を示す。□：野生系統（A：水路の流水中の系統，B：水田畦畔の系統，C：佐久島の湿った畑の系統，そのほかは河原の系統），△：「葉タデ」の系統（D：兵庫県産の加工用の系統，そのほかは東京都，愛知県，兵庫県産の'鮎タデ'），○：「芽タデ」の系統（E：大阪府産の'紅タデ'，F：福岡県産の'青タデ'，そのほかは静岡県，愛知県，大阪府，広島県，福岡県産の'紅タデ'），◇：半栽培系統（G：佐久島）

「葉タデ」の変異

　「葉タデ」として利用される系統の形態的特徴は，ヤナギタデの野生系統とは異なっている。
　'鮎タデ'の葉は野生系統よりも小さくて細く，どの葉も緑色である（図5）。主茎は，野生系統よりも細くて短く，直立している（図6）。一次分枝は，野生系統よりも短くて立ち上がるが，その数は野生系統と同じかより多い（図7）。ヤナギタデの栽培品のなかで，このような特徴の型はアザブタデ（またはエドタデ）var. *fastigata* と呼ばれる（表1，図4のG）。
　一方，調味料として販売されるタデ酢の加工用に契約栽培されている系統は，'鮎タデ'とは形態的に異なっている。葉は野生系統よりも大きくやや広く，主茎や一次分枝は野生系統よりも短いが'鮎タデ'よりはかなり長い（図5，6，7のD）。

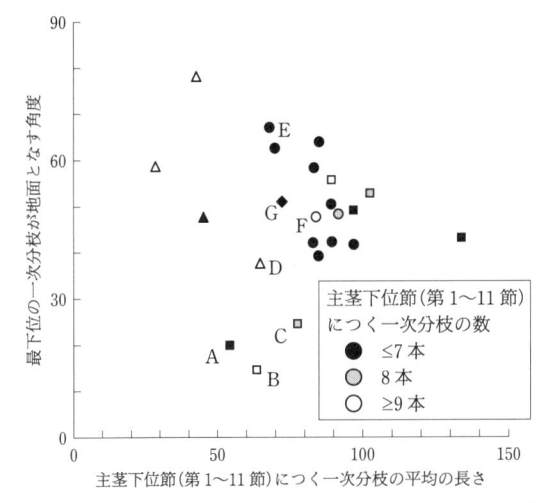

第 12 章　ヤナギタデの栽培利用——「葉タデ」と「芽タデ」と愛知県佐久島の半栽培タデ　241

図 7　一次分枝の形質に関する象形散布図(生越・中山, 未発表)。系統平均値を示す。□：野生系統(A：水路の流水中の系統，B：水田畦畔の系統，C：佐久島の湿った畑の系統，そのほかは河原の系統)，△：「葉タデ」の系統(D：兵庫県産の加工用の系統，そのほかは東京都，愛知県，兵庫県産の'鮎タデ')，○：「芽タデ」の系統(E：大阪府産の'紅タデ'，F：福岡県産の'青タデ'，そのほかは静岡県，愛知県，大阪府，広島県，福岡県産の'紅タデ')，◇：半栽培系統(G：佐久島)

「芽タデ」の変異

　「芽タデ」の系統の形態的特徴は，野生系統とも「葉タデ」の系統とも大きく違っている。葉は大きくて幅広く，先は尖らず楕円形で，若い葉は'紅タデ'の系統では赤紫色を帯び，'青タデ'の系統では緑である(図5)。主茎は太くて河原に生育する野生系統より短く直立し(図6)，下位節にはやや短くて斜立した一次分枝を7本つける(図7)。

　ヤナギタデの栽培品のうち，アイタデ(またはアオタデ)var. *laetevirens* は葉が緑色で大きく，卵状または長楕円状披針形で，茎が太くて分枝する(図4のE)。ムラサキアイタデ var. *viridi-purpurea* はアイタデに似て葉が広く大きいが，若い葉が赤紫色を帯びる(図4のF)。形態的に'紅タデ'はムラサキアイタデにあたり，'青タデ'はアイタデにあたる。

　なお，ここでいうアイタデは，葉の形が藍染に用いるアイ(またはタデアイ *Persicaria tinctoria*)に似ているが，真のアイをアイタデと呼ぶこともあり，ア

イタデと称される植物の同定には注意が必要である。

　このほかに，葉が紫色を帯びるがそのほかの特徴は野生のヤナギタデと変わらないムラサキタデ f. *purpurascens*(表1，図4のD)が"紅タデ"と呼ばれることがあり(土屋ほか，1989)，細葉品種の"紅タデ"として流通しているなかにムラサキタデにあたる個体も混じっている(日本新薬株式会社山科植物資料館，2009)。また，アイタデ(アオタデ)が「葉タデ(笹タデ)」として用いられることもある(青葉，1991)。

佐久島の「タデ」の正体

　佐久島のタデは，茎や葉のどの形質も「芽タデ」の系統の変異の幅におさまっている(図5，6，7のG)。特に茎や若い葉に赤味を帯びる特徴が'紅タデ'の系統に非常によく似ており，佐久島のタデは'紅タデ'と同じムラサキアイタデといえる。

　愛知県一色町佐久島公式ホームページでは，タデについて「島内には2種類あり」と紹介されている(島を美しくつくる会 観光分科会，1999年9月29日，「たで汁」の試食会レポート，http://www.japan-net.ne.jp/benten/gourmet/sight/tade_rep.htm)。2種類目のタデは，島内の湿った畑に自生しているヤナギタデである。佐久島ではタデといえばムラサキアイタデの型をさし，野生のヤナギタデは，辛味のある植物として認識されていないか，あるいは知っていても利用されてはいなかった。それが，島おこしの一環で開催したタデの試食会で，かつて京都で調理師をしていた民宿の主人が野生のヤナギタデにも辛味のあることを紹介し，島内の湿った畑に生えていた株を使ってみせた。それ以来，ヤナギタデが「タデの一種と」して認識されはじめ，「あお(い)たで」と呼ぶ人もでてきた。もとの畑ではヤナギタデは絶えてしまったが，そこから移植した株の後代が西の集落にある文化交流施設のよく手入れされた庭園の隅に今も残っている(図8)。この系統は，河原に生える野生系統に比べ葉はやや小さく，主茎はやや短くより直立し，主茎下位につく一次分枝はより短い(図5，6，7のC)，水田畦畔の系統に似た特徴を持っている。

　佐久島にはもう1つ，3種類目のタデとして，より細い狭披針形から線形の葉をもつホソバタデ var. *maximowiczii*(図2のH)の緑色品であるアオホソバ

第12章 ヤナギタデの栽培利用──「葉タデ」と「芽タデ」と愛知県佐久島の半栽培タデ 243

図8 愛知県佐久島の文化交流施設に植えられたヤナギタデ。島内の湿った畑に自生していた個体の後代で，ツワブキの間に生育している。

タデ f. *viridis* にあたる個体がある。これは，佐久島の対岸に位置する愛知県西尾市のミカン畑に自生していた個体の後代である。西尾市の一部ではこのタデの葉を刻み味噌と混ぜ，冷や汁として食べる習慣がある。1998年ごろに西尾市の出身者が佐久島のタデよりも辛いタデとして紹介したが，その後は佐久島で特に利用されることはなく，「取っても勝手に生えてくる」状態で民家の庭に残っている(図9)。

3. ヤナギタデの生育環境と適応

野生のヤナギタデは，河原のなかでも最も水辺に近い砂や小礫の多い場所

244　第Ⅲ部　栽培植物が支える文化多様性

図9　愛知県佐久島の民家庭園に生えるアオホソバタデ。対岸の愛知県西尾市のミカン畑に自生していた個体の後代

に群落を形成する(波田, 1983；平塚, 1984)ので、わずかな増水でも水流による攪乱を受けやすい(図10)。このような環境では、渓流沿いの環境に適応した植物のように(加藤, 1999)、水流による植物体の損傷を回避できる細くしなやかな茎や細い葉が有利となる。野生系統のなかでも、富山県高岡市の流水の絶えない水路に生育していたカワタデにあたる系統にはこれらの特徴が最も顕著に見られる。

　一方、水流の影響を受けない水田畦畔や湿った畑などの生育地では、細い葉や傾いた茎の特徴が失われ、葉の幅はより広く、主茎はより直立する。さらに、踏みつけや刈り取りがあると葉や茎が小型化する適応現象(Warwick & Briggs, 1979)が見られる。

　野生のヤナギタデに見られる形態的特徴は、生育環境の下で最も多くの子孫を残すように働く自然選択による適応の結果と解釈できる。それでは、栽培や半栽培ヤナギタデの形態的特徴には、どのような環境がかかわっているのだろうか。「葉タデ」も「芽タデ」も料亭や旅館などの業務用としての需

第12章 ヤナギタデの栽培利用——「葉タデ」と「芽タデ」と愛知県佐久島の半栽培タデ　245

図10 増水した河川に生えるヤナギタデ

要が大きく，市場に近い大都市周辺で集約的に栽培される。経営単位の規模が小さいことが多く，一般には栽培風景を目にすることはまれである。次に東京都，愛知県，大阪府および兵庫県の'鮎タデ'と大阪府の'紅タデ'の栽培の様子を紹介し，栽培系統に見られた形態的特徴と栽培環境との関係を考察する。

「葉タデ」の栽培と適応

　茎葉を利用する「葉タデ」は，川魚の漁期にあわせて3月から9月の間に収穫できるように栽培され，特にアユ漁が解禁になる6月から収穫量が多くなる。

　「葉タデ」の栽培には，露地栽培とビニールハウスでの土耕栽培や水耕栽培とがある。また，種子(果実)を播いてつくる場合と，こぼれ種から実生を育てる場合とがあり，1つの農家でも作期によって播き方を変えることがある。播種栽培では，茎葉の収穫を終えた個体が秋につけた種子を採取して袋に入れ，その種子を土に埋めて越冬させる。1月ごろに掘り出し，さらに冷

蔵庫に数か月保存してから用いる。ヤナギタデの栽培品には種子の休眠性や脱粒性などが野生系統と明瞭に違わないことがあり，特に'鮎タデ'では種子休眠性が強い(辻松ほか，未発表)。たぶん，このような工夫は種子の発芽時期を揃えるのに役に立っているのであろう。こぼれ種からの実生から栽培する場合には，前年の秋に自然落下した種子を土とともにすきこんでおく。露地では3月ごろに発芽してくる。

　収穫は，草丈が30 cm程度のころ数枚の本葉がついた茎を先端から10〜20 cm程度の長さにそろえて，包丁やはさみで刈り取る。刈り取り後，茎を刈り揃えてしばらくすると分枝が伸びて葉が展開するので，同じ個体から再び収穫できる(図11のA)。開花して葉が出なくなる9月ごろまで刈り取りは続けられる。2回目の刈り取りの後に出る分枝の葉や茎は堅いため，同じ個体からの刈り取りは2回までとする農家もある。

　一方，タデ酢の加工専用に栽培する場合(図11のB)には，同じ個体から何度も刈り取らず，枝先の柔らかい茎葉を一度だけ刈り取る。そのため，播種期を変えて栽培したり，主茎の先端を「先止め」して分枝を促して栽培する。

　「葉タデ」は，高密度で栽培されるため個体間での競争が強く，かつ茎葉の刈り取りという攪乱を受けるが，この栽培環境で，確実に生長して種子を結ぶ必要がある。「葉タデ」に見られる直立した主茎は競争環境で生育するのに有利で，多くの分枝を出す特徴は刈り取りに対する適応と解釈できる。中国の『斉民要術』(540年ごろ)では，「菹(つけもの，豆醤につけて醱酵させたもの)」にするためのヤナギタデ(蓼)の収穫法として，「2寸長に伸びたときに切り……，そのうちまた伸びてくると切り，常に柔軟なところを取る」と記されている。分枝を何度も刈り取るヤナギタデの利用体系のなかからアザブタデのような型が生まれ，そのなかから'鮎タデ'が品種分化したのだろう。

　一般に競争環境での生存や繁殖には，より高く生長して大きな葉を展開できる個体が有利になる。実際に'鮎タデ'を栽培しているとこのような特徴の個体が現れる。しかし，鮎に添えるためにこれを用いる料亭は「鮎の形にあわせて葉も茎も細いものを」と見栄えを重視して要望するため，幅の広い葉をもつ個体は生産者によって意図的に除去される。

　一方，加工原料として用いる場合には葉の形状は重視されず，むしろ一度

第12章　ヤナギタデの栽培利用——「葉タデ」と「芽タデ」と愛知県佐久島の半栽培タデ　247

図11　「葉タデ」の栽培風景。A：東京都足立区における'鮎タデ'の露地栽培。左下：収穫された茎葉と，主茎が刈り取られた後に伸びた分枝。B：兵庫県尼崎市における「タデ酢」加工用原料の土耕ハウス栽培

の刈り取りでより多くの葉を収穫することが要求されるため，幅の広い葉をもつ背の高い個体は除去されることなく，競争的な環境で頻度を増すことになる。このようにして'鮎タデ'の集団中に保有されていた変異のなかから成立したのが，'鮎タデ'よりも背の高く葉の広い加工用の系統と考えられる。

「葉タデ」では，一定の大きさと形の葉をつける主茎や分枝を何度も刈り

取るか，一度の刈り取りでより多くの葉を収穫するかという，用途に応じた異なる意図的な2つの選択が働くため，形態的特徴の異なる'鮎タデ'と加工用の系統が維持されているのであろう。

「芽タデ」の栽培と系譜

'紅タデ'は，肥料分のない砂を薄く敷いたコンクリート製の栽培床に播種して栽培される(図12)。種子(果実)を栽培床に均等に播いて，さらに砂を薄くかけて潅水した後，季節によっては寒冷紗で覆って乾燥を防いだり，ビニールトンネルで保温したりするが，出芽後は発色を促すためにできるだけ日光に当てる。播種してから，夏では10日程度，冬では1か月程度で，子葉が十分に展開した収穫適期となる。

収穫には幅が広く刃の薄い包丁を用いて，包丁の刃が'紅タデ'の胚軸に垂直に当たるように，栽培床に対して水平に包丁をおき，包丁を前後に動かして根元から切り取る。現在では福岡県に'紅タデ'の産地が形成されているが，かつては大阪府の八尾市が主要な生産地であった。独特の包丁を用いた'紅

図12 大阪府八尾市における'紅タデ'の栽培風景。右上：刈り取り前の'紅タデ'，左下：刈り取りに用いる包丁

タデ'の収穫方法は，近隣の堺市の伝統産業である「堺包丁」と結びついて発展したものである(宮ノ原，未発表)。

'紅タデ'を周年栽培するためには大量の種子が必要になる。大量の'紅タデ'種子を生産するために，栽培地とは別に種場が設けられる。種場では，増水や踏みつけ，刈り取りなどの攪乱は生じないが，高密度で栽培されるので他個体との競争は増加する。このような環境では，直立した太い主茎や短く斜立した分枝を持ち，大きな葉を展開させられる個体が，物質生産を効率よく行ってより多くの種子を結ぶことができる(宮ノ原，未発表)。「芽タデ」の系統に共通して見られた葉や茎の形質の特徴は，種場の環境によく適応している。

「芽タデ」では，子葉の色彩とともに，大きさや形も商品価値を決める要素で，大きくて丸い'丸葉'が好まれる地域(関西)と小さくて細い'細葉'でもよい地域(関東)とがある。'紅タデ'のなかでも大阪府産の1系統では，本葉は特に丸みを帯びて卵形に近く，また一次分枝の直立化，長さや数の減少，さらに花序の大型化といった特徴が強く現れている。'紅タデ'の種子は国内や海外(中国や韓国など)で生産されているものを種苗業者から購入する場合が多いが，この系統を収集した農家では，関西の市場で好まれる'丸葉'の特徴が顕著な個体を自身で選抜・育成して，その種子を個人契約した別の農家に増殖してもらい使用していた。子葉と本葉の大きさと形には有意な正の相関が見られたことから，「芽タデ」として利用される系統の形態的特徴の成立や維持には，利用部位である子葉の特徴に対する意識的な選択も反映されているのである。

「芽タデ」の系統で観察された植物体の大きさや草型の変化は，栽培植物に広く見られる現象で，栽培化症候群と呼ばれる(宮ノ原・山口，1995；山口，2001)。栽培化症候群は，栽培環境に働く自然選択と，人間の非意識的選択および意識的選択によって成立した適応現象ととらえることができる(ハーラン，1984)。しかし，「芽タデ」の系統に見られた栽培化症候群のすべてが，現在の「芽タデ」の栽培環境に適応して直接，野生のヤナギタデから成立したとは考えにくい。

ヤナギタデの利用は古く，中国では紀元前1世紀の『礼記』から，日本で

も758年の正倉院文書から利用の記録があり(土屋, 1989; 青葉, 1991), 種子を播くという明らかな栽培の記述も1600年前後に成立した『親民観月集』から見られる。一方で, 古代から近世までは茎葉や花序(「穂蓼」)が利用されており, 「芽タデ」としての利用はかなり後代になってからと考えられている(青葉, 1991). '紅タデ'や'青タデ'の元になった系統があったのであろう。それが, 佐久島の半栽培ヤナギタデのような系統ではないかと考えている。こぼれ種から芽生えた個体を残す半栽培の環境は, 撹乱が少なく個体間の競

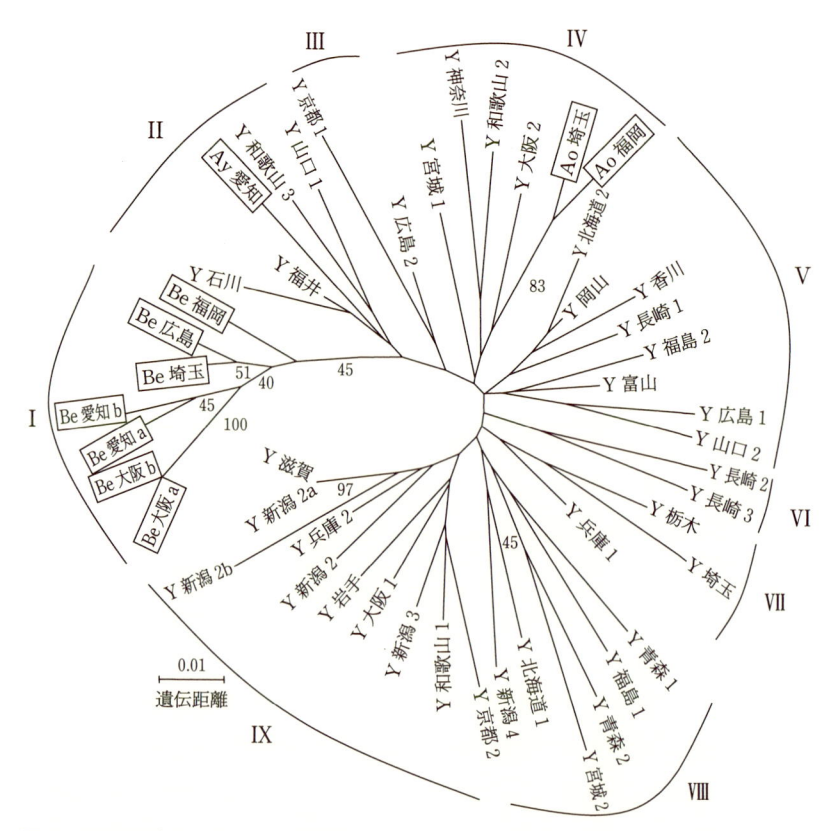

図13 RAPD変異に基づいて近隣結合法によって作成したヤナギタデの栽培品種と野生系統の系統樹(Yasuda and Yamaguchi, 2005より). Be:紅タデ, Ao:青タデ, Ay:鮎タデ, Y:野生系統. 地名は栽培品種の生産地または野生系統の採集地. 数字は40%以上のブーツストラップ確率. ローマ数字はクラスターグループ

争の大きい'紅タデ'の種場や「葉タデ」の加工用系統の栽培環境に似たところがある。このような環境で半栽培されてきたムラサキアイタデやアイタデの種子が，「芽タデ」としての'紅タデ'や'青タデ'の誕生時に流用されたのではないだろうか。

RAPD分析による野生および栽培ヤナギタデの関係では(Yasuda and Yamaguchi, 2005)，'紅タデ'と'青タデ'が産地の違いにかかわりなくそれぞれ異なるクラスターを形成する(図13)。これは，現代の'紅タデ'と'青タデ'が，それぞれ遺伝的に異なるヤナギタデの系統もしくは系譜の異なる栽培品種から誕生したことを示している。

4. ヤナギタデの多様性と人との関わり

『本草図譜』(1828)や『草木図説』(1860ごろ)などの本草書や1900年前後に採られた標本には「人家」にあるさまざまなタデが記録されており，近世以降もヤナギタデは広く日常的に用いられていたことがわかる。しかし，今ではタデの民間利用はごく稀である。

新潟県魚沼市の民家の庭では，佐久島のタデにそっくりな個体が半栽培されている。ここではタデの葉とキュウリを塩もみにしたり，タデの葉とキュウリ，赤シソを千切りにして冷やした味噌汁に入れる「冷や汁」として食べられているが，利用しているのは集落で1軒のみである。また新潟県の長岡市では，佐久島や魚沼市のタデによく似ているが，新葉は赤味を帯びず緑色の，アイタデと同定される個体がある(図14)。ここではタデの葉を刻んで味噌に混ぜて炒めた「タデ味噌」として食べられていたが，今では利用されなくなって，1軒の民家に「勝手に生えてくる」状態で残るのみになっている。

佐久島でも新潟でも，タデといえばその地域にある1つの型のみを指し，辛味をもつタデに野生やほかの型のあることは基本的には知られていないか，知っていても利用されていない。記録に残る栽培ヤナギタデの多様性は，地域ごとに異なる「おらがタデ」が存在することによって維持されてきたと考えられる。豊州彦山(福岡県と大分県の県境にある英彦山)の〝大蓼〟や播州赤穂(兵庫県赤穂市)の〝トウタデ(一名〝アカタデ〟)〟などは江戸時代の特産品と

図14 新潟県長岡市の民家庭園に生えるアイタデ。かつてはタデ味噌として利用されていた。

して記録されている(土屋, 1989)。

　その多様なタデが, 今は失われつつある。民家での半栽培だけでなく,「芽タデ」や「葉タデ」の栽培も, 景気の悪化や栽培者の高齢化などによって取りやめられる事例をここ数年で見てきた。タデの多様性を形づくる特徴には, 現代の栽培品種でも, '紅タデ' の丸い葉や '鮎タデ' の細い葉のように, 意識的な選択によって維持されているものがある。タデを育てる技術をもつ人々がいなくなってしまえば, たとえ種子を保存していても, 種子を更新するための栽培を繰り返すうちに突然変異や自然交雑と自然選択によって, 異なる形質をもった集団に変化してしまう。植物と人間との長いかかわりのなかでできたヤナギタデの多様性と, それをつくり上げた環境や栽培の技術には興味がつきない。

第13章 タイワンアブラススキの民族植物学

竹井恵美子

　タイワンアブラススキ Spodiopogon formosanus Rendl., syn. *Eccoilopus formosanus* (Rendl.) A. Camus（漢名：台湾油芒）は，台湾の原住民によって栽培されてきた雑穀である[1,2]。

　私は 2007 年に台湾南部の山村でこの穀類に初めて出会った。日本国内に所蔵されていた戦前の腊葉標本との照合から，この植物がタイワンアブラススキという台湾の固有種であることがわかったが，先行研究中にこの植物の栽培に関する情報がほとんどなかったことは意外であった。現在の台湾植物誌にはこの植物が栽培植物であることが書かれておらず，また民族学的な調査報告にはタイワンアブラススキという作物名が見当たらなかった。いったいこれはどうしたことなのだろうかとこの植物への興味が湧き起こった。

　その後の現地調査により，今もわずかに栽培地が残存し，かつてはより広い範囲で大量に栽培されていたこともわかってきた。さまざまな情報をつなぎ合わせてようやくこの雑穀の姿が少しずつ見えてきたところである。

---

[1]「原住民」は，台湾の先住民族に対して，1994 年の憲法改正にともなって採用された公式の用語である。2009 年現在 14 民族が認められている。

[2] アブラススキとタイワンアブラススキの 2 種は *Spodiopogon* 属から *Eccoilopus* 属に帰属が変更された（Camus, 1923；本田，1925）が，*Eccoilopus* を独立とした属として認めず，従来通り *Spodiopogon* とする立場もある（Clayton, 1986; Chen and Phillips 2006 など）。タイワンアブラススキとその近縁種の分類学上の位置づけの変遷については竹井（2008）を参照。

1. タイワンアブラススキの発見と認識

タイワンアブラススキは1904年に新種記載された(Rendle, 1904)。タイプ標本の採集地は萬金庄(現在の屏東県萬金村)で、「萬金庄付近の山地の原住民によって栽培される。種子が食用になる」と栽培植物であることが明記されている。

タイワンアブラススキは直立、叢生する多年生のイネ科草本で、草丈は1〜1.5 mに達する(図1)。ススキと似ているが、葉の中肋が白く目立ち、葉身の基部が細く葉柄状になることがある。成長するにつれ葉鞘や穂軸の表面にワックスを生じ、触るとべたつき、アブラススキの名の由来となった独特の油臭がする。晩秋に長さ20〜30 cmの花序をつける。長い1次枝梗の先に小穂がつき、その外観は一見、ホウキモロコシやキビに似ている。小穂は長楕円形で長さ3〜4 mm、包頴に短い芒を持ち、表面に多数の細毛(毛耳)を生じる。この形質には変異が大きく、レンドルの記載したタイプ標本では無芒、無毛(肉眼で見えない程度)である。成熟した種子は長さ2 mmほどの楕円形で種皮の色は茶色がかっている。

日本統治時代の初期に、本種にはタイワンアブラススキという和名が与えられた。一方、レンドルの記載と異なる有芒の個体が採集され、早田により、*S. Kawakamii* Hayataとして新種記載された(Hayata, 1907)。こちらにはナンバンビエという栽培植物を意識した和名が与えられた。後にこの2種は再び統合されるが(大井, 1942)、当時の日本の植物分類では、タイワンアブラススキは野生植物、ナンバンビエは栽培植物として扱われていた(佐々木, 1928)。しかし、日本統治時代の原住民の調査でナンバンビエという作物名が用いられた例はほとんどない。

2. タイワンアブラススキの呼称

表1に私がタイワンアブラススキの穂の標本を提示して得た呼称を示す。ツォウ族、ブヌン族、ルカイ族、パイワン族の間では、栽培が近年まで続け

第 13 章　タイワンアブラススキの民族植物学　255

図1　タイワンアブラススキ

られていたことから，呼称も比較的よく記憶されていた。プユマ族，セデック族，サイシャット族においては，タイワンアブラススキを認識する人に出会わず，呼称もわからなかった。タイヤル族では，一人の80代の男性がタイワンアブラススキを知っていたが，呼称を記憶していなかった。

　あるルカイ族の男性は，タイワンアブラススキに対して「日本語ではヒエだろう？」と答えたが，ニホンビエの標本に対しては見たことがなく，栽培したこともないと答えた。そこで，タイワンアブラススキは「日本語でヒ

表1 実物標本に基づくタイワンアブラススキの呼称

民族名	調査地	呼称
ツォウ	嘉義県阿里山郷山美村 阿里山郷楽野村 阿里山郷里佳村	heyome heyome heryoumei
ブヌン	南投県仁愛郷 南投県信義郷 高雄県梅山郷梅山村 花蓮県卓渓郷	diil diil diil diil
ルカイ	屏東県三地門郷青葉村 霧台郷霧台村 霧台郷キヌラン村 霧台郷阿礼村 高雄県茂林郷多納村 台東県卑南郷卑南村	larumai larumai larumai larumai rome larumai
パイワン	屏東県三地門郷徳文村 屏東県瑪家郷瑪家村 屏東県泰武郷泰武村 屏東県泰武郷武潭村 屏東県来義郷丹林村	larumai lyumai lyumai lyumai lyumai, dumai, larumai

エ」と教えられてきたのではないかと考え，「ヒエ」に相当する原住民の語彙を調べてみた。

　表2は，言語学者の土田滋氏が日本語のヒエに当たる植物名として収集した語彙である。ここでは，食べられないヒエ，すなわち雑草ヒエをさすと思われる例は除いている。表1に示した例との対照から，これらの語彙はタイワンアブラススキの呼称であると考えられる。

　表3は，言語調査や民族学の文献に現れるヒエの語彙を挙げている。なかにはアワ，キビ，シコクビエとの混同と見なされる例もあるが，ツォウ族，ブヌン族，ルカイ族，パイワン族においてヒエとされてきたものは，多くの場合タイワンアブラススキであったようだ。

　瀬川(1954)は，台湾におけるヒエの存在を疑い，過去の調査報告でヒエとされてきた作物はシコクビエであると考えていた。瀬川は戦前にタイワンアブラススキの写真を撮影しているが，穂の形態の類似からこれをキビと同定していた(湯浅, 2001, 2009)。彼がキビとして採録したツォウ語の heyome,

第13章　タイワンアブラススキの民族植物学　257

表2　土田(未発表)によるタイワンアブラススキの呼称語彙。ヒエとして採集した語彙のうち、「食べる」と記されたもののみをここには再録した。lh は「側面摩擦音」日本人には[s]に聞こえる。L は「弾き音」、1 回コロンと舌を鳴らす音

民族名	地名	語彙
ツォウ	南投県信義郷久美村	hrome
	嘉義県達邦郷	heome, heyome
カナカナブ	高雄県三民郷民生村	naumi(40年前の発音)，noumi
サアロア	高雄県桃園郷高中村	lhaLumai
ブヌン　北部	南投県仁愛郷中正村	diil
	南投県信義郷望美村久美	diil
	南投県信義郷地利村(タキバカ)	diil
ブヌン　中部	南投県信義郷地利村(タマロアン)	diil
	南投県信義郷明徳村	diil
	花蓮県卓渓郷崙天村	diil
ブヌン　南部	台東県延平郷永康村	diil
	高雄県桃源郷高中村	diil
ルカイ	高雄郡茂林郷茂林村	lrome
	高雄郡茂林郷多納村	lhaomai
	高雄郡茂林郷萬山村	lhaLomai
パイワン	台東県太麻里郷大王村	lyomay はコーリャン
	台東県金峰郷正興村	lyomay
	台東県達仁郷台坂村	lyumay　食える，畑に植える
	台東県大武郷大竹村	lyumay　キビみたい，ホーキになる
	台東県大武郷大鳥村	lyumay　食える，畑に植える
	屏東県満州郷長楽村	lyumay　粟に似，粒が少し大きい
	屏東県牡丹郷東源村	lyumay　(同上)
	屏東県獅子郷丹路村	lyumay　今は食べない
	屏東県春日郷春日村	lyumay　粟に似ている，酒つくる
	屏東県春日郷帰崇村	lomay　粟に似て，とげあり，痒いやつ，食べる，葉は粟より少し広い，実は長く少し赤い
	屏東県来義郷古楼村	lyumay　毛つくとかゆい，あとはホーキになる
	屏東県来義郷丹林村	lyumay　皮は痒い，食べる
	屏東県泰武郷佳平村	lyumay　食べる
	屏東県泰武郷佳興村	lyumay　食べる
	屏東県瑪家郷筏湾村	lyumay　食べる
	屏東県瑪家郷北葉村	lyumay　食べる，とても痒い
	屏東県三地郷三地村	lumay
	屏東県三地郷沙渓村	lyumay
パゼッヘ	南投県埔里鎮愛蘭里	dalabuk

表3 ヒエの呼称として採集された語彙と推定される植物名

民族名	採集地	語彙	推定される植物名	出典
タイヤル	タイヤル	bisino	キビ	小川(2006)
セデック	トロク	kummuh	?	小川(2006)
ツォウ	達邦社 北ツォウ群	tsaya heyome	シコクビエ タイワンアブラススキ	小川(2006) 鹿野(1944)
ブヌン	集集支庁 巒番(璞石閣) 郡番(璞石閣) 巒番	leli batal saraz ?de:l	タイワンアブラススキ キビ シコクビエ タイワンアブラススキ	小川(2006) 小川(2006) 小川(2006) 馬淵(1939)
ルカイ	ルカイ亜族 ルカイ	buchun la-lumai	アワ タイワンアブラススキ	鹿野(1944) 馬淵(1957)
パイワン	内獅頭 パイワン リセン スパイワン 高士佛 パイワン亜族 古楼村 台東県太麻里 マカザヤザヤ パイワン社	jomai jomai lomai jomai rumai, jumai lumai liumi, ljuma kala ki lumai (冬＝稗収穫) kala lomayan (冬＝稗収穫)	タイワンアブラススキ タイワンアブラススキ タイワンアブラススキ タイワンアブラススキ タイワンアブラススキ タイワンアブラススキ タイワンアブラススキ タイワンアブラススキ タイワンアブラススキ	小川(2006) 小川(2006) 小川(2006) 小川(2006) 鹿野(1944) 許(2004) 呉(1993) 小川(2006) 小川(2006)
アミ	馬太鞍 加礼苑	baliasan bulaisan	キビ キビ	小川(2006) 小川(2006)
サイシャット	サイセット	basa	キビ	小川(2006)

ブヌン語の dirh，シコクビエと解釈した南ツォウ語の naumai は，タイワンアブラススキをさす語彙である。ルカイ族の焼畑を調査した佐々木(2003)は，瀬川の主張に従い，ルカイでヒエとされてきた ralumai をシコクビエと解釈したが，これもタイワンアブラススキであったと考えられる。

3. タイワンアブラススキの栽培の分布

タイワンアブラススキの栽培地の分布を知るために，過去に採集されたタイワンアブラススキの腊葉標本を調査した．調査したのは，東京大学総合研

究博物館，京都大学総合博物館，台湾の国立林業試験所，国立台湾大学，中央研究院，国立自然科学博物館，国立屏東科技大学の7つの植物標本館である。また，イギリスのキュー王立植物園標本館所蔵のタイプ標本は，オンライン検索によりその画像を閲覧することができた。その結果，ホロタイプを含め，39点の標本とそのラベルが確認できた。

標本の採集地は表4と，図2に示すように，北は台北に近い桃園県から最南端の恒春まで，台湾の中央山脈をほぼ縦断する広い分布域を持っていた。採集地はほぼすべて山地であり，北からタイヤル族，セデック族，ブヌン族，ツォウ族，ルカイ族，パイワン族の居住地域に重なっている。また，採集年と採集地を見ると，1945年以降の採集例は極めて少なく，とりわけ台湾北部からは早い段階で栽培が消滅したことがうかがわれる。戦前の報告書類 (台湾総督府蕃族調査会，1919，1921，1922) には，タイヤル族，ブヌン族，パイワン族 (ルカイ族を含む) にヒエの栽培があったとする記述がある。標本の分布とタイワンアブラススキを指す語彙の一致から考えて，ブヌン族とパイワン族においては，このヒエがタイワンアブラススキである可能性は高い。

4. 現地の栽培状況

現地調査から台湾南部の屏東県のルカイ族とパイワン族，および中部の南投県のブヌン族の人々によってタイワンアブラススキの栽培が続けられていることが確認できた。表5に現地調査と文献より得られた現在と過去の栽培慣行に関する情報をまとめた。以下にその事例を民族ごとに紹介する。

ルカイ族

ルカイ族は台湾南部の山地に居住し，かつてはサトイモ，サツマイモなどのイモ類とアワをはじめとする雑穀類を主食として焼畑に栽培してきた。現在はアワは日常食ではなく，豊年祭や祝日につくられるチマキやアワ酒の材料として栽培が続けられている。タイワンアブラススキは larumai, rome などと呼ばれており，屏東県三地門郷青葉村と同霧台郷霧台村で栽培されていた。

表4 タイワンアブラススキの標本の採集地，採集日と形態の特徴。所蔵する植物標本館の略号は，TI：東京大学総合研究博物館，KYO：京都大学総合博物館，TAIF：台湾国立林業試験所，TU：国立台湾大学，HAST：中央研究院，PPI：国立屏東科技大学，KEW：キュー王立植物園

採集地	民族名	採集日	茎色	芒	稃毛	採集者	所蔵
桃園大竹囲	タイヤル?	19101100	白	有芒	有毛	佐々木舜一	TAIF
台北角板山	タイヤル	19291100	白	短芒	有毛	島田彌市	KYO
台北角板山	タイヤル	19291100	白	短芒	有毛	島田彌市	HAST
台北ピヤナン社	タイヤル	19250904	白	有芒	有毛	佐々木舜一	TU
花蓮奇莱-バトラン	セデック	19181000	白	有芒	無毛	島田彌市	HAST
花蓮奇莱-バトラン	セデック	19181000	白	短芒	無毛	島田彌市	KYO
台中能高越え	セデック	19330619	白	短芒	有毛	大井次三郎	KYO
南投霧社立鷹	セデック	19291101	白	短芒	有毛	斉藤	TI
南投東甫山	ブヌン	19091025	白	短芒	無毛	川上瀧彌・佐々木舜一	TI
南投和社	ブヌン	19701104	白	有芒	無毛	張慶恩	PPI
南投和社	ブヌン	19701104	白	有芒	有芒	張慶恩	PPI
台東大崙坑社	ブヌン	19061129	白	無毛	無毛	川上瀧彌・森丑之助	TI
台東大崙坑社	ブヌン	19061129	白	無毛	無毛	川上瀧彌・森丑之助	TAIF
台東大崙坑社	ブヌン	19061129	白	有芒	有無	森丑之助	TAIF
高雄梅山梅山工作所	ブヌン	20011102	赤	有芒	有毛	楊勝任	PPI
高雄梅山梅山工作所	ブヌン	20011102	赤	有芒	有毛	楊勝任	PPI
嘉義新高山	ツォウ	19061011	白	無毛	有毛	川上瀧彌・森丑之助	TAIF
嘉義達邦社	ツォウ	19381029	白	有芒	有毛	永沢定一	KYO
嘉義達邦社	ツォウ	19061009	白	有芒	無毛	川上瀧彌・森丑之助	TI
嘉義達邦社	ツォウ	19061009	白	短芒	無毛	森丑之助	TAIF
高雄トアアウ社	パイワン	19260104	白	有芒	有毛	佐々木舜一	TU
高雄トアアウ社	パイワン	19260104	白	有芒	有毛	佐々木舜一	TU
高雄州旗山郡六亀	パイワン	19380719	白	短芒	有毛	岡本省吾	TI
屏東アデル-ブダイ間	ルカイ	19320901	赤	有芒	有毛	鈴木重良	TU
屏東アク?-下パイワン間	ルカイ/パイワン	19301225	白	有芒	有毛	鈴木重良	TU
屏東アデル-下パイワン	ルカイ/パイワン	19330508	白	短芒	有毛	大井次三郎	KYO
屏東萬金	パイワン	18930000	白	無毛	無毛	Augustin Henry	KEW
屏東萬金	パイワン	19140200	赤	短芒	有毛	Urbain Faurie	KYO
屏東萬金	パイワン	19140200	赤白	短長	無毛	Urbain Faurie	KYO
屏東ライ社	パイワン	19260105	白	短芒	有毛	緒方正資	TI
屏東來義検査哨前	パイワン	20010125	白	有芒	無毛	林志忠	PPI
屏東來義検査哨前	パイワン	20010125	白	有芒	無毛	林志忠	PPI
台東大武山	パイワン	19301228	白	無毛	無毛	鈴木重良	TU
台東大武山	パイワン	19301228	白	無毛	無毛	鈴木重良	TU
台東 aroe	パイワン	19320324	白	有芒	有毛	佐々木舜一	TU
台東巴朗衛	パイワン	19071000	白	有芒	有毛	川上瀧彌・小林善蔵	TAIF
台東巴朗衛	パイワン	19071000	白	有芒	有毛	川上瀧彌・小林善蔵	TAIF
台東郡 tyatyagatoan	パイワン	19400122	白	短芒	有毛	田川基二	KYO
屏東恒春庁	パイワン	19050000	赤	有芒	有毛	川上瀧彌	TI

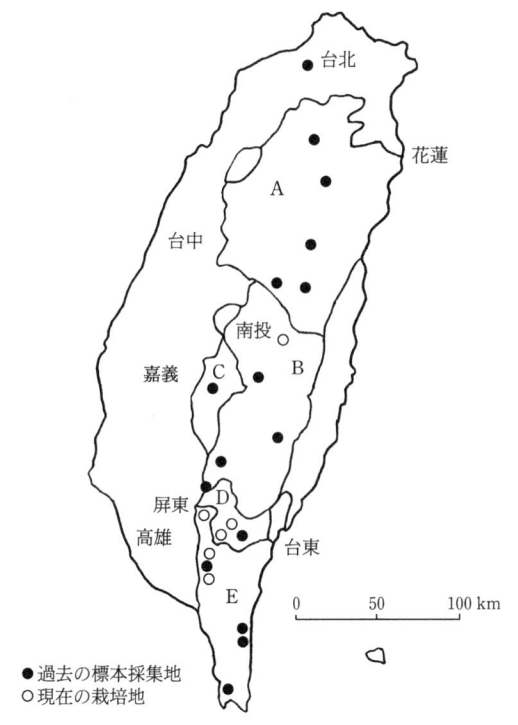

図2 タイワンアブラススキの腊葉標本の採集地と現在の栽培地および栽培地域の民族分布。A：タイヤル族・セデック族・タロコ族，B：ブヌン族，C：ツォウ族，D：ルカイ族，E：パイワン族

事例1　霧台郷霧台村

　霧台村は霧台郷の中心に当たる山間部の集落で，タイワンアブラススキの栽培者が少なくとも2人あり，集落内にその畑が2，3筆ある。タイワンアブラススキは2月に播種し，10月末ごろに収穫する。アワと半々の分量を撒播し，同じ畑の縁などに少量のモロコシやハトムギを播く。2008年は，7月のアワの収穫後，タイワンアブラススキの成育中の畑にサツマイモを植えつけた。穂刈りにより収穫する(図3)。収穫後，株を引き抜き，翌年は新しく種を播く。茎の赤い品種と白い品種がある。現在は機械を使っているが，かつては足で踏んで脱穀し，竪臼，竪杵で搗いて殻を取った。ほかの穀類と比べ，とても搗きにくい。搗くときに痒い。粥にする。

表5 タイワンアブラススキの作季と栽培の概要

地名	栽培年	作季 播種	作季 収穫	栽培の概要	出典
屏東県三地門郷青葉村	2005	1月	11, 12月	庭の畑に栽培。	2007年調査
屏東県霧台郷霧台村（事例1）	2007	2月	10月	常畑に栽培。アワ、モロコシ、トウモロコシと混作。赤と白の2種がある。	2007, 2008年調査
屏東県霧台郷阿礼村				焼畑に大量につくっていた。赤い種類しかなかった。	2007年調査
屏東県霧台郷キヌラン村		1月	9月	焼畑にアワと混作。	佐々木(2003)
屏東県三地門郷徳文村（事例2）	2007 2008	2, 3月	10月	道端で種継ぎ。数年前までは常畑に栽培していた。赤と白の2種類ある。	2007, 2008年調査
屏東県瑪家郷北葉村（事例3）	2008～	3月	11月	常畑に栽培。キマメ、サトイモ、トウモロコシなどと混作。	2008年調査
屏東県泰武郷泰武村（事例4）	1998頃			常畑に栽培。アワ、モロコシと混作。	2008年調査
屏東県泰武郷佳義村（事例5）	2003	2月	8月	アワと混作する。アワの収穫後、分枝を切る。	林麗英私信(2008)
屏東県来義郷丹林村（事例6）	2008	2, 3月	11月	常畑に栽培。アワ畑の縁に栽培。2年目の株を育成。	2008年調査
屏東県来儀郷古楼村		1月		アワ、セイバンアカザと混作。	許(1976)
台東県太麻里郷		2月	10月	焼畑に栽培していた。4月に除草。アワと混播。	呉(1971)
南投県信義郷中正村（事例7）	2008, 2009	2月	10月	常畑に栽培。キマメ、セイバンアカザと混作。	2009年調査
高雄県梅山郷梅山村（事例8）			7月	かつて焼畑に栽培していた。	2008年調査
花蓮県卓渓郷古風村（事例9）	1965～1990頃	12, 1月	7, 8月	かつて焼畑に栽培していた。	2008年調査
花蓮県卓渓郷（事例10）	1970頃			焼畑に栽培。	松山利夫私信
台中州新高郡カニトアン社	1935年	2月	10月	アワと同時に播種。収穫はアワより2か月遅い。	馬淵(1936)
嘉義県阿里山郷				昔栽培していた。	2007年調査

図3 霧台郷霧台村での穂刈りの様子

好みで野菜を入れることもある。香りがよく，おいしい。米よりまずいという人もいる。餅や酒はつくらない。

　屏東県の山地部のルカイ族は，タイワンアブラススキの栽培をよく記憶しており，アワと同時に混播したという。青葉村での収穫期は11，12月であった。一方，東岸の台東県卑南郷のルカイ族の男性は，larumai という名は覚えていたが，自らは栽培したことも食べたこともないとのことだった。
　佐々木(2003)は1970年代に霧台郷キヌラン村でルカイ族の焼畑の調査を行った。前述のように佐々木がシコクビエとした作物はタイワンアブラススキであったと考えられることから，そのように読み替えると，キヌラン村で

はタイワンアブラススキはアワとともに焼畑に栽培され，かつてはアワとほぼ等しい栽培量があった。アワと同時に播き，アワよりも遅く9月ごろに収穫した。複雑で長期にわたるアワの儀礼に比べ，簡素ではあったが，タイワンアブラススキにも儀礼があった。農耕儀礼は1970年代にもすでに非常に簡略されていたとあるが，現在はアワの儀礼もほとんど残っておらず，タイワンアブラススキの儀礼は記憶されていなかった。

パイワン族

パイワン族は台湾南部の屏東県，高雄県，台東県にかけての地域に住んでおり，その生活様式はルカイ族と共通するところが多い。屏東県内の3か所(三地門郷徳文村，瑪家郷瑪家村，来義郷丹林村)で栽培が続けられていた。また，泰武郷では近年まで栽培があった。以下に各栽培地の状況を述べる。

事例2　三地門郷徳文村

栽培者は70代の女性で，家の前の道端に種継ぎ用にタイワンアブラススキ，モロコシ，ハトムギ，セイバンアカザなどを栽培している。かつては畑に雑穀類をつくっていたが，体力的に困難になったのでやめた。タイワンアブラススキは，2，3月ごろに播種し，収穫は10月。収穫は，穂だけを刈り，そのあとで株ごと引き抜く。2年目の株から収穫することはない。赤と白の2種類がある。粥にする。餅や酒はつくらない。

事例3　屏東県瑪家郷瑪家村

栽培者は70代の女性で，集落から離れた道路沿いの傾斜地に小屋を建て，各種の作物をつくっている。タイワンアブラススキは以前からつくっていた。アワは鳥害のため栽培をやめてしまった。3月に播種し，11月に収穫する。播種は撒播である。キマメ，モロコシ，サトイモと混作している。収穫は，小さな鎌で穂だけ刈り取る。サツマイモの葉やアキノノゲシの葉などを入れて粥にする。

事例4　屏東県泰武郡泰武村

タイワンアブラススキは10年くらい前につくった人があった。その年の祭に奉納した古い穂が保存されており，その後も豊年祭のときに新アワ，

新モロコシの穂とともに飾っている。タイワンアブラススキは，アワ，モロコシとともに撒播し，サツマイモ，サトイモとも混作する。アワ，モロコシ，タイワンアブラススキの順にできる。穂だけを刈って収穫する。竪臼，竪杵で搗く。搗くときに痒い。野菜やサツマイモの蔓と一緒に炊いて粥にする。ショウガをつぶし，塩と混ぜて副食にする。

事例5　屏東県泰武郷佳義村(林麗英による聞き取り)

4年前までタイワンアブラススキを栽培していた。2月にアワとともに播種する。6月にアワを収穫後，タイワンアブラススキの分枝を切らなくてはならない。8月に収穫する。

事例6　屏東県來義郷丹林村

栽培者は70代の女性。販売用にアワを二期作しており，アワ畑の隅にタイワンアブラススキが数個体植えられている。栽培者から話を聞くことができず，同村の栽培経験者数人から聞き取りをした。呼称は人によって少しずつ違い，ralumai, dumai, lumaiと呼ばれる。
3月に播種し，11月ごろに収穫する。アワと半々に混ぜて撒播する(現在栽培中の畑は混播ではない)。収穫後にサツマイモを植える。収穫時は，シャオノという小刀で穂の下の方から刈る。臼で搗く。搗くとき痒いが，朝早く搗くと痒くない。ご飯，あるいは野菜と混ぜて粥にする。

戦前に高雄州ボンガリー社などでパイワン族の利用植物を調査した山田金治は，『パイワン族の利用植物』(台湾総督府中央研究所，1922)において，ナンバンビエ(現地名Zyumai)は，「アハト同ジク12月に蒔キ付ケ5月ニ刈リ入レ粥ニ炊キテ食ス」と記している。

許(2004)，呉(1993)は，パイワン族の「稗」について述べているが，その現地名からタイワンアブラススキと解釈できる。屏東県來義郷古楼村では，かつてアワとタイワンアブラススキ(lumai)とアカザが混播されていた(許，2004)。また，東海岸の台東県太麻里郷では，焼畑にタイワンアブラススキ(liume, ljumai)とアワの種子を混播した。アワを7〜8月に収穫後，必要があれば再度除草し，その2,3か月後に収穫できた(呉，1993)。

パイワン族におけるタイワンアブラススキの栽培,利用方法はルカイ族とほぼ共通する。臼で搗くときに痒いとされる認識も同じである。朝早く搗くと痒くないというのは,湿度が高く,毛が飛び散りにくいからだろうか。戦前の調査報告書(台湾総督府蕃族調査会,1921,1922)にはその呼称からタイワンアブラススキと思われるヒエの儀礼が詳しく報告されている。古野(1945)によれば,パイワン族の間ではヒエの祭儀が最も古いとする伝承があったとされるが,現在はタイワンアブラススキに関する儀礼は記憶されていなかった。

ブヌン族

ブヌン族においては,現在は南投県の1か所で栽培が確認されているだけである。しかし,ブヌン族の居住域では多くのタイワンアブラススキの標本が採集されており,各地で栽培経験が記憶されていた。

事例7　南投県仁愛郷中正村

中央山脈の西麓にあり,陸稲を栽培している。この陸稲は日本人が持ち込んだもので,在来の穀類はアワとタイワンアブラススキであった。50代の栽培者夫妻は数年前,陸稲畑にタイワンアブラススキの独り生えをみて,種子を取って栽培を再開したということなので,村内にはほかにも栽培者がいるらしい。集落から少し離れたところにアワとタイワンアブラススキが別々に栽培されている。畑の周辺にはジュズダマ,モロコシ,畑のなかにセイバンアカザが混作されている。播種は2月で,収穫は10～11月ごろ。穂刈りで収穫する。収穫後の株は引き抜かない。3月に前年の収穫後の株からの発芽が確認された。

事例8　高雄県梅山郷梅山村

玉山に近い山のなかの集落で,現在はトウモロコシと野菜だけをつくっている。かつては,アワ,タイワンアブラススキを焼畑で栽培していた。焼畑の初年度にアワと混播する。アワは播種後に間引きをし,除草を2回する。タイワンアブラススキは間引きしない。7月にアワを収穫し,サトイモを植える。タイワンアブラススキの収穫は,アワよりも遅い。収穫後は,足で踏んで脱穀し,臼に搗く。乾かさないとよく殻が取れない。搗く

ときは、殻が鼻のところまで飛んでくる。殻がつくと手(腕)が痒くなる。粥にする。コウジを使えば酒もできる。餅はできない。焼畑は、1年目にアワ、タイワンアブラススキ、サトイモ、2年目にトウモロコシ、3年目にサトイモとかトウモロコシを植えた。

事例 9　花蓮県卓渓郷古風村

栽培経験者は70代の男性。45年前に東海岸から山麓のこの村に移住してきた。20年くらい前までは焼畑にアワとタイワンアブラススキを栽培していたが、現在は常畑にトウモロコシやカボチャ、サトイモを栽培している。

12月から1月に播種。アワと一緒に播くが、別々に播く人もいる。アワは、3月に間引きをする。間引きをしないと茎が太くならず、実も長くならない。タイワンアブラススキは1株1株分かれて生えるので間引きはしない。10月ごろに共同作業で収穫する。葉を2、3枚つけて刈り、束ねる。収穫後の株は畑に残しておく。同じ株から2年間は取れる。土に肥やしがなくなるので3年目は取れない。収穫後、臼で搗く。搗いて殻を取った後の種子の色は少し赤い。搗くときに痒いという話は聞かない。

焼畑は、6、7月から伐採を始め、乾燥したころに大きな薪を倒して火入れをする。1年目はアワ、2年目はサトイモとトウモロコシ、3年目にアワとタイワンアブラススキを播く。川の畑は肥やしがない。山は肥やしがあるから焼畑ができる。

タイワンアブラススキは粥にする。アワと混ぜて炊くこともある。鍋に水を一緒に入れて、杓文字でかき混ぜながら炊く。米と一緒に炊くとおいしい。砂糖を入れてもおいしい。野菜、塩は入れない。酒もできない。

松山利夫は1970年代に花蓮県卓渓郷でブヌン族の栽培する rier という雑穀(その後タイワンアブラススキと同定)を採集し、その栽培について聞き取り調査を行った。松山氏の阪本寧男氏宛ての私信より引用する。

事例 10　花蓮県卓渓郷

1月に播種し、8月に収穫する。1年目の焼畑に、アワ、シコクビエとともに混播する。混播率は、アワ1に対し、タイワンアブラススキ3分の

1，シコクビエ4分の1。播種方法は撒播である。

　焼畑では，2年目にサトイモを植え，時に3年目にも同様に混播することがある。タイワンアブラススキが単独で栽培されるのは，焼畑のクロだけである。

　アワと混播した場合，発芽したなかからアワだけを間引く。タイワンアブラススキは間引きしない。また，タイワンアブラススキは実に棘があるので，キビのように鳥害にあうことはない。

　6月にアワを穂刈したあと，アワの株を抜き取る。ついで畑に生育中のタイワンアブラススキの茎を中途で折る。この作業の目的は，分蘖を促進させるためだという。茎を手で折ったあとは，そのまま放置する。収穫は，1穂ずつ刈り取る。脱穀には，臼と竪杵を使用。玄米状になったものの精白には，タイワンアブラススキと白菜(?)の大型の葉2枚を臼に入れ，丁寧に搗いて行う。これによって艶のあるきれいな色になる。この精白作業は，炊飯直前にするのが普通で，搗き砕かれた白菜ごと炊飯する。臼で精白したそのままを鍋に移し，ついで水を加えて炊く。この水が沸きあがる前に灰水(木灰の灰汁のうわずみ)を加える。その量は水5に対し2〜2.5。そのままご飯を炊くように炊き上げる。灰水を入れる理由は，灰水を加えないと，炊いても穀粒が大きく膨らまないからだという。また，やわらかくならないともいう。

　馬淵(1936)は，旧台中州新高郷のブヌン族の絵暦を紹介するなかで，アワとヒエの播種と収穫の儀礼について述べている。馬淵は別の文章中(馬淵，1974)でブヌン語の?diɪr をヒエと訳していることから，このヒエはタイワンアブラススキと解釈できる。アワに関しては播種後も月ごとに除草，畑祓い，収穫と儀礼と実際の作業が続き，第9月(陽暦7月)に集落全体の参加する収穫祭が行われる。一方，第12月(陽暦10月)に行われるサトイモとヒエ(タイワンアブラススキ)の収穫祭は家単位の簡素なものであるという。ブヌン族のヒエ(タイワンアブラススキ)の儀礼については『蕃族調査報告書　武崙族前篇』にも多くの事例がある(台湾総督府蕃族調査会，1919)。今回の調査でも，ブヌン族の村では，かつてアワには多くの儀礼があり，アワの栽培期間中は，食物

や行動を律する厳しい禁忌があったことが記憶されていた。しかし，タイワンアブラススキの儀礼は記憶されていなかった。

ツォウ族，タイヤル族，セデック族

阿里山麓のツォウ族の村では，茶の商業的な栽培が盛んで，雑穀栽培は衰退が著しい。陸稲畑のなかや庭先に少量のアワの栽培が残る程度である。かつてタイワンアブラススキがあったことは確認できたが，栽培方法については十分な情報が得られなかった。

台北県烏來や南投県のタイヤル族，セデック族にはタイワンアブラススキが認識されなかった。桃園県復興郷の80代のタイヤル族の男性が，幼少時にタイワンアブラススキの栽培があったことを記憶していた。キビ（現地名 sinu）に似るがキビより種子が小さく搗くときに痒いものだった。この小さいキビを呼ぶ呼称は知らなかった。島田彌市は，1929年に台北の角板山で栽培中のタイワンアブラススキを採集しているが，この地域のタイヤル族の利用植物に関する彼の著作（島田，1915；台湾総督府中央研究所林業部，1921）には，この植物への言及がない。この地でのタイワンアブラススキの栽培はすでに希少だったのであろう。台湾北部では早い段階で栽培が衰退したらしく，過去の調査報告のなかにも確実にタイワンアブラススキとわかる記述は見られなかった。

5. 栽培と利用についてのまとめ

タイワンアブラススキは，かつては焼畑においてアワとともに栽培されてきた。アワと混播されることが多く，アワの種子とタイワンアブラススキの種子を混ぜて撒播する。アワに対しては，間引きを行うが，タイワンアブラススキは間引きをしない。タイワンアブラススキはアワに比べて旺盛に分蘖する性質がある。パイワン族とブヌン族において，栽培中の管理として，その分蘖枝を折るという例があった。これは，分蘖を促進させるためと説明されている。

タイワンアブラススキは，アワよりも生育期間が長く，同時に播種したア

ワよりも収穫が遅い。収穫方法は小刀による穂刈りである。かつてルカイ族はアワの収穫に刃物を使うことが禁忌とされ指で摘み取ったといわれるが（佐々木，2003），タイワンアブラススキに対してはそのような禁忌は聞かれなかった。収穫後の株は，引き抜いてしまうところと，そのまま畑に残し，2年目も収穫を続けるところがある。ただし，焼畑の土壌の肥沃度が低下するため，同じ植物から収穫できるのは2年目までであるという。私が京都の休耕田で試験的に栽培したところ，冬期には低温で地上部は枯れるが，2年目以降も旺盛に生育して開花を続ける。引き抜かずに畑に残す場合，焼畑の放棄後も一部の植物が休閑地に生育を続ける可能性がありそうである。

収穫後の処理について，脱穀後の脱稃がほかの穀類より難しいことが共通して記憶されていた。困難な理由として，殻が堅い，表面にロウがあるためだという。精白の際，野菜の葉を混ぜて搗いたところもある。また，搗くときに飛び散る毛が皮膚に刺さって痒いということもよく記憶されていた。

調理方法で，最も一般的なのは粥である。事例10における灰汁を入れて炊くという方法は，ほかの調査地では聞かれなかった。粥には野菜を入れることが多い。この野菜とはサツマイモの葉や，集落内で採集されるアキノノゲシなどの野草，山菜の類のことである。現在も米の粥にこういった野草を混炊することはよく行われている。タイワンアブラススキはもっぱら日常食の材料とされ，餅や酒をつくることはなかった。酒がつくれるともいわれたが，現在，酒をつくっているところはない。

タイワンアブラススキには特に品種らしいものが知られていない。唯一の変異として認識されているのは，茎や葉のアントシアニンによる着色の有無である。ルカイ族，パイワン族では，着色のあるもの（赤）を durai，ないもの（白）を tsupalang と呼ぶが，これはアワのモチ性とウルチ性に対しても用いられる用語である。しかし，タイワンアブラススキに関してはこの名称にかかわらず，モチ性の性質を持つわけではないと理解されている。実際，タイワンアブラススキにはモチ性品種はない。なお，腊葉標本を見た限りでは，茎の白い個体の方が多く，赤いものは南部の一部にしか見られなかった。現在各地で栽培されているのも白いものが多い。

かつてはタイワンアブラススキの播種や収穫に儀礼があった。また，パイ

ワン族，ルカイ族，ツォウ族の作物起源説話のなかには，タイワンアブラススキの起源について語ったものがある。なかでも，パイワン族における2つの説話「祖先伝来の主食物は，サトイモ，バショウ，ヒエで，これらは祖先とともにあった。イネ，サツマイモは平地から，アワは紅頭嶼からきた」(古野，1945)，「昔，祖先はヒエ，アカザ，「クイジ」という草だけを食べて生活していた。天上界からイモをもらい，アワは盗んだ」(台湾総督府蕃族調査会，1922)は，ヒエ(タイワンアブラススキ)をサトイモ，バショウといった根栽作物や，もう1つの台湾独自の作物であるセイバンアカザとともにアワに先行する最古の作物であるとしている点が興味深い。

6. タイワンアブラススキの生物学的な起源

　台湾には，タイワンアブラススキの近縁野生種として，アブラススキ *S. cotulifer* (Thumb.) Hack., syn. *E. cotulifer* (Thumb.) A. Camus とタイナンアブラススキ *S. tainanensis* Hayata の2種が自生する。アブラススキは東アジアの温帯に広く分布し，日本でもありふれた人里植物である。あまり攪乱の強くない河岸や林縁などに，ススキなどほかの多年生のイネ科植物と同所的に生育することが多い。日本では，9〜10月にかけての開花期には，丘陵地の林縁などの日当たりのよい草むらのなかにその特徴的な垂れ下がる穂を容易に見つけることができる。台湾においては，台湾北西部の新竹県，苗栗県，台中県と，東海岸の宜蘭県，花蓮県，台東県で標本が採集されている。

　タイナンアブラススキは台湾固有種で，標高1,000 m以上の日当たりのよい崖などに生育する。草丈が低く，多数の分枝をともない，斜上する。花序も種子もアブラススキより小さい。標本は，南部山地で採集例が多い。

　私は，これまでの野外調査で，アブラススキの自生を2か所で確認することができた。1か所は苗栗県卓蘭の公共墓地内の雑草群落にまばらに混生していたもので，状況から見て，墓地造成前の丘陵地の植生からの残存と思われた。もう1か所は，新竹県尖石郷那羅の標高約500 mの林道沿いの斜面で，長さ50 mほどの群落を形成していた。この生息状況は日本での例によく似ていた。しかし，台湾では，アブラススキの生息に適したような環境に

は，外来の牧草など生育力の強い多年生イネ科植物が侵入しており，自生地は減少している。

　高山の野生植物であるタイナンアブラススキは，人為的な攪乱から保護されている場所，例えば玉山国家公園内には大きな群落が見られた。一方，そのような特別な保護のないところでは，道路の拡幅工事で山の斜面が削られるなど，やはり生育地の減少が危ぶまれる状況にあった。

　アブラススキは形態的にタイワンアブラススキによく似ており，遺伝学的な証明はされていないが，現在のところ，その直接の祖先として最も可能性の高い種である。人里的な環境に生育する点からも，採集対象になりやすかったと思われる。一般に多年生植物が栽培化されると，一年生植物的な栽培が行われるようになることが多いが，タイワンアブラススキの場合は，多年生的な要素を残した栽培が見られる。また，しばしば，長い間栽培をしていなかった土地で独り生えが観察されており，逸出しやすい性質を持っているように思われる。そういった点では，本種はいまだに野生型の特徴を部分的に残した栽培植物と見ることができよう。タイワンアブラススキがいつ，どこで栽培化されたのかはまだまったくわかっていないが，その栽培が台湾に限られていることから，台湾で独自に栽培化されたと考えるのが妥当であろう。これまで，台湾における初期の農耕はつねに外部からの伝播を前提として論じられてきた。近年の考古学的な発掘により，アワとイネの炭化種子が紀元前3500年の遺跡からそれぞれ見つかっており，これらは台湾における最も古い穀物栽培の証拠とされる。さらにこのイネ・アワを台湾にもたらした移住者が，現在の台湾原住民の祖先となったとも考えられている(Tsang, 2005)。

　それでは，タイワンアブラススキは台湾の初期の農耕段階において，どのように位置づけられることになるだろうか。過去のある時期に，タイワンアブラススキは原住民にとっては主要な雑穀の1つであった。イネやアワの伝播以前から本格的な栽培が行われていたとは考えにくいが，狩猟採集段階において人間の生活環境の周辺に自生するアブラススキの利用が始まっていた可能性は否定できない。丘陵地の森林を伐採したときに，その林縁にアブラススキの群生する環境が生まれたかもしれない。集中的な利用が行われてい

たアブラススキが，焼畑の広がりとともに夏作穀類の1つとしてその農耕体系に組み入れられていったということもあるだろう。こういったプロセスを明らかにするには，今後，植物考古学的な調査が必要になろう。

　これまでのところ，遺跡からタイワンアブラススキが見つかったというような報告はないが，今後，この植物への関心が高まり，その遺存体が遺跡出土物から検出されるようになれば，台湾の先史農耕の解明に新たな地平を開くものとなろう。近代の植物学による「発見」から約1世紀，原住民以外からは見えない存在となっていたこの植物がようやくベールを脱いだところである。この台湾独自の穀類の認識の広がりが，貴重な文化遺産の保全と理解への第一歩となるはずである。

第14章 東南アジアの極小粒ダイズ
山戎菽の末裔か？

阿部 純

　ダイズ *Glycine max* は，日本をはじめアジア諸国の食文化と関わり合いの深い作物である。アジアの国々を旅すると行く先々でさまざまなダイズの品種に出会うが，日本にもいろいろな品種がある。種子の大きな丹波黒，枝豆でおいしい山形や新潟の茶マメ，煮た青マメに醤油や酒で味をつけた浸し豆，煮豆に用いる黒マメ，きな粉や味噌とする黄マメなど，色や形はさまざまである。多様なダイズの品種は，お隣の韓国にも見られるが，中国南部から東南アジアでは黄色い小粒の種子が目立ってくる。この地域のダイズの品種改良は普通，豆腐などをつくる黄マメを対象としているので，黒マメや茶マメは古くから栽培されてきた在来品種の可能性が高い。中国南部や東南アジアの調査旅行の先々で，黒色や茶色のダイズ種子を農民に尋ねると，「昔は見たが今はない」，「離れた村ではまだ栽培している」などが返ってくる。自家採種された袋一杯の黄マメのなかを探してみても 1，2 粒の黒マメや茶マメの混入を見るのが精精である。色マメを豆御飯や煮豆などで味わう食文化はそこにはなく，ダイズは豆腐や豆豉またはトウナオと呼ばれる発酵ダイズに用いられている。

1. 極小粒ダイズ——ミャンマーのトーアン

2001 年秋，シャン高原の作物遺伝資源の調査から戻ったミャンマー第二

の都市マンダレーの市場では，これまでに見たこともない極小粒のダイズが麻袋一杯に売られていた。その大きさは，野生ダイズであるツルマメ G. max subsp. soja (図1A) とさほど変わらず，ややくすんだ黄白色の扁平な形をしていた (図1B)。極小粒のこの品種は発酵食品として利用されるという。豆もやしとして栽培される韓国のダイズ品種も小粒ではあるが，100粒重で10g程度はある (図1D)。それよりはるかに小さな極小粒のダイズは，どこでどのように栽培され，どのような姿で生育しているのだろうか。帰国後も，マンダレー市場で見た極小粒のダイズ品種のことは気になっていた。それから7年，雨季も終わりを告げる9月下旬に再びミャンマーを訪れる機会を得た。タイのカセサート大学とミャンマー農業研究省との間で企画されたダイズ遺伝資源調査に参加することができたのである。

ヤンゴンから空路で入ったマンダレーから北東に位置する中国との国境の町ムセに向かうと，道路は1時間ほどで九十九折の坂道となり，シャン高原

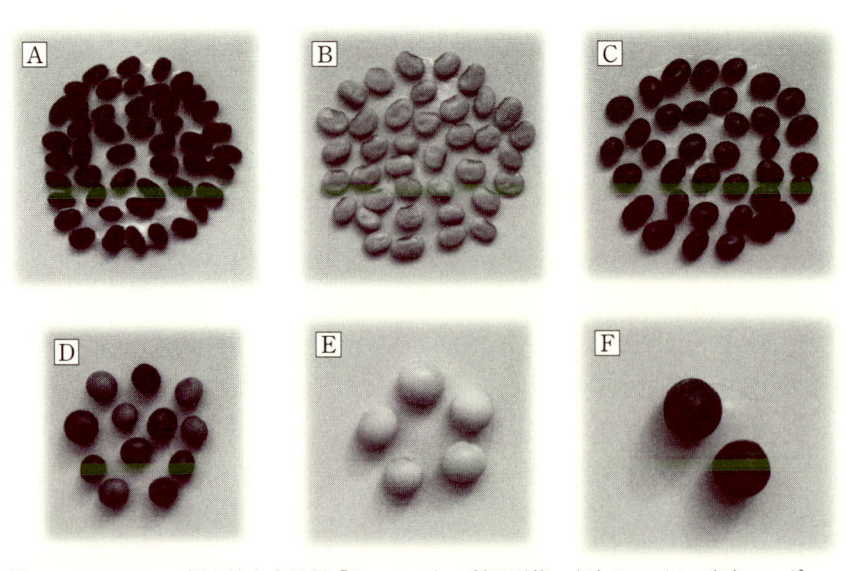

図1 ミャンマーの極小粒在来品種「トーアン」の種子形態。(A)ツルマメ，(B)マンダレー市場の極小粒ダイズ(トーアン)，(C)小粒黒ダイズ(インドマッディヤ・プラデーシュ地方産)，(D)ダイズもやしに利用される韓国の小粒品種，(E)普通のダイズ品種「エンレイ」(比較のため)，(F)丹波黒。それぞれのダイズ品種について，丹波黒2粒の重さに相当する種子を並べた。

に入る。高原の入り口の町メイミョーは植民地時代にイギリス人がマンダレーの酷暑を避けて築いた避暑地である。最初の目的地であるチャウメで昼食をとっていると，青空だった天気が急変し豪雨となった。1時間ほど降り続いた雨上がりに近くの村へ出かけると，「トオナオ」と呼ばれるダイズが栽培されていた。トオナオとは，中国雲南省のラオス国境に接したシーサンバンナからタイ北部，ミャンマーにかけて利用されるダイズの発酵食品で，トオナオに利用されるダイズの品種もトオナオと呼ばれている。東南アジアの雨季の高温多湿条件下ではダイズ種子の保存は難しく，この畑ではほかの農家に売るために，翌シーズン用の種子を増殖していた。翌日，ムセに近いラショー近郊の少数民族の村を訪れると，保存されていた小粒の種子を木の枡に入れて見せてくれた(図2A)。お目当ての極小粒ダイズである。このダイズはトーアンと呼ばれ，虫食いだらけであったが，播種用ではなく，自家用の発酵食品をつくるのに残されていた。ラショーからムセにかけて訪れた

図2 ミャンマーの極小粒在来品種「トーアン」。(A)枡の中の種子，(B)一株に群生する実生，(C)トーアンの畑(ミャンマー・ムセ)，(D)開花個体の草姿

どの村々でもトーアンの話を聞くことができた。播種したばかりの畑では，初生葉を展開したトーアンが1株に7～8個体ずつ群生していた(図2BとC)。小さな種子から想像されるよう，初生葉もツルマメ並みの大きさである。一方で，道路沿いの畑では，開花を終えた植物体が小さな莢を結び始めていた(図2D)。これらには，粒の小ささから想像される野生的な特徴は見当たらない。

トーアンは雨季や乾季を問わず栽培され，種子は，貯蔵性に優れ高温多湿の条件下でも発芽力を失わず，採種した種子は翌年の同じ季節に播種しても問題なく出芽するという。トーマーラン，カイラン，モービーなどと呼ばれる在来品種のやや大きめの種子は貯蔵性に劣り，チャウメで見たように本格的な栽培には発芽力の高い新鮮な種子をあらかじめ増殖しなければならない。トーアンは，よく揃って出芽し生産力も高く，播種した量の100倍近い収穫になるという。また，目立った病気も発生しないので殺菌剤を散布することもない。

日本や韓国での豆御飯や煮豆に用いる大粒種子へのダイズの改良とは違って，ミャンマーの極小粒ダイズは，高温多湿下での発芽力の維持と出芽能力の高さゆえに，ツルマメとは変わらない種子の大きさのまま，発酵食品として使われ，栽培され続けてきたのであろう。トーアンは，野生から栽培へと進み始めた初期の原始的ダイズの末裔なのだろうか。

2. 中国古文書に記されたダイズ

トーアンが在来品種として定着するに至った進化的過程を考える前に，ダイズがどこで起源しどのように進化してきたのか，中国古文書に現れるダイズの記述と私たちが進めてきたミトコンドリアゲノムや葉緑体ゲノムの解析結果を基に考えてみたい。私たちにとって馴染み深いダイズの起源については古くから関心が寄せられてきた。これまでにも黄河中流域説，黄河下流域(北部)説，中国東北地方(旧満州)説，中国南部説，朝鮮半島説などさまざまな仮説が提案されている。それぞれの根拠には，古文書に記された品種名の多寡が示唆する遺伝的多様性の大きさ，蔓性や小粒など原始的形質の地理的分

布，開花習性や伸育性などの生理形態形質やトリプシンインヒビター(種子タンパク質)電気泳動変異体の地理的分布，古代文献資料や遺跡資料に現れるダイズ栽培の記述や痕跡などがある(詳しくは阿部・島本(2010)を参照してほしい)。そのなかでも，中国の古代文献に現れるダイズの記述は，ダイズの起源を論じる上で中心的な役割を果たしてきた。ここでは，郭(1993)の「中国大豆栽培史」のなかで詳述されている中国古文書に語られるダイズについて簡単に触れておきたい。

　ダイズが記述されている最も古い文献に西周から春秋時代(紀元前1027～紀元前453)の『詩経』がある。『詩経』には三百余編の詩が収められ，そのなかの7編にダイズを意味する菽または戎菽(じゅうしゅく)の記述が出てくる。例えば，「中原に菽有り，庶民これをとる：中原有菽，庶民采之」や「これが荏菽(じんしゅく)(戎菽のこと)を蓺(う)ゆ，荏菽施施(はいはい)たり：蓺之荏菽，荏菽施施」などである。後者の「これが荏菽を蓺ゆ」とはダイズの栽培を意味し，「荏菽施施たり」とはダイズが盛んに生長する様子を表現しているという。郭(1993)によれば，これらの詩から，西周から春秋時代にかけてダイズ(栽培と野生の両者を含む)が収穫(または採集)されていたことがうかがえる。特に後者の詩は，今から4,000年以上も前の伝説上の英雄，農官后稷(こうしょく)の農業における貢献を謳った詩である。同様に紀元前1世紀初期の文献『史記』のなかにも，紀元前2550年ごろの英雄である黄帝が菽を栽培したという記述がある(王，1985)。これらの記述がダイズ起源の「黄河中流域説」や「黄河下流域説」の1つの拠りどころになっている。

　一方，戦国時代(紀元前453～紀元前221)の古書『逸周書』には，「周王が殷を滅ぼして間もないころ，異民族を会合に招いた際に山戎(さんじゅう)が菽(山戎菽)を献上した」と記述され，同じく『管子』には「春秋戦国時代の諸侯の1つ斉の国王である桓公(かんこう)が山戎を征伐した際，戦利品として冬葱(ねぎ)とともに山戎菽を領内に普及した」と記述されている。郭(1993)によれば，これらの記述から，当時菽が山戎の特産であり，周や戦国時代の斉の支配下では珍重されていたと解釈される。すなわち，『詩経』や『史記』と『逸周書』や『管子』に出てくるダイズの記述には矛盾がある。このことは唐代の学者孔穎達(くようだつ)によっても指摘されているが，郭(1993)は，仮に『詩経』や『史記』の記述のように，

ダイズがすでに当時黄河流域で栽培されていたとするならば,『管子』のなかでわざわざ「桓公がダイズを戦利品として普及させた」と記述する必要はなく,『管子』の記述は山戎討伐前の黄河流域には戎菽は栽培されていなかったことが前提にあり,ダイズは周代の初期(今から3,000年前)に山戎地方で栽培化されたと推察している。山戎は中国東北地方の西部および河北省東北部に居住していたとされ,『逸周書』や『管子』に見られる山戎菽の記述が「中国東北地方説」や「朝鮮半島説」を支える根拠の1つになっている。

3. 葉緑体DNAの解析からダイズの母系をたどる

ダイズは,ツルマメから起源したと考えられる。ツルマメは,日本列島,朝鮮半島,台湾,中国南部からアムール川を越えた北緯52度まで,東アジアに広く分布しており,ダイズの起源地はそのどこかに求められる。栽培作物の起源地を議論する際に遺伝的多様性の大きさが指標としてよく用いられる。しかしダイズの場合,後述するように,さまざまな地域でツルマメからの遺伝子流動が繰り返されてきたと考えられ,遺伝的多様性の多寡が栽培時期の古さを示す尺度にはならない。むしろ,栽培化の過程で生じた大粒化や,脱粒性や硬実性の消失など栽培化にともなう形質変化に直接関わったDNA多型や,それらと連鎖する,自然選択に中立なDNA多型が,野生型から栽培型への進化をたどる指標として有効である。特に,葉緑体ゲノムやミトコンドリアゲノムなど主に母性遺伝するゲノムのDNAは,栽培化には直接関与せず,また核ゲノムとは異なり交雑による分離・組み換えが生じないことから,このDNA多型の解析は作物進化をたどる上で有用である。ダイズの葉緑体ゲノムやミトコンドリアゲノムを制限酵素断片長多型(Restriction Fragment Length Polymorphism: RFLP)分析や単純反復配列(Simple Sequence Repeat: SSR)分析を用いて解析すると,ダイズとツルマメはそれぞれ特徴的な変異を持つことがわかる。両ゲノムで観察される多型のパターンはよく似ていることから,ここではより詳細な変異の特徴づけが可能であった葉緑体ゲノムの解析結果を基に,ダイズとツルマメの進化的関わり合いを考えてみよう。ミトコンドリアゲノムの解析結果については島本(2003)を参照された

い。

　ダイズとツルマメの葉緑体ゲノムは，逆位反復配列に隣接した約11 kbのDNA断片をプローブに用いたRFLP分析により3種類の型（I型，II型およびIII型）に分類することができる（Abe et al., 1999；阿部・島本，2001）。アジア各地から収集されたダイズとツルマメ計1,167系統についてこれらの型の出現頻度を解析すると，ダイズではI型の出現頻度が最も高く（約70％），II型とIII型が同程度の頻度（約15％）で観察されるが，ツルマメではIII型の出現頻度が最も高く（約60％），II型が約39％を占め，I型の頻度は1％未満にすぎない。したがって，I型はダイズに特異的な葉緑体ゲノム型であり，仮にこのゲノム型を持つダイズの起源を探るとするならば，ツルマメにおけるI型の分布を探ればよいことになる。興味深いことに，ツルマメにおける3つの型の地理的分布には特徴があり，III型は分布域全般に広く見られるが，II型の分布は西日本，朝鮮半島および中国南部に限られ，I型は雑種起源と考えられる青森県の1サンプルを除き四国，九州および中国地方にしか観察されなかった（Abe et al., 1999；阿部・島本，2001）。

　3つのゲノム型を区別する塩基配列の変異はRFLP分析に用いた制限酵素の認識サイト内に生じた単一塩基の多型（Single Nucleotide Polymorphism: SNP）であった（Kanazawa et al., 1998）。そこで，これらゲノム型の関係をより詳細に特徴づけるために，葉緑体ゲノムのほかの領域に由来する計3,849塩基の配列を比較した。しかし，I型およびII型とIII型の間には新たに5個のSNPが観察されたが，I型とII型の間には多型は観察されなかった（Xu et al., 2000）。観察されたSNPを解析する新たなDNA標識を作出して多型解析を広範な材料に広げてみても，5個のSNPすべてがI型およびII型とIII型の間に存在し，前者の2つの型の間に中間的なSNPの組合せを持つ系統は観察されなかった（Xu et al., 2001）。したがって，I型とII型は近縁なゲノム型であり，ダイズとツルマメが属する *Glycine* 属 *Soja* 亜属が成立した初期の段階でIII型から分岐したと考えられる。

　葉緑体ゲノムのDNA配列にSNPを見出すことは容易ではないが，単一の塩基が複数回繰り返されたSSRには多型を見出しやすい。そこで，ダイズの葉緑体塩基配列情報からアデニン（A）またはチミン（T）が繰り返された6

表1 栽培ダイズ183系統に観察された8種類の葉緑体SSRハプロタイプの地理的分布。表中の数字は系統数を示す。

地域品種群	葉緑体SSRハプロタイプ							
	葉緑体III型						葉緑体I/II型	
	♯20	♯21	♯25	♯26	♯29	♯34	♯48	♯49
日本　北部						4		17
南部	6							14
朝鮮半島	2		4			1		12
中国　東北部			7					12
黄河流域部			5					16
長江流域部			1		6			25
南部			2	1	1		1	18
東南アジア/南アジア	1	1	2		1			23

個のSSRを見出し,それらの多型をダイズ183系統とツルマメ143系統について解析した.それぞれのSSRには反復回数の異なる3個から6個の変異体が観察され,すべてのSSRで観察された変異体の組合せに基づき,ダイズとツルマメの葉緑体ゲノムを全体で52の組合せ(以下,葉緑体SSRハプロタイプ,または単にハプロタイプと呼ぶ)に分類することができた(Xu et al., 2002)。ダイズでは,これらのうち8種類の葉緑体SSRハプロタイプが観察される(表1)。最も出現頻度の高いハプロタイプは♯49(以下,優占型と呼ぶ)であり,I型またはII型の葉緑体ゲノムを持つダイズ品種のハプロタイプは,中国雲南省の1サンプル(♯48)を除きすべて優占型であった。一方,III型の葉緑体ゲノムを持つダイズ品種には6種類のハプロタイプが観察された。そのなかでも出現頻度の比較的高いハプロタイプは,南日本を中心に観察される♯20,朝鮮半島から中国東北部/黄河流域を中心に観察される♯25,長江流域部で主に観察される♯29,北日本で観察される♯34であり,それぞれ地域特異的に存在していた。これら地域特異的な葉緑体SSRハプロタイプを持つ品種は,ミトコンドリアゲノムについても地域特異的なRFLP型を示し,♯20はIc型またはVIIIc型,♯25はIVa型,♯29と♯34はIe型を持っていた(阿部・島本,2001;島本,2003)。

　一方,ツルマメにはダイズで観察された8種類のハプロタイプを含むすべてのハプロタイプが存在する(図3)。各ハプロタイプの地理的分布を見ると,

第14章　東南アジアの極小粒ダイズ——山戎菽の末裔か？　283

[葉緑体ゲノムIII型]

[葉緑体ゲノムI型とII型]

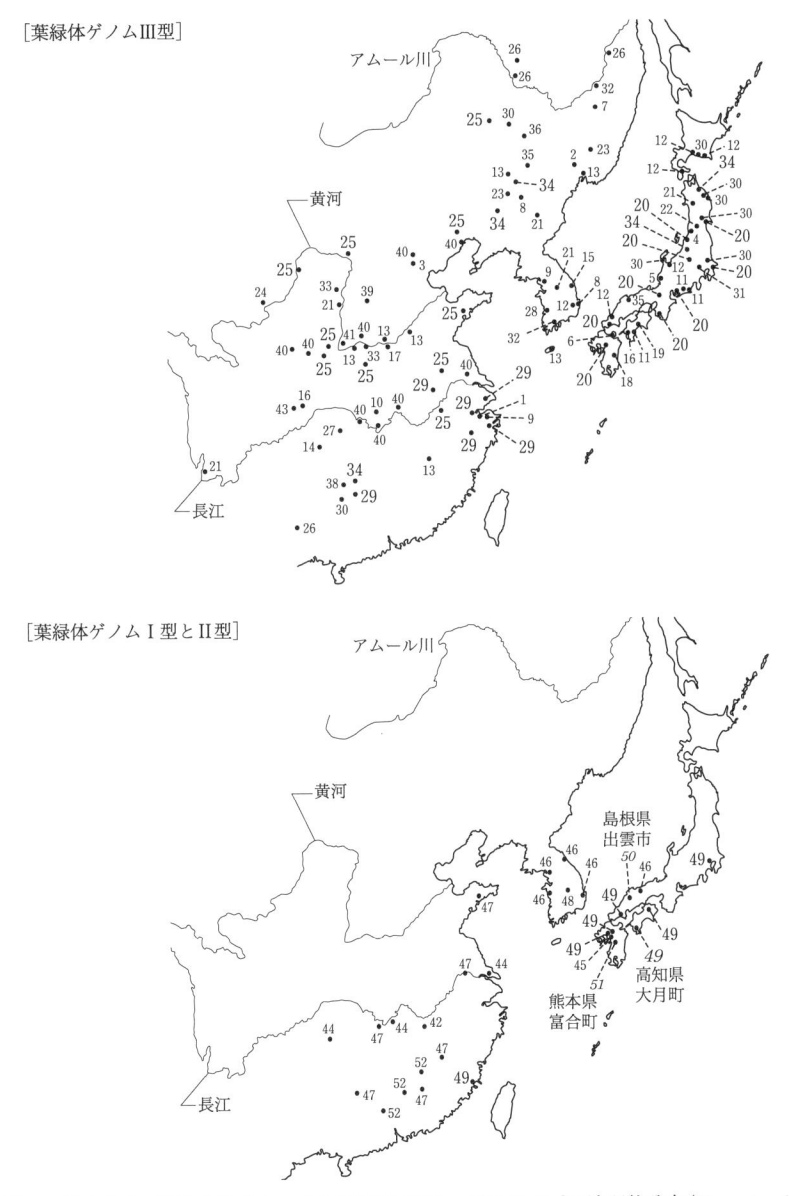

図3　東アジアに自生するツルマメの葉緑体SSRハプロタイプの地理的分布（Xu et al., 2002を改変）。イタリック体数字は葉緑体ゲノムI型個体を，サイズの大きな数字は栽培ダイズで観察されたハプロタイプ（♯20，♯25，♯29，♯34，♯49）を示す。

概ね特定の地域に分布する傾向が認められる。特に，ダイズで観察されたIII型の4種類の地域特異的ハプロタイプは，それぞれ同じ地域に分布するツルマメでも観察され，ダイズとツルマメの間でそれらの分布が概ね一致している（図3上）。例えば，ハプロタイプ♯20は日本の南部を中心に，ハプロタイプ♯25は黄河流域を中心に中国東北部から長江周辺にかけて，ハプロタイプ♯29は長江流域から南部にかけて分布している。唯一ハプロタイプ♯34だけが北日本，中国東北部および中国南部に散在していた。ハプロタイプ♯34を持つダイズ品種は地域特異的なミトコンドリアゲノム型(Ie)をあわせ持っている。ハプロタイプ♯34を持つツルマメについてそれらのミトコンドリアゲノム型と比較すると，北日本で収集されたツルマメだけがIe型のミトコンドリアゲノム型を示し，ほかのツルマメは異なるゲノム型を持っていた。SSRにおける反復数の違いが繰り返して生じる可能性を否定することはできないが，ミトコンドリアゲノム型の解析結果ともよく対応していることから，異なる葉緑体SSRハプロタイプを持つダイズ品種群はそれぞれ同所的に分布する同じハプロタイプを持つツルマメと共通の母系に由来すると考えられる。

　それでは，ダイズの優占型ハプロタイプ(♯49)はツルマメではどのように分布しているのだろうか。前述のように，I型とII型の間には新たに解析した塩基配列にSNPは観察されず，両者の関係を詳しく解析することはできなかった。しかし，葉緑体SSRの解析により，I型は3種類のハプロタイプに，II型は9種類のハプロタイプに細分することができた。これらのハプロタイプはIII型のダイズやツルマメでは観察されない。またこれら9種類のうち，優占型ハプロタイプ(♯49)とハプロタイプ♯48だけがI型とII型で共通していた。

　ダイズの優占型ハプロタイプは，解析したツルマメ143系統中，中国福建省の1サンプルを除き日本の関東以西で収集された6系統のツルマメにしか観察されなかった（図3下）。さらにI型との組合せに絞ると，高知県大月町で収集されたツルマメだけがI型と優占型ハプロタイプをあわせ持っていた。同じI型を持つ島根県出雲市や熊本県富合町で収集されたツルマメのハプロタイプは優占型ではなく，ハプロタイプ♯50と♯51であった。さらに日本

のツルマメについて解析系統数を増やしてみた(図4)。その結果，Ⅰ型と優占型ハプロタイプの組合せは大月町に加えて岡山県香寺町と佐賀県伊万里市で収集されたツルマメで観察されただけであった(図4)。これらの結果から，現在の多数のダイズ品種を特徴づけるⅠ型葉緑体ゲノムと優占型葉緑体SSRハプロタイプの組合せは，現存のツルマメには非常に稀であることが

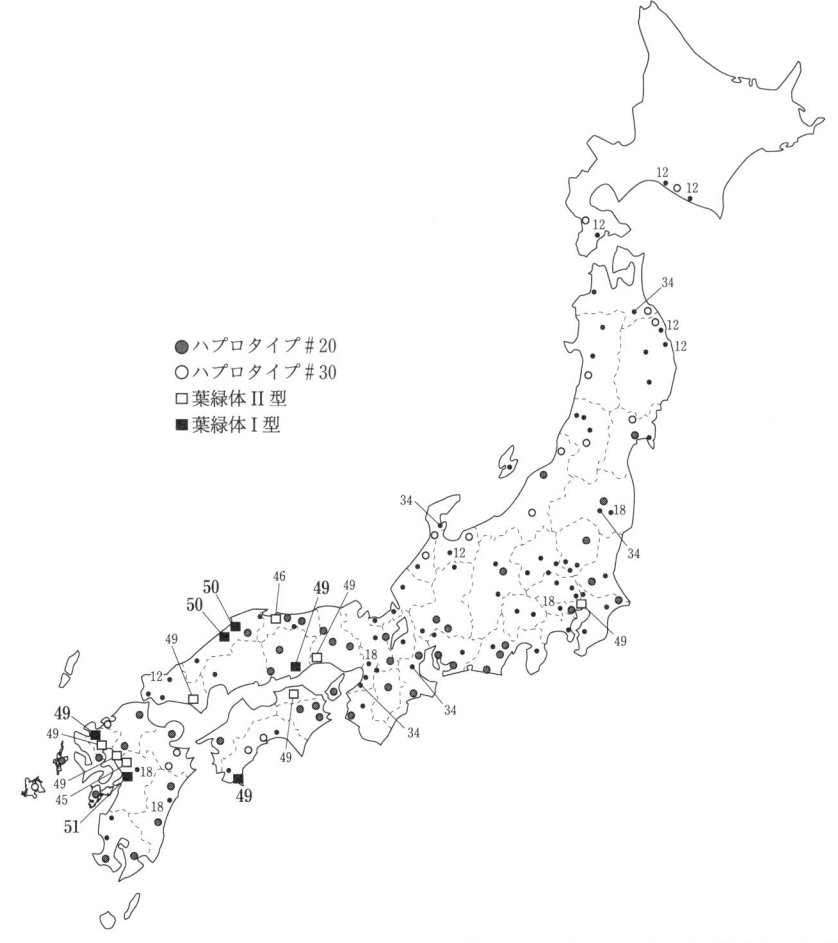

図4 日本列島に分布するツルマメの代表的な葉緑体SSRハプロタイプの地理的分布。出現頻度の高いハプロタイプ(♯12，♯18，♯20，♯30)，栽培ダイズで観察されるハプロタイプ(♯20，♯34，♯49)ならびに葉緑体ゲノムⅠ型とⅡ型を持つ個体のハプロタイプ(♯45，♯46，♯49，♯50，♯51)を示す。

わかる。

　これら3系統のツルマメを除くと，ダイズの優占型ハプロタイプを持つツルマメはいずれも葉緑体II型のゲノム型を持っている。前述のように，II型のツルマメは朝鮮半島や中国南部にも広く観察されるが(阿部・島本，2001)，これらはいずれも優占型とは異なる葉緑体SSRハプロタイプを持っている(図3下)。唯一，韓国で収集されたツルマメ1系統が雲南省のダイズで観察されたハプロタイプ♯48を持っていた。今後，朝鮮半島や中国南部についてより多くのツルマメを解析する必要はあるが，これまでの解析結果に基づくならば，ダイズを特徴づける葉緑体ゲノムと同じゲノムを持つツルマメは非常に稀であり，それは主に日本の南部に分布することになる。

4. 葉緑体ゲノムの多型解析が示唆するダイズの起源と進化

　このように，ダイズにはツルマメには極稀な葉緑体ゲノム型(優占型)を持つ品種と，同所的に分布するツルマメと共通する地域特異的なゲノム型を持つ品種が存在する。それぞれのゲノム型がダイズとツルマメで独自に生じたとは考えられないことから，ダイズにおける複数のゲノム型の存在は，ダイズが東アジアのさまざまな地域で異なったゲノム型を持つツルマメから多元的に栽培化されたか，栽培化初期のダイズがさまざまな地域に伝播した後に自生するツルマメと雑種形成し，その後代からツルマメ固有のゲノム型を持った栽培型が選抜されたかを示唆している。初めて栽培化された始祖集団がどのようなゲノム型を持っていたかによって，ダイズの起源地やその進化の機構を推し量ることが可能になる。仮に，地域特異的ゲノム型を持つ始祖集団から最初に栽培化が生じたとするならば，いくつかの疑問が生じる。なぜ，そのゲノム型がアジア全域で観察される優占型にならなかったのだろうか？　また，仮に現在の優占型を持つダイズがツルマメとの雑種後代から選抜されたとするならば，なぜ新たに生じた優占型を持つダイズが親である地域特異的ゲノム型のダイズよりも広く栽培されるようになったのだろうか？

　むしろ，優占型ゲノムを持つダイズが同じゲノム型を持つ始祖集団から最初に栽培化され，アジア各地に広がる過程で，ツルマメとの雑種形成を通じ

て，または独立した栽培化を経て地域特異的ゲノム型を持つダイズが定着したと考えるのが，現時点で最も考えやすいシナリオであろう。この始祖集団と同じ母系に由来するツルマメは現在では非常に稀であり，これまでの調査結果では関西以西の南日本にしか存在しない。古代の人々が，人里植物として身近に生育するツルマメのなかから魅力的な特徴を持った突然変異体を見出したとき，ツルマメは植物採集の対象から原始的な作物へと歩み出したと考えられるが，その始祖集団が偶然，現在の優占型葉緑体ゲノムを持っていたのであろう。『逸周書』や『管子』で出てくる山戎菽の記述は，ダイズが北方の異民族から黄河流域に導入されたことを示唆するが，この山戎菽が優占型の葉緑体ゲノムを持っていたのではないだろうか。ひとたび原始的な栽培作物として歩み出したダイズは，山戎菽として古代中国に導入され，黄河流域からさらに長江南部，東南アジアへと栽培地域が広がっていった。このように考えると，葉緑体ゲノム型に見られる変異の様相と古代文献資料に出てくる山戎菽の記述を無理なく説明することができそうである。ただし，その検証には遺跡から発掘されるダイズ炭化種子の葉緑体ゲノム型の解析が必要であることはいうまでもない。

近年，土器に圧痕として残る植物種子のレプリカをとり，電子顕微鏡観察により詳細に解析する「レプリカ・セム法」を用いて，熊本県の縄文後期・晩期(紀元前1600年ごろ)の複数の遺跡から発掘された大型マメ種子や土器に残されたマメ種子の臍の圧痕がダイズと同定されている(小畑ほか，2007)。これらの発見から，縄文後期・晩期にはすでに現存のツルマメよりも大きく扁平な種子を持ったダイズが利用されていたと推察されている。同様に，ダイズ種子の圧痕は朝鮮半島や中国大陸の遺跡から発掘された土器にも観察されている。それらの大きさを比較すると，縄文土器に見られる圧痕や朝鮮半島の遺跡から発掘された土器の圧痕の大きさは中国の土器に残された圧痕に比べて大きいという(小畑，2009)。大粒化への歩みが，中国黄河流域や韓国に比べて日本列島で古く生じたことが，東アジア22遺跡より出土した949点の炭化種子の比較からも指摘されている(Lee et al., 2011)。放射性炭素年代測定の結果，今から5000年前の縄文中期の下宅部遺跡(東京都東村山市)より出土した炭化種子の大きさ(長さ約7 mm)は，同じ時代の黄河流域や韓国の出土

種子(3mm前後)に比べて大きい。中国大陸で周王朝が栄えていたころ，東端の日本列島ではダイズが作物として歩み始めていたのかもしれない。現存するダイズやツルマメのDNA多型の解析や考古学的解析が東アジア全体に展開されることにより，ダイズ起源に関する統一的な見解が得られるものと期待される。

5. 東南アジアの小粒ダイズ在来品種の葉緑体ゲノム型と核の遺伝的構成

葉緑体ゲノムの解析結果が示唆するように，ダイズはその進化の過程でツルマメと遺伝子交流を繰り返してきたと考えられる。ミャンマーの在来品種トーアンの種子は，扁平でツルマメよりやや大きいがダイズのなかでは非常に小さい。そのような原始的な特徴はツルマメとの雑種に由来した可能性を示唆するが，葉緑体ゲノムを解析してみると，トーアンのゲノム型は優占型であり，ほかの多くのダイズと同じ母系に由来していた。さらに，ミャンマー，タイ，ベトナム，インドネシアなど東南アジアや南アジアで収集された小粒のダイズに解析を広げてみても，その多くは優占型であり，地域特異的ゲノム型を持つダイズは稀である(表1)。唯一，インド中部のマッディヤ・プラデーシュ地方で収集された小粒扁平の黒ダイズ(図1C)が，ツルマメのなかでも稀な葉緑体SSRハプロタイプ(#21)を共有していた。トーアンをはじめとする東南アジアの小粒ダイズは，黄河流域から中国南部を経て伝播してきた初期の原始的なダイズ，山戎菽の末裔としてとらえられるのではないだろうか。

仮にトーアンが山戎菽の末裔であり，山戎菽が日本南部に分布した始祖集団から起源したとするならば，トーアンは日本のダイズ集団と似たような核の遺伝的構成を持つのではないだろうか。アジア各地から収集された131のダイズ品種・系統についてダイズの20個の連鎖群から1つずつ選んだ20の核SSRを解析すると，日本のダイズ集団は中国の集団とは異なった遺伝的構成を持つことがわかる(図5)。この結果は，アイソザイム遺伝子座の解析(Hirata et al., 1999)やDNA多型解析の1つであるRAPD(Randomly amplified

第14章 東南アジアの極小粒ダイズ——山戎菽の末裔か？ 289

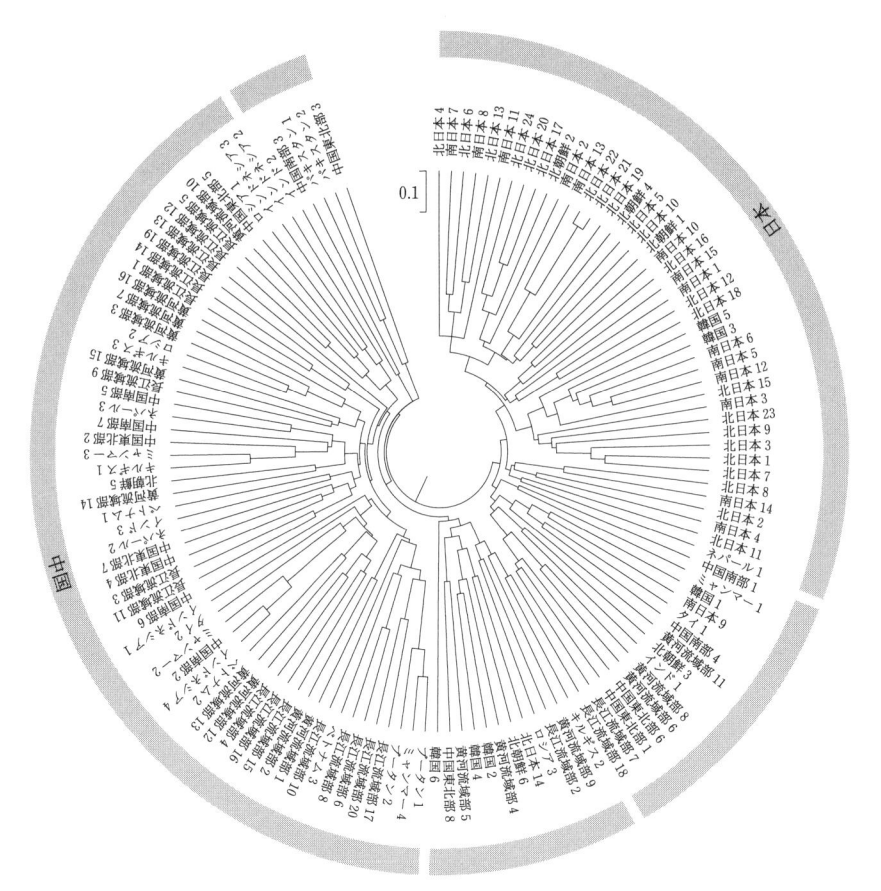

図5 核のSSR標識の多型に基づくアジアのダイズ131系統の系統関係（Abe et al., 2003を改変）。トーアンと同じ種子形態を持つミャンマーピンマナ産ダイズ（ミャンマー3）は主に中国品種からなるグループに含まれる。

polymorphic DNA）解析（Li and Nelson, 2001）の結果とよく一致しており，日本と中国の間の長い文化交流の歴史にもかかわらず，ダイズはそれぞれの地域で独自の進化をとげてきたと思われる。SSRやアイソザイム遺伝子座に観察される日本のダイズに特異的な変異体は，日本に自生するツルマメにも観察されており，ツルマメからの遺伝子流動がダイズ地域集団の遺伝的構成に少なからぬ影響を与えてきたと想像される（坂本，2004）。

　トーアンをはじめとする東南アジアのダイズは，どの地域のダイズと遺伝

的に似ているのだろうか。トーアンと同じ種子形態を持つミャンマーピンマナ産のダイズ(図5のミャンマー3)について系統樹上の位置を見ると，ほかの多くの東南アジアの系統と同様に中国のダイズが集合するグループに含まれており，主に日本のダイズからなるグループには東南アジアのダイズは含まれていない。事実，トーアンをはじめこれらの系統は，日本のダイズ集団には観察されないか稀な中国集団特異的な変異体を複数有していた。トーアンが栽培化初期の原始的な特性をそのまま残してきたとするならば，その遺伝的構成は，今後始祖集団の遺伝的構成を推察する上で重要な糸口になる。

　母性遺伝する葉緑体ゲノムやミトコンドリアゲノムの多型解析結果が示唆するように，ダイズは，東アジアのさまざまな地域で多元的な栽培化または雑種形成を通じてツルマメからの遺伝子流動を繰り返し，その遺伝的多様性を広げてきた。栽培化初期の原始的なダイズはさまざまな地域に伝播され，その地域の環境条件や，栽培方法ならびに利用方法によって多様な草姿や種子の形を持った品種が形づくられてきたと考えられる。トーアンは，高温多湿下での優れた貯蔵性と発酵食品としての嗜好によって長い年月の間種子の形を変えることなく極小粒のまま栽培され続けてきたのだろう。一方で，丹波黒(図1F)に代表されるような大粒化への人為的な選抜が日本や韓国で進められてきた。栽培化に関連した形質の遺伝解析の結果を比較すると，大粒への進化には多くの遺伝子が関与しており，またダイズとツルマメの交雑やダイズ品種間の交雑で共通に分離する大粒化に関わる遺伝子は非常に少ない(Liu et al., 2007)。丹波黒の大粒種子は，多くの遺伝子座における小さな遺伝子効果を持った突然変異の集積によってはじめてなしとげられてきたのである。最近の分子生物学的研究から，ダイズは少なくとも5,800万年前と1,300万年前の二度にわたってゲノム重複を経た古倍数体植物であることが示されている(Schmutz et al., 2010)。これらのうち二度目のゲノム重複はマメ科植物のなかでもダイズ属に固有であり，ダイズはほかのマメ科植物に比べて多くの遺伝子が重複している。長い歴史のなかで，これら重複した遺伝子は，個々の機能を保持し助長的に作用し合いながら，一方では遺伝子発現の組織特異性の分化など機能的な分化をとげることによって多様な表現型を生みだす原動力となり，ダイズの進化を支えてきたのであろう。

雲南の植物食に見られる文化多様性

魯　元学・管　開雲

　栽培植物学者の中尾佐助は，ヒマラヤ―雲南―日本に広がる植物と文化の共通要素から照葉樹林農耕文化を提唱する(中尾，1966)。この照葉樹林文化論は，その後，佐々木高明らによって肉付けされる(上山ほか，1969，1976；佐々木，2007)。そこでは，生態学や民族植物学(植物と伝統的民族社会との相互関係)の立場からの検証によって，アジア的視点に立った東洋の農耕の起源を説き明かすことになる。「照葉樹林文化論」は，照葉樹林農耕の指標となる植物や生活文化の要素が複合して集中する雲南をその発祥地の重要な1つとして取り上げている。しかし，文化論の提案されたころ，雲南省の植物利用の実態は知られておらず，基層を推定するための基礎情報はなかったといってよい。本章では，中国科学院昆明植物研究所における私たちの数十年にわたる植物多様性に関する野外調査と文献調査に基づいて，雲南省の少数民族の日常生活にみられる植物と植物文化を紹介して，文化論の深化に必要な情報を提供するとともに，人と植物の緊密な関係の一部を考えてみたい。

1. 植物王国・雲南

　雲南省は，東経97度31分〜160度12分，北緯21度8分〜29度15分の間にあり，中国の西南部の国境に位置している。日本の奄美大島よりも南に位置し，総面積は39.4万 km^2 で，その面積の94％が山地と高原で，残りわずか6％が山間部の盆地と河谷である。南北に990 km，東西に885 kmある

雲南省は，西北から西南，東南，東北方向に傾斜し，3段の台状の高原となっている。チベット高原に発する長江，メコン，サルウィン，イラワジの4大水系が横断山脈を南北に刻んでいる。平均海抜は2,000 mほどで，西北端の梅里雪山の主峰カワコボ峰は海抜6,740 mで省内の最高峰である。一方，ベトナムとの国境地である南部の河口県の紅河と南渓河とが合流する地点では海抜わずか76.4 mである。雲南省の南部，西部と西南部はベトナム，ラオスとミャンマーに接し，西北部はチベット高原，北部は四川省，東部は貴州省と広西荘(チワン)族自治省に隣接している。熱帯インド洋からの西南の季節風と太平洋からの東南の季節風に加えてチベット高原気団からの影響を受け，北高南低の地勢と入り乱れた複雑な地形によって，雲南省は，四季の隔てなく乾季と雨季の明瞭な独特の高原季節風気候となっている。気候は温暖で，気温の年較差は小さく，5〜9月は雨季となり，10〜4月は乾季となる。雲南省には熱帯気候から寒帯気候まで，おおよそ，熱帯，亜熱帯，温帯，寒帯，雪山氷原など，ほとんどの気候帯が見られる。気候帯に対応して熱帯にコーヒーやゴムの栽培，南部亜熱帯に茶の栽培，中部および北部亜熱帯に常緑広葉樹林(日本でいう照葉樹林)，温帯に雲南松などの樹林，高原にはシャクナゲ *Rhododendron* spp.やサクラソウ *Primula* spp.やリンドウ *Gentiana* spp.などがある。局部的な山地には，"1つの山が四季を分け，10里離れると天気が異なる"といわれる独特の気候が見られる。気象条件のすべてが植物の生長に特有の地理的環境と気候をつくり上げ，それぞれの地域で植物の種を最も豊富な多様性のレベルに到達させてきたのである。古くからの雲南の地史も多様な植物の成立にかかわっている。第三紀以降，インドプレートとヨーロッパプレートとが衝突し，ヒマラヤが隆起し横断山脈が形成された。その結果，古地中海は後退するが，古地中海にあった植物要素はこの地区に残された。雲南の大部分は，古くて複雑な東亜植物区系に覆われるが，南部は熱帯の北縁にあたる。典型的な熱帯インドとマレーの豊富な植物種も，河谷に沿って北上し，西北部の峡谷地帯に至っている。第四紀の氷河期には北方植物要素が南に移動し雲南にやってくる。そのため，恵まれた雲南の地理的環境と気候条件のもとで，植物区系を構成する要素が南北交流し，融合して多様な植物を保存してきた。結果として，中国の土地面積のわずか4％の雲南は，中

国全土で見られる約30,000種の半数を超える16,000種あまりの高等植物を持つことになった。雲南省には中国に固有の植物72科243属のうち110属が見られ，雲南省に固有の植物は1,000種を超える。裸子植物では世界の12科71属約800種のうち，雲南省は10科29属88種11変種を産する。シダ植物の種類は中国の50%を占め，マツバラン，リュウビンタイ，ヘゴ類も雲南省に分布する。生きた化石といわれるモクレン目，クスノキ目，シキミ目，ヤマグルマ目，トチュウ目など原始的被子植物もある。南北の植物の交流地点に当たる横断山脈では種の分化が著しく，雲南省にはキク科植物は723種，ラン科は約680種，マメ科は488種，ツツジ科は471種，イネ科は366種ある。キンポウゲ科に近縁の38科のうち17科は雲南省に分布する。雲南は，世界が注目する「植物王国」である(管開雲，1999；管開雲・魯元学，2003)。

2. 雲南省の少数民族における植物食文化

中国の56の民族は祝祭日も多く，民俗的な歳事や季節には，植物を使う。例えば，漢民族は陰暦正月1日(春節)，正月15日(元宵節)，5月5日(端午節)，8月15日(中秋節)などの重要な祝祭日や，立春，立夏，立秋，冬至など24の節気にはさまざまな民俗活動を営み，25の少数民族には，漢族の祝祭日より多い独自のお祭りがある。植物はすべての祝祭日のなかで重要な役割を果たしている。雲南省の少数民族の植物食文化は多様であるが，ここでは住居周辺の植物を活用した穀物食の民俗事例を示した後，花食の文化を参照しながらひろく野菜として使われる植物を概観してみたい。

穀物食
"花糯飯"
花糯飯は，糯米などの食物を植物色素で色づけたご飯で，お祭りや結婚式や葬式のときに食べられる。雲南のラフ族は，色のついた料理が好きで，蜜蒙花(フジウツギの一種 *Buddleia officinalis*，ラフ語では seniwe；図1)の色素でご飯を染めて食べる(龍・王，1994)。染めたご飯は薄い黄色となり食欲をそそる。

このご飯を食べると幸せになるといわれる(劉, 1999)。同じように壮族(チワン)の人達は，糯米を蜜蒙花を使って黄色く染めるほか，紅糸線(ハグロソウの一種山藍 *Peristrophe roxburghiana* の乾燥品)を使って紫色に染めたり，烏飯樹(シャシャンボ *Vaccinium bracteatum*)の若い葉を使って黒色に染める。染めた3つの糯米は，それぞれ蒸しあげて，よく混ぜてから食べる。また，蘇子(シソ *Perilla frutescens*)や草果(カルダモンの仲間 *Amomum tsao-ko*)を香辛料とし"花糯飯"に混ぜて食べる。壮族の言葉では"花糯飯"は"kuo no rai"という(陸, 1993)。

"粑粑"

粑粑は，イネをはじめ，アワ，ヒエ，モロコシ，ソバ，ダイズ，アズキ，サトイモ，ヤマイモ類 *Dioscorea* spp. など，雑穀や豆類，イモ類といくつかの野生蔬菜を主な原料としてつくる餅である。雲南の少数民族では"粑粑"づくりが盛んである。文山州に住む壮族は，鶏矢藤(ヘクソカズラ *Paederia scandens*)，鼠麹草(ハハコグサ *Gnaphalium affine*)，白牛胆(オグルマの一種羊耳菊 *Inula cappa* の乾燥品)を糯米に混ぜて"粑粑"をつくる(陸, 1993)。雲南省西双版納(シーサンパンナ)の思茅地区に住むタイ族，ジノ族，ハニ族は，雲南石梓(キダチキバナヨウラク

図1 蜜蒙花　　　　　図2 雲南石梓

Gmelina arborea, タイ語では maisuo, ジノ語では lu mei, ハニ語では sejie；図2)の花の粉末を混ぜて餅をつくる。雲南石梓は西双版納地区のタイ族の水掛祭りには必ず食べられる。水掛祭りは陽暦の4月13～15日の間(タイ暦は6月中旬)に行うタイ族の新年である。現住民は，毎年，花期の3～4月にこの花を大量に採集し，乾燥してから粉にする。この花の粉と糯米でつくった餅は考糯索(タイ族語で Kao no Suo)という。タイ族の人々は考糯索を食べたら1年中幸せになると信じている。楚雄地区に住むイ族は陰暦の6月24日や新年(陰暦の1月1日)などの祝祭日にかけて，山薬(ヤマノイモ類 *Dioscorea* spp.)の塊根を練って餅をつくり，火で焼いて食べる習慣がある。イ族の人は"粑粑"(イ族語では a da)を火で焼いて食べると1年中幸せになると信じている。雲南省墨江地域に住むイ族とハニ族は毎年春節のとき，鼠麴草(ハハコグサ)を糯米に混ぜて火草粑粑をつくる習慣がある。幸福と幸運を祈る。西双版納地区に住むハニ族の支系であるアイニ人は大芭蕉 *Musa sapientum* の花(芭蕉花，アイニ語では dungui)で肉餅をつくり，特に家を建てるときのお祝いの食品となっている。

竹　飯

　竹飯は糯米や調味料などを新鮮な竹筒に入れて調理する飯食の1つである。雲南省の少数民族のタイ族，ハニ族，ラフ族，ブーラン族，ジノ族など多くの民族でよく食べられる。普通は長さ25 cm，直径6 cmほどの1年目の竹筒を使う。新竹は水分が多いため，竹飯を焼くにはよいといわれている。節のある竹筒を切り取って，竹筒の一端を空け，適量の糯米や調味料を水と混ぜてそのなかに入れ，竹や芭蕉の葉を口に詰め，木炭の上で焼く。竹筒の表面が焦げたら，竹飯は炊き上がる。できあがった竹筒の外皮を剥いで中身を食べる。竹筒の内側にある薄皮が中身の餅米についてくるため，竹の香りと糯米の香りの混ざった味が食欲を誘い，風味のある食べ物になる(大野ほか，2008)。作り方は簡単であるが，竹飯を焼くには経験が要る。違う民族では住む所の竹の種類が違うため，竹飯に利用する竹の種類も多少違うが，香糯竹(*Cephalostachyum pergracile*；図3)や *Bambusa tulda* がよく使われる。

図3 香糯竹を用いた竹飯

粽

粽は日本でも食べられている。雲南省の常緑広葉林帯に住む少数民族は粽粑葉(クズウコン科の一種柊叶 *Phrynium capitatum* の葉；図4)で粽をつくる。粽は円柱形あるいは三角形になる。雲南省の東南部に住む壮族の人達は，稲を燃やした灰で糯米を黒く染め，粽粑葉の若葉で包んで粽をつくる。雲南省中部に住むイ族では，砂糖やピーナッツ，緑豆などを入れた粽を粽粑葉の若葉で包んで粽をつくる。雲南省の熱帯地域に住むタイ族は芭蕉(バショウの一種 *Musa wilsonii*；図5)の葉で粽をつくる。そのほか，粽を包む植物は，苹婆(ピンポンノキ *Sterculia nobilis*)，槲樹(カシワ *Quercus dentata*)，甘蔗(サトウキビ *Saccharum officinarum*)，芦苇(ヨシ *Phragmites communis*)，茭笋(マコモ *Zizania latifolia*)，箬竹(*Indocalamus tessellates*；図6)，荷花(ハス *Nelumbo nucifera*)など多数に及ぶ。

少数民族の蔬菜食——野生種と新たな栽培種の利用

日本の山菜に当たる野生蔬菜(Wild vegetable)は，雲南の少数民族にも多い。これは，通常に栽培する農作物や果樹，花卉，蔬菜と違って人工的に栽培し管理したものではなく，自然のなかで繁殖し生長しているか，栽培していても十分に馴化されていない植物で，根や茎，葉または花や果実等の器官を食べる野生または半野生の植物である。

第 15 章 雲南の植物食に見られる文化多様性　297

図 4 粽粑葉

図 5 芭蕉(バショウの一種 *Musa wilsonii*)の葉で粽をつくる。

図6 箸竹

　野生蔬菜は，空気の清浄な荒地や山の斜面，山谷，ジャングル，森林などに生育する植物で，現代的工業や都市の汚染を受けていないため，野生蔬菜それ自身の生物抵抗力は栽培蔬菜より強く，化学肥料や農薬を使わない天然の食品といわれる。野生蔬菜の多くは，独特な香りや，美味しい味を持ち，特色ある料理として，昔から雲南省のそれぞれの民族から好感をもって受け入れられている。現在は，人々の生活水準の高まりにともない，食事の構造も変化し，野生蔬菜はこれまでの野菜の補充としてその需要がますます大きくなっている。

　山地の多い雲南省では野生蔬菜は，中国のなかでも豊富で，食用にできる213科815属1,800種余りのうちざっと460種ほどがあり（章末に載せた表1参照。大規模に育成している伝統蔬菜を除き，この地域で利用法の発達した地域外の栽培種も含む），中国の野菜資源の1/5以上を占める（楊ほか，2004）。表1に収録した少数民族の使う野草と原初的な蔬菜の種類は，さらにデータを収載すると増え，雲南省にはもっと多くの種がある。

　雲南省の少数民族の食べる蔬菜は，大きく3つの用途，日常の家庭料理用，

薬膳用と宗教儀礼用である(表1)。食用部位・器官から見ると，全株を食用とする，若茎や若葉を食用とする，花弁や花芽を食用とする，果実を食用とする，塊根や地下茎を食用とする，若茎葉や根を食用とする，若茎，葉，花，果実を食用とする，そのほか(シダ，地衣類)の種類のおよそ8種類に分けられる。

全株を食用とする

おもに草本で，数は多くない。例えば，小根蒜(ノビル Allium macrostemon；図7)，水楊梅(オオダイコンソウ Geum aleppicum)，石菖蒲(セキショウ Acorus tatarinowili；図8)，吉龙草(ナギナタコウジュの一種 Elsholtzia commus)，红豆冠(ハナミョウガの一種 Alpinia galanga)，ヘクソカズラなどは全株を食用とする。

若茎や若葉を食用とする

これは少数民族の食用蔬菜の主体となっている。よく食べられるのはタケノコ，高河菜 Megacarpaea delavayi，竹葉菜(ユキザサの一種 Smilacina henryi)，刺芋(Lasia spinosa；図9)，臭菜(Acacia pennata；図10)，守宮木 Sauropus androgynus，刺五加(ウコギ Acanthopanax gracilistylus；図11)，樹頭菜 Crateva unilocularis，榕

図7 小根蒜

図8 石菖蒲

300　第Ⅲ部　栽培植物が支える文化多様性

図9　刺芋

図10　臭菜

第 15 章 雲南の植物食に見られる文化多様性　301

図 11　刺五加　　　　図 12　香椿

樹(ガジュマル類 *Ficus* spp.)，香椿(チャンチン *Toona sinensis*；図 12)，刺芫荽(ヒゴタイサイカの一種 *Eryngium foetidum*)，秋海棠(シュウカイドウの仲間 *Begonia* spp.)，雲南山葵(ワサビの一種 *Eutrema yunnanense*)など 100 種類以上ある。

　雲南山葵(図 13)は，日本でよく食べられるワサビの仲間である。海抜 3,000m 以上の高山帯に生育する。栽培はなく，昔から野生品が食べられている。春に若茎や葉を採集し，炒めるかスープに入れて食べる。または漬物にして保存する。雲南山葵の葉は日本のワサビのような辛味があるが，根茎は辛くないため，産地のバイ族とナシ族は，根茎は食べないと言われる。近年，日本のワサビが雲南に導入され栽培されるにともなって，バイ族やナシ族のなかでも日本のワサビの方に人気が移り，雲南山葵を採集して食べることは少なくなっている。

　ベゴニア属の四季海棠(シュウカイドウ *Begonia grandis*；図 14)，粗喙秋海棠 *B. crassirostris*，掌葉秋海棠 *B. hemsleyana*，裂叶秋海棠 *B. palmata* などおよそ 8 種が野生蔬菜と薬用として利用されている(管ほか，2007)。ベゴニア属の葉や枝は柔らかくて汁液にビタミンが多く含まれ，味はすっぱくやや苦い。通常，民間では葉や枝を集めて塩に漬け，酸味を減らして生で食べる。または，枝

302　第Ⅲ部　栽培植物が支える文化多様性

図13　雲南山葵

図14　四季海棠

の皮を剥いでスープにして食べるか，葉に魚を挟んで焼いて食べることが多い。食用の効用は，熱を下げ，止血，消炎，消腫などである。

　若い茎や葉を食用とする野生蔬菜は植物の生長する季節に集中して採集される。春季は採集に最適な季節で，とりわけ，香椿(チャンチン)のような木本植物では茎葉が老化し，堅くなると食用できなくなる。年間を通して生長して新しい葉や芽が絶えずに生じる植物では，採集できる期限は比較的長くなる。例えば，榕樹や樹頭菜，刺五加，臭菜などは1年中食べられている。刺芫荽や秋海棠などの草本の野生蔬菜の大多数は四季を通して採集できて，食用の期間は比較的長い。

　若茎を食べる代表的な蔬菜はタケノコ(筍)である。筍は大昔から雲南省の少数民族がたいへん好む食用蔬菜であり，新鮮な筍は甘くて，炒めたり煮たりなどして食べる。1年を通して採れない種類の筍は，乾燥させたり，発酵させて保存する。発酵タケノコは，小さく適度に切った生のタケノコを塩水で茹でて，桶やカンなどの容器に入れ蓋をして冷暗所で1～2週間寝かせると出来上がりである。筍として食用される種類には，大竹 *Dendrocalamus yunnanensis*，甜竹(*D. hamiltonii*；図15)，龍竹 *D. semisandens*，泡竹 *Pseudostachyum polymorphum*，毛竹(モウソウチク *Phyllostachys pubescens*)，泰竹 *Thyrsostachys siamensis*，刺竹 *Chimonobambusa* sp.，麻竹(マチク *Sinocalamus latiflorus*)，箭竹(*Fargesia porphyrea*；図16)など数十種類ある。日本では筍を"竹の子"というが，雲南省で"竹の子"というと"竹米"を指す。竹米は竹の開花後に稔る種子(穎果)である。雲南省の少数民族は，竹米を食べる。一部の民族は竹の開花を不吉な兆しと信じているが，竹米はできにくいため，神秘的な飯食として貴重される。

花や花芽を食用とする

　雲南省は，多民族の省で，また植物資源の豊富な"天然花園"である。25の少数民族，特に，タイ族，イ族，ペー族，ハニ族，ナシ族，ワ族，ジノ族，ラフ族などは普通に花を食べる長い歴史を持っている。野菜のなかでは花弁や花芽を食用とする種類が最も多い(表1)。精査してはいないが，雲南省の各民族は300種以上の花弁を食べる。植物の花は強い季節性を持って咲くた

304　第Ⅲ部　栽培植物が支える文化多様性

図15　甜竹

図16　箭竹

め，これらの花を採集して食用とする季節は限られてくる。おおよそは，春と夏季に集中する。

　花弁や花芽を食用する種類では，ツツジ科の植物がその代表である。雲南中部，西北部に住むペー族，ナシ族，イ族などは20種以上の杜鵑花（シャクナゲの仲間 Rhododendron spp.）を食用としており，そのなかでは大白花杜鵑 *Rh. decorum* と粗柄杜鵑 *Rh. pachypodum*（図17）が最も人気が高い。古くから食用として認識されているツツジの花は微毒であるが，当地の人々はこれを特別な方法で調理している。普通，花期の4〜7月に山から新鮮なツツジの花を採集して，宵越ししないうちに雌雄蕊を除いた花弁だけを湯で数分間煮た後，冷水に移す。毎日水を交換して3〜5日の間冷水に漬けて，苦味と毒素を抜く。その後，炒めるか煮ていろいろな料理に使う。ツツジの花が咲く季節には，大理，麗江，楚雄，昆明などの野菜市場で売られる。ツツジの花には，脂肪を減らす，体を痩せさせる効果があって，春にこの花を食べると，1年中薬を飲む必要はないという民間の伝説もある。伝統的な食べ方としてソラマメといっしょにスープにする。新鮮な肉やハムといっしょに炒める。または，塩，白酒などの調味料を混ぜて漬け物にしておく。現在，ツツジの花の料理は，雲南省の各民族の人々にとって日常の料理だけではなく，高級なホテルや特色料理店のメニューになくてはならない品目となっている。

図17　粗柄杜鵑

白花樹(フイリソシンカ Bauhinia variegata var. candida；図18)はマメ科の落葉高木で，花期の3～4月に白あるいはピンク色の花が咲く。雲南の熱帯地方に住む少数民族のタイ族，ジノ族，ハニ族，ブーラン族の人々は，この植物の花(花芽，雄蕊，花弁)や若葉，若果を食べる。ジノ族の伝統文化では白花樹は愛情，幸福，平和などの象徴になっている。昔，天文暦が発達していなかった年代には，ジノ族の先祖は，白花樹の花期を重要な気象の指標として焼畑農耕(刃耕火種)での陸稲の播種時期を決めており，今でも白花樹の花期は農事の標識となっている。

海菜花(ミズオオバコの一種 Ottelia acuminata；図19)は雌雄異株の多年生の沈水草本である。雲南省の大部分の地域に分布する。湖沼，池，水路や水田に生える水生の観賞花卉であり，花柄や花芽を食用とする。炒めるかスープとして食べる。バイ族やナシ族の独特な料理である。天然の海菜花は少なくなっており，大理バイ族地区では普通に栽培され，野菜市場でよく見られる。四季いつでも食用できる。

そのほか，棠梨花 Pyrus pashia，金雀花 Caragana sinica，苦刺花 Sophora davidii，頼桐(ヒギリ Clerodrum japonicum)，木棉花(キワタ Bombax malabaricum の花；図20)，火焼花 Mayodendron igneum (図21)，芋頭花(サトイモ Colocasia esculenta の花)，大野芋(ハスイモ Colocasia gigantea の花)，黄白姜花 Hedychium mibowe，棕花 Trachycarpus fortunei，雪蓮花 Saussurea spp.などは食用花としても有名である。

図18 白花樹

第15章　雲南の植物食に見られる文化多様性　307

図19　海菜花

図20　木棉花

図21　火焼花

果実を食用とする

　雲南省には熱帯，亜熱帯，温帯，寒帯などほとんどの気候帯があるため，気候帯に対応した食用果実の種類が豊富である。パイナップル Ananas comosus，パパイヤ Carica papaya，スイカ Citrullus lanatus，メロン Cucumis melo のような中・南米やアフリカを原産とする果樹や果物のほか，バナナ Musa sapientum，マンゴー Mangifera indica，ドリアン Durio zibethinus，レイシ Litchi chinensis，リュウガン Dimocarpus longan，フトモモ(Syzygium jambos や S. cuminii など数種)，タマリンド Tamarindus indica，ナシ Pyrus pyrifolia，モモ Prunus persica，リンゴ Malus pumila，ミカン Citrus reticulata，オレンジ Citrus sinensis，ザクロ Punica granatum，ビワ Eriobotrya japonica など，アジア原産の果樹が栽培され，多様な季節の果物となっている。熱帯から寒帯の果樹は雲南地方に適応した品種に改良されている。栽培種のウリ類，マメ類，トマト Lycopersicom esculentum，ナス Solanum melongena，トウガラシ Capsicum ssp. の果実を野菜としてさまざまな料理に使うのは普通である。ウリ類やマメ類を除いた大多数では熟していない果実を野菜とする。熟した果実を果物とするほか，バナナやパパイヤ，マンゴーでは未熟な果実を料理する。千張紙 Oroxylum indicum (図22)，木番茄 Cyphomandra betacea (図23)，大苦茄 Solanum xanthocarpa，木姜子 Litsea cubeba，火把果 Pyracantha fortuneana，杜英 Elaeocarpus braceanus，酸木瓜 Chaenomeles speciosa などの果実類は雲南省の少数民族によく料理される。

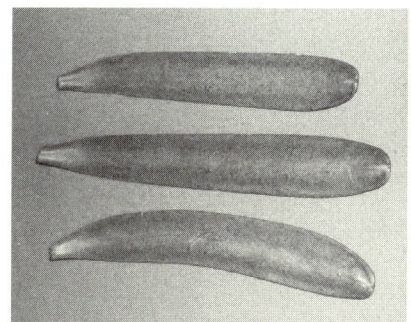

図 22　千張紙

図 23　木番茄

塊根や貯蔵茎を食用とする

　塊根や地下茎は，不良な環境を過ごすために植物体が持つ貯蔵と繁殖機能のための栄養器官である。人類の歴史の初期に食用とされた主要な食物の1つであり，特に東南アジアの熱帯・亜熱帯では根栽農耕文化をつくり上げた主役である(中尾, 1966)。サツマイモ *Ipomoea batatas* やジャガイモ *Solanum tuberosum* など新大陸の農作物やダイコン *Raphanus sativus* やニンニク *Allium sa-*

tivum，タマネギ *Allium cepa*，ニンジンなど地中海地域原産の植物のほか，アジア原産のサトイモ *Colocasia* spp.，ヤマイモ *Dioscorea* spp.（図24），コンニャク *Amorphophallus* spp.，オオクログワイ *Eleocharis dulcis*，レンコン *Nelumbo nucifera*，ショウガ類 *Zingiber* spp. などの多様な塊根，地下茎が広く栽培され，利用されている。このほか，雲南省少数民族地域ではユリ *Lilium* spp.，臭参 *Codonopsis pilosula*，牛蒡 *Arctium lappa*，黄精（アマドコロの一種 *Polygonatum kingianum*），地参（シロネ *Lycopus lucidus*；図25），滇土瓜 *Merremia hungaiensis*，川続断（マツムシソウの一種 *Dipsacus asperoides*）などがよく食用とされている。

若茎や根（根茎）を食用とする

若茎や根を食用とする種類には，魚腥草（ドクダミ *Houttuynia cordata*；図26），地涌金蓮 *Musella lasiocarpa*（図27），何首烏（ツルドクダミ *Polygonum muliflorum*；図28），鴨跖草（ツユクサ *Commelina communis*），茴香花（ウイキョウ *Foeniculum vulgare*），芋（サトイモ *Colocasia esculenta*），假芋（エビイモ *Colocasia fallax*）など数十種ある。

図24　ヤマイモ

第 15 章 雲南の植物食に見られる文化多様性 311

図 25 地参

図 26 魚腥草

312　第Ⅲ部　栽培植物が支える文化多様性

図 27　地涌金蓮

図 28　何首烏

若茎, 葉, 花, 果実を食用とする

雲南省の少数民族地域には若茎, 葉, 花, 果実のほとんどを食用とする種類が豊富にある。新大陸原産のカボチャ Cucurbita spp. やハヤトウリ Sechium edule では果実と種子のほか, 花や若いつる先や葉も食用とする。ザクロ Punica granatum (図29)は果実を果物として食用とするほか, 花や若い茎葉も料理して食べる。草果 Amomum tsao-ko (図30)は香りづけもかねて若茎や果実を料理して食べる。

シダ植物や地衣類を食用とする

雲南省の少数民族地域ではシダ植物や地衣類もよく食用とされる。蕨菜 (ワラビ Pteridium aquilinum: 図31), 水蕨菜 Pteridium aquilinum var. latiusculum (図32), 萍(デンジソウ Marsilea quadrifolia: 図33), 長松羅 Usnea longisssima (図34), 水木耳(キクラゲ) Nostoc commune, 扁枝衣 Evernia mesomorpha, 石花菜 Umbilicaria esculenta (図35)など多様である。

3. 雲南省少数民族の植物食文化の多様性

雲南省の少数民族は, 草本, 潅木, 高木, 水生植物, シダ植物, 地衣類など広汎に及ぶ植物を食用としている。野菜として列挙した460を超える種の

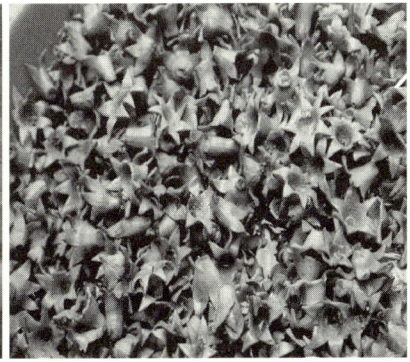

図29 ザクロ

314　第Ⅲ部　栽培植物が支える文化多様性

図30　草果

図31　蕨菜

第 15 章　雲南の植物食に見られる文化多様性　315

図 32　水蕨菜

図 33　萍

316　第Ⅲ部　栽培植物が支える文化多様性

図 34　長松羅

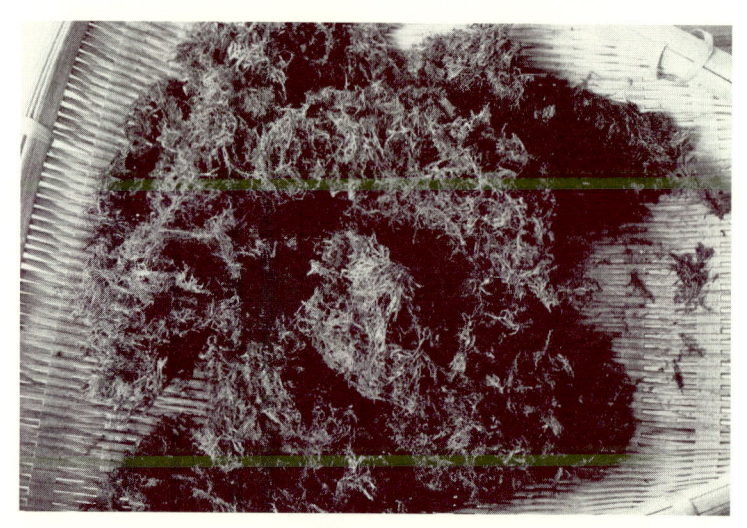

図 35　石花菜

うち(表1),純野生利用は270種ほど,半栽培は110種になる。雲南省の少数民族は,共通してアブラナ科の植物やラン科の植物およびウリ類の花(*Cucurbita* spp.),黄花菜(ヤブカンゾウの仲間 *Hemerocallis* spp.),ユリ類 *Lilium* spp.,ドクダミ *Houttuynia cordata*,ムクゲ類 *Hibiscus* spp.,芋花(サトイモ *Colocasia esculenta* の花梗)などを使っている。栽培種として地域外から導入された45種は地域住民の生活に溶け込んで,本来の利用目的とちがう器官が野菜に使われている。穀物食での例も含めて食用花卉や蔬菜の種類を見ると民族によって大きな違いがある。これには,少数民族それぞれの生活習慣や住む場所の環境や海抜などに深くかかわっている。広く分布している植物でも,分布域に住むすべての民族がその植物を食べるわけではない。湿度の高い場所に住む民族は辛味や苦味の強い種類を好み,ラフ族はショウガ科の植物を好み,ジノ族はウコギの植物を好むといわれる(劉,1999)。標高の高い所に住むペイ族やナシ族はツツジ科や海菜花など,あまり味のない植物を好み,熱帯に住むタイ族はツツジ科や海菜花はほとんど食べない。熱帯から寒帯まで最も広く好まれる野菜であるタケノコでは同じ種類でも民族によって調理の方法や食べ方の嗜好性が異なっている(大野ほか,2007,2008)。

　花を食べる花食文化あるいは食花文化は,中国における伝統的な飲食文化の1つであり,1,100年にわたる歴史を持ち,その風俗は数えられないほど多様である。中国の民間には,花卉や蔬菜を食物とするほかに,病気を予防し治療する目的で植物を使う歴史が長い間続いており,食用と薬用には多くの伝統知識や経験が蓄積されている(常,2001)。中国の食文化は,いわゆる"薬食同源"という伝統的な医学思想として古くからあり,食花は『詩経』や『楚辞』などの古典籍のなかにも記載されている。『詩経』には135種,『楚辞』には100種の植物が述べられ,そのなかで野菜類の植物の比率は最大である。ラン,ジャスミン(ソケイ属の総称),ウメ,キク,ハクモクレン,モクセイ,ユリ,ボタンなどの花は,簡単に加工してお茶や薬として飲んだり料理して食用できるため,中国では誰もがよく知っている観賞と食用と薬用の3つを兼ねた植物である。このような食花文化の地域による違いは民族の持つ生活方式と違う環境のなかで民族が生きるための知恵によるものであり,雲南各地の少数民族の豊富多彩な食花文化は知恵の醸成の結果であろう。

食花の行為は，現在，世界的に普通に見られる（近田・裴，1989；吉田，1997；劉・龍，2001）。16世紀ころのヨーロッパではベニバナを食べる習慣があり，スペインではベニバナを使ってご飯を料理し，フランス人はこの花を使ってしゃぶしゃぶ鍋に似た食べ方をするという。日本ではこの花はカレーライスの着色に使われ，見た目と香りと味をよくしている。第二次世界大戦の時代のイギリスでは果物や野菜が非常に不足し，多くの女性や児童がビタミンCの不足によって壊血病を患っていたが，彼らはバラの花や果実からビタミンCを補給したといわれる。イギリスでつくられたバラのジャムは，1943年だけでも250万本あり，急激に広がる壊血病を緩和し，予防と治療に貢献したバラの効用は有名である。食花はほかの国々でも見られ，オーストラリア人は新鮮なノウゼンハレンをサラダに混ぜて食用とする。メキシコでは原産のサボテンをお菓子や料理に使う。米国カリフォルニア州のレストランでは，キクの花，ノウゼンハレン，ストック，アサガオなどの花卉の料理を提供している。バラの花弁でスープをつくり，タンポポ（蒲公英）をサラダに混ぜてもいる。マレーシア，フィリピン，インド，タイなどアジアの国々でも食花はよく見られ，日本でも，ツバキの花，桜，ハクモクレン，モクセイもかつて食卓に並んでおり，花を食べる歴史は長く続いていた。

　雲南省の食花用の植物の原産地を見ると，地域内の植物だけでなく，地域外の植物にも及んでいる。その利用の方法は民族によりさまざまであるが，雲南省の少数民族には食用植物の花色に固有の選択が見られる（劉・龍，2001）。ペイ族やナシ族は白い花の植物を特に好み，イ族は赤い花の植物を好んでいる。何の花を食べるか，どの部位を食べるか，どのように加工して食べるかは，少数民族のそれぞれの持つ独特の知識，風俗，信仰によっているようである。花食という行為も雲南の多様な植物食文化を形成した要因の1つである。

　雲南省は，植物と民族双方の多様性によって，植物を使う多様な文化を醸成してきた。しかし，野菜食に使われる植物の生活型を見ると，多年生の草本と灌木を主とする樹木の多いことに気づく。熱帯アジアの高地に当たる雲南省は，亜熱帯から温帯の気候のもとで1年を通して降水も多く，その多くは照葉樹林帯に覆われている。そのような場で人間の影響下に発達する植生

の構成種の葉や花や茎が人間の生活に多く使われていることがわかる。中尾(1980)は，東南アジアから東アジアには木の芽を野菜とする木菜文化を指摘しているが，雲南省の植物利用の中心はこれに見事に一致している。木々に着く柔らかい花を若い木の芽の1つとすると，この地における花食文化は照葉樹林文化の要素としての木菜文化と位置づけられよう。

表1 中国雲南省において少数民族に野菜として利用されている植物の目録

学　名	中国名(和名)	科　名	食用部位	純野生◎，半栽培○，純栽培●，中間的利用▲	資料の出所*
Acacia intsia	尖叶相思	ネムノキ科	若茎，葉	○	Y, R
Acanthopanax gracilistylus	刺五加：ウコギ	ウコギ科	若茎，葉	○	Y, R
Acorus tatarinowii	石菖蒲	サトイモ科	全株	○	Y
Acroglochin persicarioides	千针苋	ウコギ科	若茎，葉	◎	L, R
Actinidia chinensis	中華獼猴桃：キーウイ	サルナシ科	花序，花芽		L, M
Adhatoda vasica	鸭嘴花	キツネノマゴ科	花序，花芽	○	L
Agastache rugosa	藿香(カワミドリ)	シソ科	若茎，葉	○	Y, R
Aglaia odorata	米籽兰：モラン	センダン科	花序，花芽	○	L, F
Albizia julibrissin	合欢：ネムノキ	ネムノキ科	花序，花芽	○	L, M
Allium fistulosum	葱：ネギ	ヒガンバナ科	花序，花芽	●	L, P
Allium hookeri	宽叶韭	ヒガンバナ科	花序，花芽		Y,
Allium macrostemon	薤白：ノビル	ヒガンバナ科	全株	◎	Y, R
Allium prattii	太白韭	ヒガンバナ科	花序，花芽	◎	L, P
Allium sativum	蒜：ニンニク	ヒガンバナ科	花序，花芽	●	L, R
Allium tuberosum	韭：ニラ	ヒガンバナ科	若葉，花序	●	L, R
Aloe vera var. chinensis	中华芦荟：バルバドスアロエ	アロエ科	若茎，葉	○	Y, R
Alpinia blepharocalyx	云南草蔻	ショウガ科	花序，花芽	◎	L, C, D, R
Alpinia bracteata	绿苞山姜	ショウガ科	花序，花芽	◎	L, D
Alpinia emaculata	无斑山姜	ショウガ科	花序，花芽	◎	L, D
Alpinia galanga	红豆蔻	ショウガ科	全株	◎	Y, L
Alpinia oxyphylla	益智	ショウガ科	花序，花芽	◎	L, R
Alternanthera philoxeroides	喜旱莲子草：ナガエツルノゲイトウ	ヒユ科	若茎，葉	○	Y

学　　名	中国名(和名)	科　　名	食用部位	純野生◎, 半栽培○, 純栽培●, 中間的利用▲	資料の出所*
Althea rosea	蜀葵：タチアオイ	アオイ科	花序，花芽	○	Y, L
Amaranthus lividus	凹头苋：イヌビユ	ヒユ科	若茎，葉	◎	Y, R
Amaranthus paniculatus	繁穂苋	ヒユ科	若茎，葉	○	L, R
Amaranthus spinosus	刺苋：ハリビユ	ヒユ科	若茎，葉	◎	Y, L, R
Amaranthus tricolor	苋：ヒユ	ヒユ科	若茎，葉	○	L, R
Amaranthus viridis	皱果苋：ホナガイヌビユ	ヒユ科	若茎，葉	◎	L, R
Amomum compactum	白豆蔲	ショウガ科	花序	○	L, R
Amomum coriandriodo-rum	菱味砂仁	ショウガ科	花序，花芽	◎	Y, L
Amomum koenigii	野草果	ショウガ科	若茎	◎	L, R
Amomum maximum	九翅豆蔲	ショウガ科	花序，花芽	◎	C, D, E, L
Amomum tsao-ko	草果	ショウガ科	若茎，果実	○	L, R
Amorphollus viritis	コンニャク				
Anemone hupehensis	打破碗花：シュウメイギク	キンポウゲ科	若茎，葉	◎	Y
Anredera cordifolia	落葵薯	ツルムラサキ科	若茎，葉	○	Y
Apium graveolens	旱芹：セロリ	セリ科	若茎，葉	●	L, R
Aralia chinensis	楤木	ウコギ科	若茎，葉	◎	Y, R
Arctium lappa	牛蒡：ゴボウ	キク科	塊根，地下茎	○	Y, R
Areca catechu	槟榔：ビンロウ	ヤシ科	果実	●	L, M, R
Arisaema erubescens	一把伞南星	サトイモ科	花序	◎	L, R
Artabotrys hexapetalus	鹰爪花：オウリュウカ	バンレイシ科	花弁	○	L, P
Artemisia argyii	艾蒿	キク科	若茎，葉	◎	Y
Artemisia capillaris	茵陈蒿	キク科	若茎，葉	◎	Y
Artemisia lactifeora	白苞蒿：カワラヨモギ	キク科	若茎，葉	◎	Y
Artemisia selengensis	蒌蒿	キク科	若茎，葉	◎	Y
Aster subulatus	钻叶紫菀：ホウキギク	キク科	若茎，葉	◎	Y
Astragalus sinicus	紫云英：レンゲソウ	マメ科	花，全草	○	L, M
Astragalus bhotanensis	地八角	マメ科	若茎，葉，花	◎	Y, L, R
Averrhoa carambola	阳桃：ゴレンシ	カタバミ科	若茎，葉	○	L, P

学　名	中国名(和名)	科　名	食用部位	純野生◎, 半栽培○, 純栽培●, 中間的利用▲	資料の出所*
Bauhinia blakeana	紅花羊蹄甲	ジャケツイバラ科	花弁	○	L, F
Bauhinia variegata	洋紫荊：フイリソシンカ	ジャケツイバラ科	花弁	◎	Y, L, R
Bauhinia variegata var. *candida*	白花洋紫荊	ジャケツイバラ科	花弁	○	L, R
Begonia grandis	四季秋海棠：シュウカイドウ	シュウカイドウ科	若茎	◎	Y, L, R
Begonia palmata	裂叶秋海棠	シュウカイドウ科	若茎	◎	R
Begonia crassirostris	粗喙秋海棠	シュウカイドウ科	若茎	◎	R
Begonia hemsleyana	掌叶秋海棠	シュウカイドウ科	若茎	◎	R
Benincasa hispida	冬瓜：トウガン	ウリ科	花序	●	L, R
Bidens pilosa	鬼針草：コシロノセンダングサ	キク科	若茎, 葉	◎	Y, R
Boehmeria nivea	苧麻：ラミー	イラクサ科	花序	○	L, F
Bombax malabaricum	木棉：キワタ	キワタ科	花序	○	A, C, Y, L, R
Brassaiopsis hainla	浅裂掌叶樹	ウコギ科	若茎, 葉	◎	Y, R
Brassica alboglabra	芥藍：ケール	アブラナ科	若茎, 葉	○	L, R
Brassica campestris var. *oleifera*	芸苔	アブラナ科	若茎, 葉	●	L, R
Brassica campestris var. *purpuraia*	紫菜苔	アブラナ科	花序	●	L, R
Brassica integrifolia	苦芥	アブラナ科	若茎, 葉	●	L, R
Brassica juncea	芥菜：カラシナ	アブラナ科	若茎, 葉	●	L
Brassica olera var. *botrytis*	花椰菜	アブラナ科	若茎, 葉, 花	●	L, R
Brassica parachinensis	菜苔	アブラナ科	若茎, 葉	●	L
Buddleja officinalis	密蒙花	フジウツギ科	花序, 花芽	◎	Y, L
Calonyction aculeata	月光花：ヨルガオ	ヒルガオ科	花序, 花芽	○	C, P, F, L
Calystegia hederacea	打碗花：コヒルガオ	ヒルガオ科	花序, 花芽	◎	L, P
Calystegia sepium	旋花：ヒロハヒルガオ	ヒルガオ科	花序, 花芽	◎	L
Camellia japonica	山茶：ツバキ	ツバキ科	花弁	○	L, F, R
Camellia kissi var. *confusa*	落瓣短柱茶	ツバキ科	花弁	◎	L, R
Camellia oleifera	油茶：ユチャ	ツバキ科	花弁	○	L, R
Camellia pitardii	西南红山茶：ピタールツバキ	ツバキ科	花弁	◎	L, F, R

学　名	中国名(和名)	科　名	食用部位	純野生◎，半栽培○，純栽培●，中間的利用▲	資料の出所*
Camellia reticurata	滇山茶：トウツバキ	ツバキ科	花弁	○	L, F, R
Camellia sinensis	茶：チャ	ツバキ科	若茎，葉	○	Y, L, R
Camellia sinensis var. *assamica*	普洱茶	ツバキ科	若茎，葉	○	L, R
Campsis grandiflora	凌霄：ノウゼンカズラ	ノウゼンカズラ科	花弁	○	L, R
Campylotropis polyantha	小雀花	マメ科	花序	◎	Y, R
Canna edulis	蕉芋：ショクヨウカンナ	カンナ科	花序，塊根	▲	Y, L, R
Capsella bursapastoris	荠：ナズナ	アブラナ科	若茎，葉	○	Y, L, R
Capsicum frutescens	小米辣：トウガラシ	ナス科	果実	○	Y, R
Caragana sinica	紫雀花：ムレスズメ	マメ科	花序	◎	Y, L, R
Carica papaya	番木瓜：パパイヤ	パパイヤ科	果実	▲	Y, L, R
Cassia siamea	铁刀木：タガヤサン	ジャケツイバラ科	花序	○	Y, L
Cassia sophera	槐叶决明	ジャケツイバラ科	花序	○	Y
Cassia surattensis	黄槐决明	ジャケツイバラ科	花序	○	L, H
Celosia argentea	青葙：ノゲイトウ	アカザ科	花序	○	L, M
Centella asiatica	积雪草：ツボクサ	シソ科	花序	◎	Y, R
Cercis chinensis	紫荆：ハナズオウ	ジャケツイバラ科	花序	○	L, R
Cerogendronthus spicatus	肾茶	シソ科	若茎，葉	○	L, R
Chaenomeles speciosa	山木瓜：ボケ	バラ科	果実	◎	Y, R
Chenopodium album	藜：シロザ	アカザ科	若茎，葉	◎	Y, L, R
Chimonanthus praecox	蜡梅：ロウバイ	ロウバイ科	花弁	○	L, M
Chrysanthemum indicum	野菊：シマカンギク	キク科	花序	◎	Y, L, M
Chrysanthemum morifolium	菊花：イエギク	キク科	花弁	●	L, R
Cirsium chlorolepis	两面刺	キク科	若茎，葉	◎	Y,
Citrus grandis	柚：ブンタン	ミカン科	花序，花芽	●	L, M
Citrus sarcodactylis	佛手：ブシュカン	ミカン科	花序，果実	●	L, M, R

第15章 雲南の植物食に見られる文化多様性　323

学　名	中国名(和名)	科　名	食用部位	純野生◎，半栽培○，純栽培●，中間的利用▲	資料の出所*
Clematis peterae	钝萼铁线莲	キンポウゲ科	花序，花芽	◎	Y, R
Clerodendrum bungei	臭牡丹	クマツヅラ科	若茎，葉	◎	B, Y, L, P, R
Clerodendrum japonicum	赪桐：ヒギリ	クマツヅラ科	花序，花芽	○	Y, L, R
Clerodendrum lindleyi	尖齿臭茉莉	クマツヅラ科	若茎，葉	◎	C, F, Y, L
Clerodendrum philippinum	臭茉莉	クマツヅラ科	若茎，葉	◎	Y, L, R
Clerodendrum serratum	三对节	クマツヅラ科	花序	◎	Y, L
Clerodendrum serratum var. *amplexifolium*	三台花	クマツヅラ科	花序	◎	Y, L
Clinopodium repens	匍匐风轮菜	シソ科	若茎，葉	◎	Y
Clitoria ternatea	蝶豆：チョウマメ	マメ科	花弁	○	L
Codonopsis pilosula	党参	キキョウ科	若茎，根茎	○	Y, R
Colocasia esculenta	芋：サトイモ	サトイモ科	若茎，根茎	●	Y, L, R
Colocasia fallax	假芋：エビイモ	サトイモ科	若茎，根茎	◎	Y, R
Colocasia gigantea	大野芋：ハスイモ	サトイモ科	若茎，根茎	○	L, R
Colocasia tonoimo	紫芋：トウノイモ	サトイモ科	花弁，若茎，根茎	●	A, L, Y, R
Commelina communis	鸭跖草：ツユクサ	ツユクサ科	若茎，根	◎	Y, R
Crassocephalum crepidioides	野茼蒿：ベニバナボロギク	キク科	若茎，葉	◎	Y, L
Crateva unilocularis	树头菜：サフラン	フウチョウソウ科	若茎，葉	◎	Y, R
Crocus sativus	番红花：キュウリ	アヤメ科	花序	▲	Y, L, M, R
Cucumis sativus var. *xishuangbannanensis*	版纳黄瓜	ウリ科	花序	◎	Y
Cucurbita moschata	南瓜：ニホンカボチャ	ウリ科	若茎，葉，花	●	Y, L, R
Cycas siamensis	云南苏铁	ソテツ科	花序	○	Y
Cyclanthera pedata	小雀瓜	ウリ科	花序	○	Y, R
Cymbidium ensifolium	建兰：スルガラン	ラン科	花弁	◎	L, K, J, R
Cymbidium faberi	惠兰	ラン科	花弁	◎	L, J, K, M

学　名	中国名(和名)	科　名	食用部位	純野生◎, 半栽培○, 純栽培●, 中間的利用▲	資料の出所*
Cymbidium goeringii	春兰：シュンラン	ラン科	花弁	◎	L, K, J, M
Cymbidium sinense	墨兰：ホウサイラン	ラン科	花弁	◎	L, K, J, M
Cymbopogon citratus	柠檬草：レモングラス	イネ科	若茎, 葉	●	Y, R
Cynanchum verticillatum	轮叶白前	ガガイモ科	若茎, 葉	◎	Y, R
Cynoglossum amabile	倒提壶：シナワスレグサ	ムラサキ科	若茎, 葉	◎	Y
Cyphomandra betacea	树番茄：コダチトマト	ナス科	果実	▲	R
Dendrobium deneanum	叠鞘石斛	ラン科	花弁	◎	L, K, J, M
Dendrobium dixanthum	黄花石斛	ラン科	花弁	◎	L, J, K, M
Dendrobium loddigesii	美花石斛	ラン科	花弁	◎	L, J, K, M
Dendrobium moniliforme	细茎石斛：セッコク	ラン科	花弁	◎	L, J, K, M
Dendrobium nobile	石斛：コウキセッコク	ラン科	花弁	◎	L, K, M, R
Dianthus superbus	瞿麦花：カワラナデシコ	ナデシコ科	花, 若芽	◎	L, M
Dichotomanthes tristaniaecarpa	牛筋条	バラ科	花弁	◎	Y
Dichrocephala benthamii	鱼眼草	キク科	若茎, 葉	◎	Y, R
Dioscorea subcalva	毛胶薯蓣	ヤマノイモ科	塊根	◎	Y, R
Dioscorea ssp.	山药	ヤマノイモ科	塊根	○	R
Dipsacus asperoides	川续断	マツムシソウ科	塊根	◎	Y, R
Docynia delavayi	云南杉	バラ科	果実	◎	Y, R
Dolichandrone stipulata	西南猫尾木	ノウゼンカズラ科	花弁	◎	L, B, R
Dregea sinensis	苦绳	ガガイモ科	若茎, 葉, 花	◎	Y
Dregea volubilis	南山藤	ガガイモ科	若茎, 葉, 花	◎	Y, F, L, R
Ecdysanthera rosea	酸叶胶藤	キョウチクトウ科	若茎, 葉	◎	L
Ehretia acuminata	厚壳树	ムラサキ科	若茎, 葉, 花	◎	Y, L
Eichhornia crassipes	凤眼蓝：ホテイアオイ	ミズアオイ科	若茎, 花	◎	Y, L, F
Elaeocarpus braceanus	杜英	ホルトノキ科	果実	◎	Y

学　名	中国名(和名)	科　名	食用部位	純野生◎，半栽培○，純栽培●，中間的利用▲	資料の出所*
Elatostema dissectum	盘托楼梯草	イラクサ科	若茎，葉	◎	Y
Eleutherine plicata	红葱	アヤメ科	花序	○	Y
Elsholtzia blanda	四方蒿	シソ科	若茎	◎	L
Elsholtzia bodinieri	东紫苏	シソ科	若茎，葉	◎	L，R
Elsholtzia ciliata	香薷：ナギナタコウジュ	シソ科	若茎，葉	◎	L，R
Elsholtzia commus	吉龙草	シソ科	全株	○	Y
Elsholtzia kachinensis	水香薷	シソ科	若茎，葉	◎	Y，R
Embelia ribes	白花酸藤果	ヤブコウジ科	果実	◎	L
Epihyllum oxypetalum	昙花	サボテン科	花序	▲	L
Equisetum diffusum	披散木贼	トクサ科	花序	◎	Y
Eranthemum pulchellum	喜花草	キツネノマゴ科	若茎，葉	▲	L
Eruca sativa	芝麻菜：キバナスズシロ	アブラナ科	若茎，葉	○	Y
Eryngium foetidum	刺芹	セリ科	若茎，葉	◎	Y，R
Erythrina arborescens	鹦哥花	マメ科	花序，花芽	○	L，R
Erythrina variegata	刺桐：デイコ	マメ科	花序，花芽	○	L
Euodia lepta	三桠苦	ミカン科	若茎，葉	◎	L，G
Eutrema yunnanense	山萮菜	アブラナ科	若茎，葉	◎	Y，R
Evernia mesomorpha	扁枝衣	サルオガセ科	若茎，葉	◎	Y
Fagopyrum esculentum	荞麦：ソバ	タデ科	若茎，葉	○	L，F，R
Fagopyrum tataricum	苦荞麦：ダッタンソバ	タデ科	若茎，葉	○	L，R
Ficus auriculata	大果榕：オオバイチジク	クワ科	若茎，葉	◎	Y，L，R
Ficus benjamina	垂叶榕：シダレガジュマル	クワ科	若茎，葉	◎	Y，R
Ficus carica	无花果：イチジク	クワ科	果実	▲	L，R
Ficus oligodon	苹果榕	クワ科	若茎，葉	◎	L，R
Ficus racemosa	聚果榕	クワ科	若茎，葉	◎	L，R
Ficus semiordata	鸡嗉子榕	クワ科	若茎，葉，果実	◎	L，R
Ficus ti-koua	地果	クワ科	果実	◎	L，R
Foeniculum vulgare	茴香：ウイキョウ	セリ科	若茎，葉，根	▲	L，R
Galinsoga parviflora	牛膝菊：コゴメギク	キク科	若茎，葉	◎	Y
Geum aleppicum	路边青：オオダイコンソウ	バラ科	全株	◎	Y

学　名	中国名(和名)	科　名	食用部位	純野生◎，半栽培○，純栽培●，中間的利用▲	資料の出所*
Gleditsia sinensis	皂角	マメ科	若茎，葉	○	Y, R
Gmelina arborea	云南石梓：キダチキバナヨウラク	クマツヅラ科	花序	◎	A, D, B, L, R
Gnaphalium affine	鼠麴草：ハハコグサ	キク科	若茎，葉	◎	S, Y, L
Gnaphalium japonicum	细叶鼠麴草：チチコグサ	キク科	若茎，葉	◎	P, F, L
Gnaphalium polycaulon	多茎鼠麴草	キク科	若茎，葉	◎	F, L
Gordonia chrysandra	黄药大头茶	ツバキ科	花弁	◎	L
Gynura cusimbua	木耳菜	キク科	若茎，葉	◎	Y
Hedychium chrysoleucum	黄白姜花	ショウガ科	花弁	◎	E, L
Hedychium coronarium	姜花：シュクシャ	ショウガ科	花弁，塊根	○	L, R
Helianthus annuus	向日葵：ヒマワリ	キク科	果実	▲	L, R
Helicia nilagirica	深绿山龙眼	ヤマモガシ科	花序	◎	L, P
Hemerocallis aurantiaca	重瓣萱草	ユリ科	花序，花芽	●	Y, L, R
Hemerocallis citrina	黄花菜：キスゲ	ユリ科	花序，花芽	○	Y, L, R
Hemerocallis forestii	西南萱草	ユリ科	花序，花芽	◎	L
Hemerocallis fulva	萱草：ホンカンゾウ	ユリ科	花序，花芽	●	Y
Heterosmilax poylandra	多蕊肖菝葜	ユリ科	若茎，葉	◎	Y, L
Hibiscus mutabilis	木芙蓉：フヨウ	アオイ科	花弁	●	L, R
Hibiscus mutabilis f. *plenus*	重瓣木芙蓉	アオイ科	花弁	●	F, L
Hibiscus rosa-sinensis	朱槿：ブッソウゲ	アオイ科	花弁	●	L, M
Hibiscus rosa-sinensis var. *rubro-plenus*	重瓣朱槿	アオイ科	花弁	●	L,
Hibiscus sabdariffa	玫瑰茄：ロゼル	アオイ科	花弁	▲	F, N, L
Hibiscus schizopetalus	吊灯花：フウリンブッソウゲ	アオイ科	花弁	◎	F, L
Hibiscus syriacus	木槿：ムクゲ	アオイ科	花弁	▲	Y, L
Homalonema giganteum	大千年健	サトイモ科	花弁	◎	Y
Houttuynia cordata	蕺菜：ドクダミ	ドクダミ科	若茎，葉，地下茎	◎	Y, R

学　名	中国名(和名)	科　名	食用部位	純野生◎，半栽培○，純栽培●，中間的利用▲	資料の出所*
Humulus scandens	葎草：カナムグラ	アサ科	花弁	◎	P, L
Hylocereus undatus	量天尺：ピタヤ	サボテン科	花弁	▲	F, Q, L
Impatiens balsamina	凤仙花：ホウセンカ	ツリフネソウ科	若茎，葉	●	Y
Imperata cylindrica	白茅：チガヤ	イネ科	花序	◎	P, M, L
Inula cappa	羊耳菊	キク科	若茎，葉	◎	S, R
Ipomoea batatas	番薯：サツマイモ	ヒルガオ科	若茎，塊根	●	Y, R
Jasminum officinale f. *grandiflorum*	素馨花：オオバナソケイ	モクセイ科	花弁	○	L, R
Jasminum sambac	茉莉花：マツリカ	モクセイ科	花序，花芽	●	L, P
Juglans regia	核桃：ペルシャグルミ	クルミ科	花序，果実	○	L,
Juncus effusus	灯心草：イグサ	イグサ科	花序	◎	L, M
Kalimeris indica	马兰：コヨメナ	キク科	若茎，葉	◎	Y, R
Kalopanax septemlobus	刺楸：ハリギリ	ウコギ科	花序	○	L, R
Keteleeria evelyniana	云南油杉	マツ科	若茎，葉	○	Y, R
Kochia scoparia	地肤：ホウキギ	アカザ科	花序	◎	Y
Lablab purpurea	扁豆：フジマメ	マメ科	花序	▲	L, M
Lagenaria siceraria	葫芦：ユウガオ	ウリ科	花序	●	L, M
Lagerstroemia indica	紫薇：サルスベリ	ミソハギ科	花序	○	L
Lagopsis supina	夏至草	シソ科	若茎，葉	◎	L, M
Lamium amplexicaule	宝盖草：ホトケノザ	シソ科	若茎，葉	◎	Y
Laportea bulbifera	珠芽艾麻：ムカゴイラクサ	イラクサ科	若茎，葉	◎	Y, R
Lasia spinosa	刺芋	サトイモ科	若茎，葉	◎	Y, R
Leonurus artemisia	益母草	シソ科	若茎，葉	◎	Y, R
Lepidium apetalum	独行菜	アブラナ科	若茎，葉	◎	L, R
Ligusticum chuanxiong	川芎	セリ科	若茎，葉	●	Y, R
Ligustrum lucidum	女贞：トウネズミモチ	モクセイ科	花序	○	Y
Lilium brownii var. *viridunum*	百合	ユリ科	花弁，球根	○	P, L, R
Lilium lancifolium	卷丹：オニユリ	ユリ科	花弁，球根	○	Y, L
Lilium taliensis	大理百合	ユリ科	花弁，球根	◎	L, R

学　　名	中国名(和名)	科　　名	食用部位	純野生◎，半栽培○，純栽培●，中間的利用▲	資料の出所*
Litsea chunii var. *likiangensis*	丽江木姜子	クスノキ科	花弁	◎	L
Litsea cubeba	山鸡椒：アオモジ	クスノキ科	果実	◎	Y, L
Lonicera acuminata	淡红忍冬	スイカズラ科	花弁	◎	L
Lonicera japonia	忍冬：スイカズラ	スイカズラ科	花弁	◎	Y, L, R
Lonicera maackii	金银忍冬：ハナヒョウタンボク	スイカズラ科	花序	◎	P, L, T
Lonicera similis	细毡毛忍冬	スイカズラ科	花弁	◎	L
Luffa acutangula	广东丝瓜：トカドヘチマ	ウリ科	花弁	●	L, T
Luffa cylindrica	丝瓜：ヘチマ	ウリ科	花弁	○	F, L, R
Lycium chinense	枸杞：クコ	ナス科	花弁	○	Y, R
Lycopus lucidus	地笋：シロネ	シソ科	塊根，地下茎	◎	Y, L
Lycopus luciclus var. *hirtus*	地笋硬毛变种	シソ科	塊根，地下茎	◎	L, R
Magnolia coco	夜香木兰：トキワレンゲ	モクレン科	花弁	○	F, L
Magnolia denudata	玉兰：ハクモクレン	モクレン科	花弁	○	Y, L, R
Magnolia liliflora	紫玉兰：シモクレン	モクレン科	花弁	◎	L, M
Magnolia officinalis	厚朴	モクレン科	花弁	○	L, M
Malva verticillata	野葵：フユアオイ	アオイ科	若葉	◎	Y, S
Mangifera indica	杧果：マンゴー	ウルシ科	果実	○	Y, R
Manglietia garrettii	木莲花	モクレン科	花弁	○	B, L
Manihot esculenta	木薯：キャサバ	トウダイグサ科	塊根	▲	Y, L, R
Marsilea quadrifolia	萍：デンジソウ	デンジソウ科	若茎，葉	◎	Y, R
Mayodendron igneum	火烧花	ノウゼンカズラ科	花序	○	Y, L, R
Medicago polymorpha	南苜蓿：ウマゴヤシ	マメ科	若茎，葉	○	Y
Megacarpaea delavayi	高河菜	アブラナ科	若茎，葉	◎	Y, R
Melothria mucronata	台湾马瓞儿	ウリ科	花弁	○	Y
Memorialis hirta	糯米团	イラクサ科	若茎，葉	○	Y
Mentha haplocalyx	薄荷：ハッカ	シソ科	若茎，葉	○	Y, R
Merremia hungaiensis	山土瓜	ヒルガオ科	塊根	◎	Y

第15章 雲南の植物食に見られる文化多様性　329

学　名	中国名(和名)	科　名	食用部位	純野生◎，半栽培○，純栽培●，中間的利用▲	資料の出所*
Michelia alba	白兰：ギンコウボク	モクレン科	花弁	▲	L, M
Michelia champaca	黄兰：キンコウボク	モクレン科	花弁	○	F, L
Michelia yunnanensis	云南含笑	モクレン科	花弁	◎	P, L
Millingtonia hortensis	老鸦烟筒花	ノウゼンカズラ科	花弁	◎	Y, R
Momordica charantia	苦瓜：ツルレイシ	ウリ科	花弁	●	L, R
Momordica cochinchinensis	木鳖子	ウリ科	若茎，葉	◎	Y
Monochoria vaginalis	鸭舌草：コナギ	ミズアオイ科	若茎，葉	◎	Y, L
Morus alba	桑：マグワ	クワ科	花序，果実	○	Y, L
Morus australis	鸡桑：シマグワ	クワ科	花序，果実	◎	L
Mucuna sempervirens	常春油麻藤：トビカズラ	マメ科	花序	◎	L
Mukia maderaspatana	帽儿瓜	ウリ科	花序	◎	Y
Murraya paniculata	九里香：ゲッキツ	ミカン科	花序	○	L
Musa acuminata	小果野蕉	バショウ科	花序	◎	A, F, Y, R
Musa nana	香蕉	バショウ科	花序	○	A, C, L, N, R
Musa sapientum	大蕉：バナナ	バショウ科	花序	▲	C, D, F, L
Musa wilsonii	树头芭蕉	バショウ科	花序，果実	◎	L
Musella lasiocarpa	地涌金莲	バショウ科	花序，若茎，根	○	Y, L
Mussaenda hossei	红毛玉叶金花	アカネ科	花序	◎	L
Myosoton aquaticum	鹅肠菜	ナデシコ科	若茎，葉	◎	Y
Nasturtium officinale	豆瓣菜：オランダガラシ	アブラナ科	若茎，葉	◎	Y
Nelumbo nucifera	莲：ハス	スイレン科	花弁	○	Y, L
Nopalxochia ackermannii	令箭荷花	サボテン科	花弁	○	L
Nostoc commune	水木耳	ネンジュモ科	地上茎	◎	Y
Nothopanax delavayi	掌叶梁王茶	ウコギ科	若茎，葉	◎	Y, R
Nymphaea stellata	延药睡莲	スイレン科	花弁	◎	L
Nymphaea tetragona	睡莲：ヒツジグサ	スイレン科	花弁	○	C, L
Ocimum basilicum	罗勒花：メボウキ	シソ科	花序	○	Y, L

学　名	中国名(和名)	科　名	食用部位	純野生◎，半栽培○，純栽培●，中間的利用▲	資料の出所*
Ocimum basinicum var. *pilosum*	疏柔毛罗勒花	シソ科	花序	○	L
Oenanthe javanica	水芹：セリ	セリ科	若茎，葉	○	Y, R
Oenanthe linearis	线叶水芹：ホソバセリ	セリ科	若茎，葉	◎	Y, R
Opuntia dillenii	仙人掌	サボテン科	花弁	○	D, L
Opuntia monacantha	单刺仙人掌	サボテン科	花弁	○	Y
Origanum vulgare	牛至：ハナハッカ	シソ科	若茎，葉	◎	P, L
Oroxylum indicum	木蝴蝶	ノウゼンカズラ科	花弁，果実	◎	Y, L, R
Osbekia crinita	假朝天罐	ノボタン科	花弁	◎	L
Osmanthus fragrans	木犀：モクセイ	モクセイ科	花序	○	F, L, R
Ottelia acuminata	海菜花	トチカガミ科	花序	◎	L, R
Ottelia alismoides	龙舌草：オオミズオオバコ	トチカガミ科	花序	◎	Y, L, R
Oxalis corniculata	酢浆草：カタバミ	カタバミ科	花，葉，果実	◎	Y, L, R
Oxalis corymbosa	红花酢浆草：ムラサキカタバミ	カタバミ科	若茎，葉	○	Y, R
Paederia scandens	鸡矢藤：ヘクソカズラ	アカネ科	全株	◎	Y, R
Paederia yunnanensis	云南鸡矢藤	アカネ科	若茎，葉	◎	Y
Paeonia lactiflora	芍药花：シャクヤク	キンポウゲ科	花弁	○	L
Paeonia suffruticosa	牡丹花：ボタン	キンポウゲ科	花弁	●	L
Panax notoginseng	三七	ウコギ科	花序，根を薬用	●	L, R
Parabaena sagittata	连蕊藤	ツヅラフジ科	若茎，葉	◎	Y
Passiflora caerulea	西番莲：トケイソウ	トケイソウ科	果実	○	Y, R
Perilla frutescens	紫苏：シソ	シソ科	若茎，葉	●	Y, L
Peristrophe roxburghiana	观音草	キツネノマゴ科	若茎，葉	◎	S, R
Phrynium capitatum	柊叶	クズウコン科	葉	◎	S
Phyllanthus emblica	余甘子：アンマロク	トウダイグサ科	若茎，葉，果実	○	Y, R
Phytolacca acinosa	商陆	ヤマゴボウ科	若茎，葉	○	Y, R
Pilea notata	冷水花	イラクサ科	若茎，葉	◎	L, R
Pinus massoniana	马尾松	マツ科	花粉	○	L
Pinus yunnanensis	云南松	マツ科	花粉	○	L, R
Piper sarmentosum	假蒟	コショウ科	若茎，葉	◎	Y

第15章 雲南の植物食に見られる文化多様性　331

学　名	中国名(和名)	科　名	食用部位	純野生◎，半栽培○，純栽培●，中間的利用▲	資料の出所*
Pistacia chinensis	黄连木：オウレンボク	ウルシ科	若茎, 葉	◎	Y, R
Plantago erosa	疏花车前	オオバコ科	若茎, 葉	◎	Y, R
Plantago major	大车前	オオバコ科	若茎, 葉	◎	Y, R
Platycodon grandiflorum	桔梗：キキョウ	キキョウ科	花	◎	L, M
Plumeria acutifolia	鸡蛋花：プルメリアの一種	キョウチクトウ科	花	▲	L, P, M
Polygonatum kingianum	滇黄精	ユリ科	塊根	◎	Y, R
Polygonum chinense	火炭母：ツルソバ	タデ科	若茎, 葉	◎	Y, R
Polygonum odorata	越南香菜：ニオイタデ	タデ科	若茎, 葉	○	
Polygonum lapathifolium	酸模叶蓼：サナエタデ	タデ科	若茎, 葉	◎	Y, R
Polygonum muliflorum	何首乌：ツルドクダミ	タデ科	花, 塊根	◎	Y, R
Polygonum runcinatum var. *sinensis*	赤胫散	タデ科	若茎, 葉	◎	L
Polygonum viscosum	香蓼	タデ科	若茎, 葉	◎	Y, R
Portulaca oleracea	马齿苋：スベリヒユ	スベリヒユ科	若茎, 葉	◎	Y, R
Pratia nummularia	铜锤玉带草	キキョウ科	若茎, 葉	◎	Y, R
Prinsepia utilis	扁核木	バラ科	若茎, 葉, 果実	◎	Y, L, R
Prunella vulgaris	夏枯草：ウツボグサ	シソ科	若茎, 葉	◎	Y
Prunus armeniaca	杏：アンズ	バラ科	花, 果実	○	L, M
Prunus mume	梅：ウメ	バラ科R	花, 果実	●	L, M
Prunus persica	桃：モモ	バラ科	花, 果実	●	L, M
Pseuderanthemum polyanthum	多花山壳骨	キツネノマゴ科	花	◎	F, L
Psidium guajava	番石榴：バンジロウ	フトモモ科	花	○	M, L
Pteridium aquilinum	欧洲蕨	ワラビ科	若茎, 葉	◎	L, Y, R
Pteridium aquilinum var. *latiusculum*	蕨：ワラビ	ワラビ科	若茎, 葉	◎	Y, R
Pteridium revolutum	毛轴蕨	ワラビ科	若茎, 葉	◎	Y, R
Pueraria edulis	食用葛	マメ科	塊根	◎	Y
Pueraria lobata	葛：クズ	マメ科	花	◎	L, M, O

学　名	中国名(和名)	科　名	食用部位	純野生◎，半栽培○，純栽培●，中間的利用▲	資料の出所*
Pueraria lobata var. *montana*	葛麻姆	マメ科	花	◎	L
Punica granatum	石榴：ザクロ	ザクロ科	花	▲	Y, R
Pyracantha fortuneana	火棘	バラ科	果実	◎	Y, R
Pyrenaria diospyricarpa	叶萼核果茶	ツバキ科	花	◎	L
Pyrostegia venusia	炮仗花	ノウゼンカズラ科	花序	▲	L
Pyrus pashia	川梨	バラ科	花序	◎	A, D, Y, L, R
Pyrus pyrifolia	沙梨：ナシ	バラ科	花序	◎	L
Radermachera sinica	菜豆树：センダンキササゲ	ノウゼンカズラ科	花	◎	L, P, R
Raphanus sativus	萝卜：ダイコン	アブラナ科	花序，根	●	L
Rhodiola fastigiata	长鞭红景天	ベンケイソウ科	花	◎	H, L
Rhododendron ciliicalyx	睫毛萼杜鹃	ツツジ科	花	◎	A, L
Rhododendron ciliipes	纤毛杜鹃	ツツジ科	花	◎	A, L
Rhododendron crassum	滇隐脉杜鹃	ツツジ科	花	◎	A, L
Rhododendron decorum	大白杜鹃	ツツジ科	花	◎	A, Y, L, R
Rhododendron delavayi	马缨杜鹃	ツツジ科	花	◎	A, C, L
Rhododendron dendricola	附生杜鹃	ツツジ科	花	◎	A, L
Rhododendron decorum	高尚杜鹃	ツツジ科	花	◎	A, L
Rhododendron excellens	大喇叭杜鹃	ツツジ科	花	◎	A, C, L
Rhododendron megacalyx	大萼杜鹃	ツツジ科	花	◎	A, L
Rhododendron moulmainense	毛棉杜鹃花	ツツジ科	花	◎	A, C, L
Rhododendron mucronatum	白花杜鹃：リュウキュウツツジ	ツツジ科	花	○	A, L
Rhododendron nuttallii	大果杜鹃	ツツジ科	花	◎	A, L
Rhododendron pachypodum	云上杜鹃	ツツジ科	花	◎	A, D, L
Rhododendron roseatum	红晕杜鹃	ツツジ科	花	◎	A, L
Rhododendron sidevophyllum	绣叶杜鹃	ツツジ科	花	◎	A, L
Rhododendron simisii	杜鹃：シナヤマツツジ	ツツジ科	花	◎	A, M, L
Rhododendron taronense	薄皮杜鹃	ツツジ科	花	◎	A, L

第15章 雲南の植物食に見られる文化多様性　333

学　名	中国名(和名)	科　名	食用部位	純野生◎，半栽培○，純栽培●，中間的利用▲	資料の出所*
Rhododendron valentinianum	毛柄杜鵑	ツツジ科	花	◎	A, L
Rhododendron yungchangense	少鱗杜鵑	ツツジ科	花	◎	A, L
Rhodomyrtus tomentosa	桃金娘	フトモモ科	花	◎	M, L
Rhus chinensis	盐肤木	ヌルデ	ウルシ科	若茎，葉	◎	Y
Robinia pseudoacacia	刺槐：ニセアカシア	マメ科	花	▲	Y
Rorippa indica	蔊菜：イヌガラシ	アブラナ科	若茎，葉	◎	Y, R
Rorippa palustris	沼泽焊菜	アブラナ科	若茎，葉	◎	Y
Rosa banksiae	木香花：モッコウバラ	バラ科	花	○	L
Rosa chinensis	月季花：コウシンバラ	バラ科	花	●	Y, L, R
Rosa davidii var. elongata	长果西北薔薇	バラ科	花	◎	L, M
Rosa multiflora	野薔薇：ノイバラ	バラ科	花	◎	L
Rosa odorata var. gigantea	大花香水月季	バラ科	花	◎	L, P
Rosa rugosa	玫瑰花：ハマナス	バラ科	花	●	L
Rosa rugosa var. rosea	红玫瑰	バラ科	花	●	L
Rubus multibracteatus	大乌泡	バラ科	花，果実	◎	L
Rubus obcordatus	栽秧泡	バラ科	花	◎	L
Rumex nepalensis	尼泊尔酸模	タデ科	若茎	◎	Y, R
Sagittaria trifolia	野慈菇：オモダカ	オモダカ科	花	◎	Y, L
Sagittaria trifolia var. edulis	慈菇：クワイ	オモダカ科	花，塊根	●	M, L
Salvia splendens	一串红：ヒゴロモソウ	シソ科	花	▲	L
Sambucus adnata	血满草	スイカズラ科	果実	◎	Y
Sauropus androgynus	守宫木	トウダイグサ科	若茎，葉	○	Y, R
Saussurea eriocephala	棉头风毛菊	キク科	花序	◎	L, R
Saussurea involucrata	雪莲花	キク科	花序	◎	L
Saussurea laniceps	绵头雪兔子	キク科	花序	◎	L, M, O
Saussurea leucoma	羽裂雪兔子	キク科	花序	◎	L, O
Saussurea medusa	水母雪莲花	キク科	花序	◎	L, O
Saussarea peguensis	叶头风毛菊	キク科	花序	◎	L, O

334　第Ⅲ部　栽培植物が支える文化多様性

学　名	中国名(和名)	科　名	食用部位	純野生◎, 半栽培○, 純栽培●, 中間的利用▲	資料の出所*
Saussurea tridactyla	三指雪蓮花	キク科	花序	◎	H, L, M,
Sechium edule	佛手瓜：ハヤトウリ	ウリ科	花序, 若茎, 果実	▲	Y, R
Sesbania grandiflora	大花田菁：シロゴチョウ	マメ科	花	●	F, L
Sinocalamus affinis	慈竹花	イネ科	花	◎	L, M
Smilacina henryi	竹叶菜	ユリ科	若茎, 葉	◎	Y, R
Smilacina oleracea	长柱鹿药	ユリ科	若茎, 葉	◎	Y, R
Smilax indica	菝葜	ユリ科	若茎, 葉	◎	L, R
Solanum coagulans	野茄	ナス科	果実	◎	Y
Solanum indicum	刺天茄	ナス科	果実	◎	Y, R
Solanum melongena	茄	ナス科	果実	▲	Y
Solanum photeinocarpum	少花龙葵	ナス科	若茎, 葉	◎	Y, R
Solanum spirale	旋花茄	ナス科	果実	◎	Y
Solanum torvum	水茄	ナス科	果実	◎	Y
Solanum xanthocarpum	黄果茄	ナス科	果実	◎	R
Sonchus asper	苦苣菜：オニノゲシ	キク科	若茎, 葉	◎	Y
Sonchus oleraceus	滇苦苣菜：ノゲシ	キク科	若茎, 葉	◎	Y
Sophora davidii	苦刺花	マメ科	花序	◎	A, B, Y, L, R
Streptolirion volubile	竹叶子	ツユクサ科	若茎, 葉	◎	Y
Styphnolobium japonicum	槐花	マメ科	花序	○	L, M, T
Syzygium aromaticum	丁香花：チョウジ	フトモモ科	花序	○	L
Syzygium malaccense	红花蒲桃：マレーフトモモ	フトモモ科	花	○	L
Tamarindus indica	酸角树：タマリンド	マメ科	若茎, 葉, 果実	○	R
Taraxacum mongolicum	蒲公英：モウコタンポポ	キク科	若茎, 葉	◎	Y, L, R
Telosma cordata	夜来香	ガガイモ科	花	○	L
Tetrapanax papyrifer	通脱木：カミヤツデ	ウコギ科	若茎, 葉	○	Y
Thespesia lampas	桐棉花	アオイ科	花, 若葉	◎	L
Thlaspi arvense	遏兰菜：グンバイナズナ	アブラナ科	若葉	◎	Y

学　名	中国名(和名)	科　名	食用部位	純野生◎, 半栽培○, 純栽培●, 中間的利用▲	資料の出所*
Thunbergia grandiflora	大花山牽牛：ベンガルヤハスカズラ	キツネノマゴ科	花弁	◎	L
Thunbergia lacei	剛毛山牽牛	キツネノマゴ科	花弁	◎	L
Thunbergia lutea	黄花山牽牛	キツネノマゴ科	花弁	◎	L
Thysanolaena maxima	棕叶芦花	イネ科	花序	◎	L
Tinospora crispa	緑藤	ツヅラフジ科	若茎, 葉	○	Y
Toona sinensis	香椿：チャンチン	センダン科	若茎, 葉	○	Y, R
Trachycarpus fortunei	棕櫚：シュロ	ヤシ科	花序	○	Y, L
Trevesia palmata	刺通草	ウコギ科	若茎, 葉	◎	Y
Trichosanthes himalensis	老鼠瓜	ウリ科	若茎, 葉, 果実	◎	Y
Tulipa gesneriana	郁金香：チューリップ	ユリ科	花	▲	L
Tussilago farfara	款冬花：カントウ	キク科	花蕾	◎	L
Typha latifolia	香蒲：ガマ	ガマ科	地下茎	○	Y, R
Umbilicaria esculenta	石花菜：イワタケ	イワタケ科	茎	◎	Y
Ulmus pumila	家楡：ノニレ	ニレ科	花	○	L
Urobotrya litisquima	尾球木	カナビキボク科	若茎, 葉	◎	L
Urtica atrichocaulis	小蕁麻	イラクサ科	若茎, 葉	◎	Y, R
Urtica macrorrhiza	粗根蕁麻	イラクサ科	若茎, 葉	◎	Y
Usnea longissima	長松羅：サルオガセ	サルオガセ科	茎	◎	Y
Vaccinium bracteatum	南燭：シャシャンボ	ツツジ科	花	◎	S
Verbena officinalis	馬鞭草：クマツヅラ	クマツヅラ科	花	◎	Y
Vicia faba	蚕豆：ソラマメ	マメ科	花, 果実	●	L
Viola philippica	犁頭草	スミレ科	若葉	◎	Y
Wisteria sinensis	紫藤：シナフジ	マメ科	花	◎	Y, L, R
Woodfordia fruticosa	虾子花	ミソハギ科	花	◎	L, R
Zanthoxylum acanthopodium	刺花椒	ミカン科	若葉, 果実	◎	Y
Zanthoxylum bungeanum	花椒	ミカン科	若葉, 果実	○	L, R
Zanthoxylum planispinum	竹叶椒	ミカン科	若葉, 果実	◎	Y, R
Zea mays	玉米花：トウモロコシ	イネ科	花序, 果実	●	L, R

学　名	中国名(和名)	科　名	食用部位	純野生◎，半栽培○，純栽培●，中間的利用▲	資料の出所＊
Zingiber densissimum	多毛姜	ショウガ科	花序，塊根	◎	L
Zingiber mioga	野姜花：ミョウガ	ショウガ科	花序，塊根	○	L
Zingiber officinale	姜花：ショウガ	ショウガ科	花序，塊根	●	L，R
Zingiber striolatum	阳荷	ショウガ科	花序，塊根	◎	Y
Zingiber zerumbet	红球姜	ショウガ科	花序，塊根	◎	L

＊ A：劉怡涛(Liu yu-tao)，1997．B：王潔如(Wang jie-ru)・龙春林(Long chun-lin)，1995．C：劉怡涛，2000．D：劉怡涛，1999．E：中国科学院昆明植物研究所編，1997．F：李延輝(Li yan-hui)主編，1996．G：張紹雲(Zhang shao-yun)主編，1996．H：裴盛基(Pei sheng-ji)，1990．I：思茅地区民族伝統医薬研究所編，1987．J：倪素碧(Ni su-bi)，1999a．K：倪素碧，1999b．L：劉怡涛・龍春林，2001．M：湯寛沢(Tang kuan-ze)，1992．N：毕堅(Bi jing)，1998．O：全国中草薬編，1978．P：中国科学院昆明植物研究所，1984．Q：中国医学科学院薬用植物研究所編，1991．R：魯・管の調査による．S：陸樹剛(Lu shu-gang)，1993．T：裴盛基他，1998．Y：楊敏杰(Yang min-jie)，2004．

引用・参考文献

[栽培植物の栽培化と野生化——適応的進化の視座から]

Baker, H.G. 1976. The evolution of weeds. Ann. Rev. Ecol. Systm., 5: 1-24.
堀田満・緒方健・新田あや・星川清親・柳宋民・山崎耕宇(編). 1989. 世界有用植物事典. 平凡社.
King, L.J. 1966. Weeds of the World, Biology and Control. 526pp. Leonard Hill. London.
松井健. 2011. 新版 セミ・ドメスティケイション—農耕と遊牧の起源再考. エイエヌ.
宮下泰介. 2009. 半栽培の環境社会学—これからの人と自然. 昭和堂.
中尾佐助. 1966. 栽培植物と農耕の起源(岩波新書 青版 G-103). 岩波書店.
中尾佐助. 1967. 農耕起源論. 自然：生態学的研究, 329-494.
中尾佐助. 1977. 半栽培という段階について. どるめん, 13：6-14.
中尾佐助. 1980. 東南アジア農耕文化試論—東南アジアの農村における果樹を中心とした植物利用の生態学的研究. 第1次調査報告, 82-97.
中尾佐助. 1982. パプアニューギニアにおける半栽培植物群について—東南アジアおよびオセアニアの農村における果樹を中心とした植物利用の生態学的研究. 第2次調査報告, 7-19
中尾佐助. 1990. 分類の発想—思考のルールをつくる(朝日選書). 朝日新聞社.
中尾佐助. 1999. オーストロネシアの花卉文化史—オーストロネシアの民族生物学. 東南アジアから海の世界へ(中尾佐助・秋道智彌編), 85-124. 平凡社.
Reichard, S.H. 2011. The Conscientious Gardener: Cultivating a Garden Ethic. University of California Press, 254pp.
阪本寧男・田中正武・中尾佐助・樋口隆康・堀田満・渡部忠世・佐々木高明. 1976.〈座談会〉討論：栽培植物と農耕の起源. 季刊人類学, 7(2)：3-75.
Schwanitz, F. 1966. The Origin of Cultivated Plants. 175pp. Harvard Univ. Press. Cambridge, MA.
梅本信也・石上真智子・山口裕文. 2001. ミャンマー国シャン高原における陸稲の収穫とタウンヨウー族の打ち付け脱穀石. 大阪府大院農生学報. 53：37-40.
Yamaguchi, H. 1992. Wild and weed azuki beans in Japan. Economic Botany, 46: 384-394.
山口裕文. 1996. 東アジアの栽培ヒエの系譜—農業・雑草・植物文化の現地調査から. 育種学最近の進歩, 39：51-54.
山口裕文. 2001. 栽培植物と栽培化症候. 栽培植物の自然史—野生植物と人類の共進化(山口裕文・島本義也編著), 3-15. 北海道大学図書刊行会.
山口裕文. 2006. 遺伝子組換え作物の非隔離栽培の生態系への影響. シリーズ21世紀の農学 遺伝子組換え作物の研究(日本農学会編), 63-85. 養賢堂.
山口裕文. 2012. 植物の与える癒し. バイオセラピー学入門(林良博・山口裕文編), 6-21. 講談社.

[**セリ**――遺伝的多様性と栽培セリ]
有岡利幸. 2008. 春の七草. 259pp. 法政大学出版局.
Blume, C.L. 1826. Bijdragen tot de flora van Nederlandsch Indië, 15: 851-941.
Candolle, A.P. de 1830. Prodromus Systematis Naturalis Regni Vegetabilis, 4: 65-250.
Downie, S.R., Watson, M.F., Spalik, K. and Katz-Downie, D.S. 2000. Molecular systematics of Old World Apioideae (Apiaceae): Relationships among some members of tribe Peucedaneae *sensu lato*, the placement of several island-endemic species, and resolution within the Apioid superclade. Can. J. Bot., 78: 506-528.
遠藤柳子. 2004. セリの新品種の育成と生態的特性の解明に関する研究. 宮城県農業・園芸総合研究所研究報告, 72(1)：1-76.
林義雄. 1987. セリ(芹). 京都植物たちの物語(堀田満編), pp. 83-85. かもがわ出版.
Hiroe, M. and Constance, L. 1958. Umbelliferae of Japan. Univ. of Calif. Bull. Bot., 30: 1-444.
今津正・織田弥三郎. 1965. セリの形態および生態に関する研究(第1報). 園芸学雑誌, 34：297-304.
北川政夫. 1992. セリ科(セリ). 新日本植物誌顕花編(改訂版, 大井次三郎編), p. 1104. 至文堂.
Mabberley, D.J. 2009. Mabberley's plant-book (3rd ed.). Cambridge University Press, Cambridge.
牧野富太郎・根本莞爾. 1930. 日本植物総覧(訂正増補). 春陽堂.
Miquel, F.A.W. 1867. Prolusio Florae Japonicae. Annales Musei Botanici Lugduno-Batavi, 3: 1-66.
Murata, G. 1973. New or interesting plants from Southeast Asia 1. Acta Phytotax. Geobot., 25: 101-106.
Naruhashi, N. and Iwatsubo, Y. 1998. Chromosome numbers and distributions of *Oenanthe javanica* (Umbelliferae) in Japan. J. Phtyogeogr. Taxon., 46: 161-166.
Nishizawa, T. and Watano, Y. 2000. Primer pairs suitable for PCR-SSCP analysis of chloroplast DNA in angiosperms. J. Phtyogeogr. Taxon., 48: 63-66.
Ohba, H. 1999. Umbelliferae. In "Flora of Japan vol. IIc" (eds. Iwatsuki, K. Boufford, D.E. and Ohba, H.), pp. 268-303. Kodansha.
織田弥三郎. 1994. セリ. 園芸植物大事典(コンパクト版, 塚本洋太郎編), pp. 1296-1297. 小学館.
瀬尾明弘・堀田満. 2000. 西南日本の植物雑記Ⅴ. 九州南部から琉球列島にかけてのボタンボウフウの分類学的再検討. 植物分類地理, 51：99-116.
髙橋文次郎. 1989. *Oenanthe javanica*. 世界有用植物事典(堀田満ほか編). p. 735. 平凡社.
王鉄僧. 1992. 水芹属. 単人骅・余孟兰编, 中国植物志, 55(2)：199-209.
Yabe, Y. 1902. Revisio Umbelliferaum Japonicarum. Jour. Sci. Imp. Univ. Tokyo 16 Part2, Art. 4.
Yamazaki, T. 2001. Umbelliferae in Japan II. J. Jpn. Bot., 76: 275-287.

[**栽培アズキの成立と伝播**――ヤブツルアズキからアズキへの道]
Aoki, K., Suzuki, T., Hsu, T.W. and Murakami, N. 2004. Phylogeography of the component species of broad-leave evergreen forests in Japan, based on chloroplast DNA variation. Journal of Plant Research, 117: 77-94.
Diamond, J. 1999. Guns, Germs, and Steel: the Fates of Human Societies. 496pp. W.W.

Norton & Company. New York.
Javadi, F., Ye Tun Tun, Kawase, M., Guan K. and Yamaguchi, H. 2011. Molecular phylogeny of the subgenus *Ceratotropis* (genus *Vigna*, Leguminosae) reveals three eco-geographical groups and Late Pliocene-Pleistocene diversification: evidence from four plastid DNA region sequences. Annals of Botany, 108: 367-380.
Lavin, M., Herendeen, P.S., Wojciechowski, M.F. 2005. Evolutionary rates analysis of Leguminosae implicates a rapid diversification of lineages during the Tertiary. Systematic Biology, 54: 530-549.
Kaga, A., Isemura, T., Tomooka, N. and Vaughan, D.A. 2008. The genetics of domestication of the azuki bean (*Vigna angularis*). Genetics, 178: 1013-1036.
前田保夫. 1980. 縄文の海と森：完新世前期の自然史. 238 pp. 蒼樹書房.
Mimura, M., Yasuda, K. and Yamaguchi, H. 2000. RAPD variation in wild, weedy and cultivated azuki beans in Asia. Genetic Resources and Crop Evolution, 47: 603-610.
高沢拓弥・山口裕文. 1995. 東アジア産ササゲ品種の数量分類. 近畿作物・育種研究, 40：5-10.
友岡憲彦・加賀秋人・伊勢村武久・ダンカン ヴォーン. 2008. アズキの起源地と作物進化. 豆類時報, 51：29-38.
Toomoka, N., Vaughan, D.A., Moss, H. and Maxted, N. 2002. The Asian *Vigna*: Genus *Vigna* Subgenus *Ceratotropis* Genetic Resources. Dordrecht Kluwer.
塚田松雄. 1974. 古生態学 II. 応用論. 159 pp. 共立出版.
Yamaguchi, H. 1992. Wild and weed azuki beans in Japan. Economic Botany, 46: 384-394.
山口裕文. 1994. アズキの栽培化―ドメスティケーションの生態学. 植物の自然史(岡田博・植田邦彦・角野康郎編著), pp.129-145, 北海道大学図書刊行会.
山口裕文. 2001. 豆食をめぐる共生の生態的様相. FFI Journal, 195：30-35.
保田謙太郎・山口裕文. 1998. 異なる除草条件下に生育する野生および雑草アズキの生活史. 雑草研究, 43：114-121.
保田謙太郎・山口裕文. 2001. アズキの半栽培段階における生活史特性の変化. 栽培植物の自然史(山口裕文・島本義也編著), pp.108-109, 北海道大学図書刊行会.
Ye, T.T. and Yamaguchi, H. 2007. Phylogeographic relationship of wild and cultivated *Vigna* (Subgenus *Ceratotropis*, Fabaceae) from Myanmar based on sequence variations in non-coding regions of *trn*T-F. Breeding Science, 57: 271-280.
Ye, T.T. and Yamaguchi, H. 2008. Sequence variation of four chloroplast non-coding regions among wild, weedy and cultivated *Vigna angularis* accessions. Breeding Science, 58: 325-330.
Xu, H.X., Jing, T., Tomooka, N., Kaga, A., Isemura, T. and Vaughan, D.A. 2008. Genetic diversity of the azuki bean (*Vigna angularis* (Willd.) Ohwi & Ohashi) gene pool as assessed by SSR markers. Genome. 51: 728-738.
Zong, X.X., Kaga, A., Tomooka, N., Wang, X.W., Han, O.K. and Vaughan, D. 2003. The genetic diversity of the *Vigna angularis* complex in Asia. Genome, 46: 647-658.

[**野生種ツルマメ**――栽培ダイズとの自然交雑の傷跡を探る]
阿部純・島本義也. 2001. ダイズの進化―ツルマメの果たしてきた役割. 栽培植物の自然史(山口裕文・島本義也編), pp.77-95. 北大図書刊行会.
Carter, T.E., Jr., Nelson, R.L., Sneller, C.H. and Cui, Z. 2004. Genetic diversity in

soybean. In "Soybeans: Improvement, Production, and Uses" (eds. Boerma, H.R, and Specht, J.E.), pp. 303-416. American Society of Agronomy, Crop Science Society of America, Soil Science Society of America, Madison, WI.

De Wet, J.M.J. and Harlan, J.R. 1975. Weeds and domesticates: Evolution in the man-made habitat. Econ. Bot., 29: 99-108.

Dong, Y.S., Zhuang, B.C., Zhao, L.M., Sun, H. and He, M.Y. 2001. The genetic diversity of annual wild soybeans grown in China. Theor. Appl. Genet., 103: 98-103.

Ellstrand, N.C. 2003. Dangerous Liaisons? When Cultivated Plants Mate with Their Wild Relatives. The Johns Hopkins University Press, Baltimore and London.

Harlan, J.R. 1992. The dynamics of domestication. In "Crops and Man", pp. 115-133. American Society of Agronomy, Crop Science Society of America, Madison Wisconsin USA.

加賀秋人・友岡憲彦・Phuntsho Ugen・黒田洋輔・小林伸哉・伊勢村武久・Gilda Miranda-Jonson・Vaughan Duncan. 2005. 野生ダイズと栽培ダイズとの自然交雑集団の探索と収集—秋田県および広島県における調査. 植探報, 21：73-95.

Kuroda, Y., Kaga, A., Tomooka, N. and Vaughan, D.A. 2006. Population genetic structure of Japanese wild soybean (*Glycine soja*) based on microsatellite variation. Mol. Ecol., 15: 959-974.

Kuroda, Y., Kaga, A., Tomooka, N. and Vaughan, D.A. 2008. Gene flow and genetic structure of wild soybean (*Glycine soja*) in Japan. Crop Sci., 48: 1071-1078.

Kuroda, Y., Tomooka, N., Kaga, A., Wanigadeva, S.M.S.W. and Vaughan, D.A. 2009. Genetic diversity of wild soybean (*Glycine soja* Sieb. et Zucc.) and Japanese cultivated soybeans [*G. max* (L.) Merr.] based on microsatellite (SSR) analysis and the selection of a core collection. Genet. Resour. Crop Evol., 56: 1045-1055.

Kuroda, Y., Kaga, A., Tomooka, N. and Vaushan, D.A. 2010. The origin and fate of morphological intermediates between wild and cultivated soybeans in their natural habitats in Japan. Mol. Ecol., 19: 2346-2360.

黒田洋輔・加賀秋人・Apa Anna・Vaughan Duncan・友岡憲彦・矢野博・松岡伸之. 2005. 野生ダイズ，栽培ダイズおよび両種の自然交雑集団の探索，収集とモニタリング—秋田県，茨城県，愛知県，広島県，佐賀県における現地調査から. 植探報, 21：73-95.

黒田洋輔・加賀秋人・Joe Guaf・Vaughan Duncan・友岡憲彦. 2006. 野生ダイズ，栽培ダイズおよび両種の自然交雑集団の探索，収集とモニタリング—秋田県，茨城県，高知県，佐賀県における現地調査から. 植探報, 22：1-12.

黒田洋輔・加賀秋人・Poafa Janet・Vaughan Duncan・友岡憲彦・矢野博. 2007. 野生ダイズ，栽培ダイズおよび両種の自然交雑集団の探索，収集とモニタリング—秋田県，兵庫県，佐賀県における現地調査から. 植探報, 23：9-27.

Kanazawa, A., Tozuka, A. and Shimamoto, Y. 1998. Sequence variation of chloroplast DNA that involves EcoRI and ClaI restriction site polymorphisms in soybean. Genes Genet. Syst., 73: 111-119.

Lu, B.R. 2004. Conserving biodiversity of soybean gene pool in the biotechnology era. Plant Spec. Biol., 19: 115-125.

Mizuguti, A., Yoshimura, Y. and Matsuo, K. 2009. Flowering phenologies and natural hybridization of genetically modified and wild soybeans under field conditions. Weed Biol. Manag., 9: 93-96.

Nakayama, Y. and Yamaguchi, H. 2002. Natural hybridization in wild soybean

(*Glycine max* ssp. *soja*) by pollen flow from cultivated soybean (*Glycine max* ssp. *max*) in a designed population. Weed Biol. Manag., 2: 25-30.

Pritchard, J.K., Stephens, M. and Donnelly, P. 2000. Inference of population structure using multilocus genotype data. Genetics, 155: 945-959.

Rohlf, F.J. 2000. NTSYS pc, Version 2.02j, Exeter Software, Setauket, New York.

関塚清蔵・吉山武敏. 1960. 飼料草としての在来野草に関する研究　第Ⅳ報　本邦産ツルマメの作物学的特性について. 関東東山農業試験場研究報告, 15：57-73.

Skvortzow, B.V. 1927. The soybean-wild and cultivated in Eastern Asia. Proc. Manchurian Res. Soc. Nat. Hist. Ser. A Nat. Hist. Sect., 22: 1-8.

Takezaki, N. and Nei, M. 1996. Genetic distances and reconstruction of phylogenetic trees from microsatellite DNA. Genetics, 144: 389-399.

友岡憲彦・加賀秋人・伊勢村武久・黒田洋輔・Asta　Taman・松島憲一・根本和洋・Duncan A. Vaughan. 2008. 山形, 鳥取, 兵庫, 京都, 佐賀, 福岡, 大分, 長野県におけるマメ科植物遺伝資源の多様性保全2007年, 植探報, 23：9-19.

芝池博幸・吉村泰幸. 2005. 遺伝子組換え作物の生態系への影響―自殖性作物の花粉飛散と交雑：イネとダイズ, 農業および園芸, 80：140-149.

Wang, K.J., Li, X.H. and Li, F.S. 2008. Phenotypic diversity of the big seed type subcollection of wild soybean (*Glycine soja* Sieb. et. Zucc.) in China. Genet. Resour. Crop Evol., 55: 1335-1346.

山口裕文. 2009. 遺伝子組換え作物の非隔離栽培と生物多様性―ダイズを事例として. 化学と生物, 47：874-879.

[日本列島のタケ連植物の自然誌――篠と笹, 大型タケ類や自然雑種]

Clayton, W.D. and S.A. Renvoize. 1986. Genera Gramineum, Grasses of the World. 389pp. Her Majesty's Stationary Office. London.

Darlington, C.D. and A.P. Wylie. 1955. Chromosome Atlas of Flowering Plants. 519pp. George Allen & Unwin. London.

Dransfield, S. and E.A. Widjaja. 1995. Plant Resources of South-East Asia No. 7 Bamboos. 189pp. Backhuys. Leiden.

福嶋　司・岩瀬　徹(編). 2005. 図説　日本の植生. 153pp. 朝倉書店.

伯太町誌編纂委員会. 2001a. 伯太町誌　上巻. 825pp. 伯太町(島根県).

伯太町誌編纂委員会. 2001b. 伯太町誌　下巻. 1013pp. 伯太町(島根県).

伊藤　博. 1998. 萬葉集釋注十. 830pp. 集英社.

上代語辞典編集委員会. 1967. 時代別　国語大辞典　上代編. 904＋190pp. 三省堂.

木村陽二郎. 1991. 図説　草木名彙辞典. 481pp. 柏書房.

北村四郎・村田源. 1979. 原色日本植物図鑑　木本編〔Ⅱ〕. 545pp. 保育社.

倉野憲司(校注). 1984. 古事記. 342pp. 岩波書店.

前川文夫. 1943. 史前帰化植物について. 植物分類・地理, 12：274-279.

松村明(監修). 小学館「大辞泉」編集部(編). 1995. 大辞泉. 2912pp. 小学館.

Mayr, E. 1963. Populations, Species and Evolution. 453pp. The Belknap Press of Harvard University Press. Cambridge, Masachsetts & London.

諸橋轍次. 1985. 大漢和辞典　巻八. 1218pp. 大修館書店.

村松幹夫. 1972a. タケ・ササ類における人工交配による雑種. 富士竹類植物園報告, 17：11-14.

村松幹夫. 1972b. アズマネザサとマダケの雑種について. 富士竹類植物園報告, 17：

45-46.

村松幹夫. 1978. コムギの種分化, 育種学最近の進歩 第19集(日本育種学会編), pp. 15-31. 啓学出版.

村松幹夫. 1982. ササ属(*Sasa*)とマダケ(*Phyllostachys bambusoides*)の属間交雑及びF_1植物. 育種学雑誌, 32(別冊2)：226-227.

村松幹夫. 1987. 染色体と遺伝. 植物遺伝学, pp. 69-125. 朝倉書店.

村松幹夫. 1988. 遠縁交雑の基本問題. 育種学最近の進歩 第29集(日本育種学会編), pp. 23-33. 啓学出版.

Muramatsu, M. 1989. F_1 hybrids of the intergeneric cross between *Pleioblastus* and *Phyllostachys*, Bambusaceae. Proc. of the 6th Internatl. Congr. of SABRAO (1989), pp. 861-864.

村松幹夫. 1991. イネ科植物の遠縁交雑親和性と種遺伝学. 種生物学研究, 15：37-45.

Muramatsu, M. 1993. Intergeneric hybridization and F_1 hybrids in the tribe Bambuseae, Gramineae. XV International Botanical Congress: 242 (Abstract).

村松幹夫. 1994. 日本列島の遺伝資源, とくにイネ科コムギ連およびタケ連の遺伝資源学的潜在性の考察. 岡山大農学報, 83：65-90.

村松幹夫. 1995. アズマザサ属(*Sasaella*)の雄蘂数の変異とその考察. 富士竹類植物園報告, 39：12-22.

村松幹夫. 1996. イネ科タケ連の毛じ形質の季節変異. 富士竹類植物園報告, 40：17-23.

村松幹夫. 2000. 日本産タケ連植物の遺伝育種学的研究 XI ヤダケについて. 育種学研究, 2(別冊1)(日本育種学会第97回講演会要旨集)：252.

村松幹夫. 2002. 日本産タケ連植物の属間交雑親和性と生物学的種概念. 富士竹類植物園報告, 46：3-14.

村松幹夫. 2004. 日本産タケ連植物の遺伝育種学的研究 XX ヤダケは雑種起原か？ 育種学研究, 6(別冊2)(日本育種学会第106回講演会要旨集)：365.

村松幹夫. 2005a. リュウセイチク(龍青竹)—オロシマチク×トウチクF_1の新しい名称—. 富士竹類植物園報告, 49：3-6.

村松幹夫. 2005b. オーセージオレンジ(アメリカハリグワ)をクワコに与えてみた. 京都園芸, 97：107-109.

村松幹夫. 2006a. タケノホソクロバ(*Artona funeralis* Butler)の発生経過とタケ連の種属間における差異. 富士竹類植物園報告, 50：3-15.

村松幹夫. 2006b. 日本産タケ連植物の遺伝育種学的研究 XXI 害虫の一種—タケノホソクロバ(*Artona funeralis* Butler, 鱗翅目, マダラガ科)の発生被害におけるタケ連植物の種属間差異. 育種学研究, 8(別冊2)(日本育種学会第110回講演会要旨集)：244.

村松幹夫. 2007. タケ・ササ類覚え書き 富士竹類植物園報告, 51：39-60.

村松幹夫. 2009. 日本産タケ連植物の遺伝育種学的研究 XXVI アジア産, 中南米産タケ連や近縁連の種・属におけるタケノホソクロバ(*Artona funeralis* Butler, 鱗翅目, マダラガ科)の食草範囲. 育種学研究, 11(別冊1)(日本育種学会第115回講演会要旨集)：214.

室井綽. 1962. 有用竹類図説. 402pp. 六月社.

室井綽. 1968. 竹類語彙—自然科学から民俗学まで. 290pp. 農業図書.

中田祝夫・和田利政・北原保雄(編). 1983. 古語大辞典. 1934pp. 小学館.

中村幸彦・岡見正雄・阪倉篤義(編). 1984. 角川古語大辞典 第二巻(き〜さ). 787pp. 角川書店.

中村幸彦・岡見正雄・阪倉篤義(編). 1994. 角川古語大辞典 第四巻(た〜は). 1187pp. 角

川書店.
岡村はた. 2002. 日本竹笹図譜―付, タケササの斑入り現象―. 418pp.
小野蘭山. 1991(1829). 本草綱目啓蒙 3. 東洋文庫 540. 335pp. 平凡社.
大槻文彦. 1982. 新編大言海. 2254+87pp. 冨山房.
新村出編. 1998. 広辞苑. 2988pp. 岩波書店.
鈴木貞雄. 1978. 日本タケ科植物総目録. 384pp. 学習研究社.
鈴木貞雄. 1996. 日本タケ科植物総目録 増補改訂版. 日本タケ科植物図鑑. 260pp. 聚海書林.
館岡亜緒. 1959. イネ科植物の解説. 151pp. 明文堂.
舘脇 操. 1940. 北海道ササ類の分類. 北海道林業会報, 38：1-8.
Uchikawa, I. 1935. Karyological studies in Japanese bamboo II. Further studies on chromosome numbers. The Japanese Journal of Genetics, 11: 308-313.
上山春平. 1969. 照葉樹林文化 日本文化の深層(中公新書). 208pp. 中央公論社.
梅棹忠夫・金田一晴彦・阪倉篤義・日野原重明(監修). 1990. 日本語大辞典. 2302pp. 講談社.
Wang Dajim and Shen Shap-Jin. 1987. Bamboos of China. 167pp. Christopher Helm. London.
吉川弘文館(発行). 1985. 古事類苑 植物部一(神宮司庁蔵版, 複刻版). 1207pp. 吉川弘文館.

[多目的植物タケの民族植物学]

Anderson, E.F. 1993. Bamboo: From cradle to grave, In "Plants and People of the Golden Triangle: Ethnobotany of the Hill Tribes of Northern Thailand" pp. 93-113. Dioscorides Press. Portland, Oregon.
Conway, S. 1992. Thai Textiles. 192pp. River Books Press. Thailand.
藤田渡. 1999. キノコとタケノコ. Journal of Asian and African Studies, 58: 317-342.
郭艶春. 1997. 雲南タイ族における植物文化―西双版納の村から. 東南アジア研究, 35(3)：489-510.
初島住彦. 1971. 琉球植物誌, pp. 660-661. 沖縄生物教育研究会.
Masanaga, M., Umemoto, S. and Yamaguchi, H. 1998. Traditional devices for threshing rice seeds in Yun-Gui highlands, China. Bull. Osaka Pref. Univ. Ser. B., 50: 1-10.
中尾佐助. 1972. 料理の起源, pp. 17-18, 24-27. NHK ブックス 173. NHK 出版.
Ohrnberger, D. 1999. The Bamboos of the World: Annotated Nomenclature and Literature of the Species and the Higher and Lower Taxa. 585pp. Elsevier Science Ltd. United States.
岡村はた・田中幸男・小西美恵子・柏木治次. 1991. 原色日本園芸竹笹総図説 第一編 園芸用竹笹各種解説(岡本はた編). 177pp. はあと出版.
大野朋子・山口裕文. 2009. 熱帯アジアにおけるダイサンチク *Bambusa vulgaris* の広がりを通してみたタケ類の人為的分布に関する一考察. Bamboo Journal, 26: 41-47.
大野朋子・前中久行・山口裕文. 2006. 中国雲南省, タイおよびベトナムにおける竹利用の多様性について. Bamboo Journal, 23: 56-64.
大野朋子・前中久行・山口裕文. 2007. 少数民族の暮らしと竹―中国雲南省西双版納のタイ族―. Bamboo Journal, 24: 42-51.
大野朋子・M. Konkan・魯元学・前中久行・山口裕文. 2008. ゴールデントライアングルとその周辺におけるタケの種類と利用. Bamboo Journal, 25: 36-47.

鈴木貞雄. 1978. 日本タケ科植物総目録. pp. 108-111, 290-291. 学習研究社.
土屋又三郎. 1983. 農業図絵. 254, 245pp. 農山漁村文化協会.
若林弘子. 1986. 高床式建物の源流, pp. 125-126. 弘文堂.
王慷林. 2004. 中国观赏植物图鉴丛书观赏竹类, pp. 82-83. 中国建筑工业出版社.
吴征鎰(編著). 2003. 雲南植物志第 9 巻(种子植物). 46pp. 科学出版社.
山田均. 2003. 世界の食文化 5 タイ. 172pp. 農山漁村文化協会.

［野生化した薬用植物シャクチリソバ］

Christa, K. and Soral-Śmietana, M. 2008. Buckwheat grains and buckwheat products - nutritional and prophylactic value of their components — a review. Czech Journal Food Science, 26: 153-162.

Fabjan, N., Rode, J., Kosir, I.J., Wang, Z., Zhang, Z. and Kreft, I. 2003. Tartary buckwheat (*Fagopyrum tataricum* Gaertn.) as a source of dietary rutin and quercitrin. Journal of Agricultural and Food Chemistry., 51: 6452-6455.

原寛. 1947. シャクチリソバ. 植物研究雑誌, 21：172.

Jiang, P., Burczynski, F., Campbell, C., Pierce, G., Austria, J.A. and Briggs, C.J. 2007. Rutin and flavonoid contents in three buckwheat species *Fagopyrum esculentum*, *F. tataricum*, and *F. homotropicum* and their protective effects against lipid peroxidation. Food Research International, 40: 356-364.

金井弘夫・清水建美・近田文弘・濱崎恭美. 2006. 都道府県別 帰化植物分布図(作業地図).

Kishima, Y., Ogura, K., Mizukami, K., Mikami, T. and Adachi, T. 1995. Chloroplast DNA analysis in buckwheat species: phylogenetic relationships, origin of reproductive systems and extended inverted repeats. Plant Science, 108: 173-179.

Levin, D.A. 1983. Polyploidy and novelty in flowering plants. American Naturalist, 122: 1-25.

松島憲一・根本和洋・南峰夫・Dawa Delma・Laximi Thapa・中野将宜・増田倫久. 2007. 東ブータンにおける食用野生植物利用とその伝統知識に関する調査報告(第二次調査). 信州大学農学部紀要, 43(1-2)：43-59.

松島憲一・根本和洋・南峰夫・Dawa Delma・Laximi Thapa・小澤俊輔・大川龍・小澤俊輔・辻旭弘. 2008. ブータン王国西部地域における食用野生植物利用とその伝統知識に関する調査報告(第三次調査). 信州大学農学部紀要, 44(1-2)：9-20.

長友大. 1984. ソバの科学(新潮選書). 332pp. 新潮社.

Ohnishi, O. 1991. Discovery of the wild ancestor of common buckwheat. Fagopyrum, 11: 5-10

Park, B.J., Park, J.I., Chang, K.J. and Park, C.H. 2004. Comparison in rutin content in seed and plant of tartary buckwheat (*Fagopyrum tataricum*). In: "Proceedings of the 9th International Symposium on Buckwheat: Advances in Buckwheat Research, RICP, Prague, Czech Republic, August 18-22", pp. 626-629

山口泰幸. 2008. 帰化植物シャクチリソバの分布と来歴について. 大阪府立大学応用生命環境科学部卒業論文.

Yamane, K. and Ohnishi, O. 2001. Phylogenetic relationships among natural populations of Perennial buckwheat, *Fagopyrum cymosum* Meisn. revealed by allozyme variations. Genetic Resources and Crop Evolution, 48: 69-77.

Yamane, K. and Ohnishi, O. 2003. Morphological variation and differentiation between

diploid and tetraploid cytotypes of *Fagopyrum cymosum*. Fagopyrum, 20: 17-25.
Yamane, K., Yasui, Y. and Ohnishi, O. 2003. Intraspecific cpDNA variations of diploid and tetraploid perennial buckwheat, *Fagopyrum cymosum* (Polygonaceae). American Journal of Botany, 90: 339-346.
Yamane, K., Tsuji, K. and Ohnishi, O. 2004. Speciation of *Fagopyrum tataricum*. Proceedings of the VIIII international symposium on buckwheat, 317-322.
Yasui, Y. and Ohnishi, O. 1998a. Interspecific relationships in *Fagopyrum* (Polygonaceae) revealed by the nucleotide sequences of the *rbcL* and *accD* genes and their intergenetic region. American Journal of Botany, 85: 1134-1142.
Yasui, Y. and Ohnishi, O. 1998b Phylogenetic relationships among *Fagopyrum* species revealed by nucleotide sequences of the ITS region of the nuclear rRNA gene. Genes and Genetic Systems, 73: 201-210.
Woo, S.H., Wang, Y.J. and Campbell, C.G. 1999. Interspecific hybrids with *Fagopyrum cymosum* in the genus *Fagopyrum*. Fagopyrum, 16: 13-18.
Zhou, T.-R. 1985 Changes of natural zones in China since the beginning of Cenozoic era. In "Quaternary geology and environment of China" (ed. Liu, T.), 176-184. China Ocean Press. Beijing. China.

[イエギク——東アジアの野生ギクから鮮やかな栽培品種へ]
Bremer, K. and Humphries, C. 1993. Generic monograph of the Asteraceae- Anthemideae. Bull. Nat. Hist. Mus. Lond. (Bot.), 23: 71-177.
Bremer, K. 1994. Asteraceae: Cladistics and Classification. 752pp. Timber Press, Inc., Portland, Oregon.
Dowrick, G.J. 1953. The chromosomes of *Chrysanthemum*, II: Garden varieties. Heredity, 7: 59-72.
Dowrick, G.J. and El-Bayoumi, A. 1966. The origin of new forms of the garden *Chrysanthemum*. Euphytica, 15: 32-38.
遠藤元庸・稲田委久子. 1990. 食用ギクおよびツマギクの染色体数について. 園芸学雑誌, 59：603-612.
遠藤伸夫. 1969. 栽培ギクの染色体研究(第1報) 栽培ギクの染色体数について(その1). 園芸学雑誌, 38：267-274.
遠藤伸夫. 1969. 栽培ギクの染色体研究(第2報) 栽培ギクの染色体数について(その2). 園芸学雑誌, 38：343-349.
Hemsley, W.B. 1889. The history of the *Chrysanthemum*. Grdn. Chron., 6: 652-654.
堀田満・山川直子・平井泰雄・志内利明. 1996. 西南日本の植物雑記III. 九州から南西諸島にかけてのノジギクの分布と分類. Acta. Phytotax. Geobot., 47: 91-104.
Kaneko, K. 1961. Cytogenetical studies on three high polyploid species of *Chrysanthemum*. J. Sci. Hiroshima Univ. Ser. B, Div., 29: 59-98.
Kim, J.S., Oginuma, K. and Tobe, H. 2009. Syncyte formation in the microsporangium of *Chrysanthemum* (Asteraceae): a pathway to infraspecific polyploidy. J. Plant Res., 122: 439-444.
Kishimoto, S. and Ohmiya, A. 2006. Regulation of carotenoid biosynthesis in petals and leaves of chrysanthemum (*Chrysanthemum morifolium* Ramat.). Physiol. Plant., 128: 436-447.
Kitamura, S. 1940. Compositae Japonicae. Pars secunda. Memoirs Coll. Sci. Kyoto

Imp. Univ., Ser. B, 15: 258-446.
北村四郎. 1948. 菊. 176pp. 平凡社全書, 平凡社.
北村四郎. 1967. 日本の野生ギクの分布に関する報告. Acta. Phytotax. Geobot., 22: 109-137.
Li, Chang, Chen, Su-mei, Chen, Fa-di, Li, Zhen and Fang, Wei-min. 2009. Karyomorphological studies on Chinese pot Chrysanthemum cultivars with large inflorescences. Agricultural Sciences in China 2009, 8: 793-802.
Miyake, K. and Imai, Y. 1934. A cimerical strain with variegated flowers in Chrysanthemum sinense. Zeitchr. Abst.-u. Vererbungslehre, 68: 300-302.
Miyazaki, S., Tashiro, Y., Kanazawa, K., Takeshita, A. and Oshima, T. 1982. On the flower characteristics and the chromosome numbers of Higo- chrysanthemum (Chrysanthemum morifolium Ramat.). Bull. Fac. Agr. Saga Univ., 52: 1-11.
中田政司・田中隆荘・谷口研至・下斗米直昌. 1987. 日本産キク属の種：細胞学および細胞遺伝学からみたその実体. Acta. Phytotax.. Geobot., 38: 241-259.
丹羽鼎三. 1930. 科学的に観たる日本の菊. 日本学術協会報告, 6：834-917.
Ohmiya, A., Kishimoto, S., Aida, R., Yoshioka, S. and Sumitomo, K. 2006. Carotenoid cleavage dioxygenase (CmCCD4a) contributes to white color formation in Chrysanthemum petals. Plant. Physiol., 142: 1193-1201.
Sampson, D.R., Walker, G.W.R., Hunter, A.W.S. and Bragdo, M. 1958. Investigations on the sporting process in greenhouse chrysanthemums. Canadian J. Plant Science, 38: 346-356.
柴田道夫・川田穣一・天野正之・亀野貞・山岸博・豊田努・山口隆・沖村誠・宇田昌義. 1988. イソギクとスプレーギクとの種間交雑による小輪系スプレーギク品種'ムーンライト'の育成経過とその特性. 野菜・茶業試験場研究報告, A(2)：257-277.
Shih, C. and Fu G.-X. 1983. Compositae (3), Flora Reipublicae Popularis Sinicae. 149pp. Science Press. Beiging.
下斗米直昌. 1930. キクの種間雑種における染色体の Autosyndese. 植物学雑誌, 44：672-677.
下斗米直昌. 1931a. 菊の二種間雑種の減数分裂に於ける染色体間の結合に就いて. 植物学雑誌, 45：198-210.
下斗米直昌. 1931b. 巨大核或いは多核を有する花粉母細胞に於ける異常な減数分裂. 植物学雑誌. 45：350-363.
下斗米直昌. 1932a. 園芸菊の染色体数. 植物学雑誌, 46：690-700.
下斗米直昌. 1932b. 菊属の種間雑種に於いて起これる染色体数の特異なる増加に就いて. 植物学雑誌, 46：789-799.
下斗米直昌. 1935. 菊の生態と細胞遺伝. 112pp. 養賢堂, 東京.
Shimotomai, N. and Tanaka, R. 1952. Über die Zweierlei F_1-Artbastarde von Chrysanthemum makinoi (2n=18) × Ch. Japonense (2n=54). J. Sci. Hiroshima Univ. Ser. B, Div. 2, 6: 39-44.
Stapf, O. 1933. C. makinoi. Curtis Bot. Mag.
田原正人. 1914. キク属植物に関する細胞学的研究(その1). 植物学雑誌, 28：489-494.
田原正人. 1915. キク属植物に関する細胞学的研究(その2), 植物学雑誌, 29：5-17.
Tahara, M. 1921. Cytologishe Studien an einigen Kompositen. J. Coll. Sci. Tokyo, 43: 1-57.
Tanaka, R. 1959. On the speciation and karyotypes in diploid and tetraploid species of

Chrysanthemum IV. *Chrysanthemum wakasaense* (2n=18) J. Sci. Hiroshima Univ. Ser. B, Div. 2, 9: 41-58.
Tanaka, R. 1960. On the speciation and karyotypes in diploid and tetraploid species of *Chrysanthemum* V. *Chrysanthemum Yoshinaganthum* (2n=36). Cytologia, 25: 43-58.
Tanaka, R., Shimizu, T. and Taniguchi, K. 1985. Studies on diversity in Compositae I. Hybrid polymorphism and its chromosomal mechanism in decaploid *Chrysanthemum pacificum* (2n=90) and octoploid *Ch. shiwogiku* (2n=72). In: Origin and Evolution of Diversity in Plant Communities, (ed. Hara, H.), pp. 220-228. Academia Scientific Book Inc., Tokyo.
Taniguchi, K. 1987. Cytogenetical studies on the speciation of tetraploid *Chrysanthemum indicum* L. with special reference to C-bands. J. Sci. Hiroshima Univ. Ser. B, Div. 2, 20: 105-157.
Taniguchi, K., Chen, R.Y., Tanaika, R. 1992. A cytogenetical study of *Dendranthema* with yellow ligules in the coastal region of China. In: Cytogenetics on Plants Correlating between Japan and China (ed. Tanaka, R.), pp. 53-68.
Tanaka, R., Chen, S.C., Hong, D.Y., Chen, R.Y., Zhan, D.M., Nakata, M., Taniguchi, K., Kondo, K. 1992. Geographical distribution of Chinese *Dendranthema* on the basis of the specimen collections of the 1988-1991 field studies. Cytogenetics on Plants Correlating between Japan and China. (ed. Tanaka, R.), 69-80.
富野耕治. 1962. イセギクの染色体. 園芸学会昭和37年度秋季大会研究発表要旨：34.
富野耕治. 1968. 数種の園芸植物の染色体について. 三重大教育学部教育研究所研究紀要, 40：28-33.
Watanabe, K. 1977. Successful ovary culture and production of F_1 hybrids and androgenic haploids in Japanese *Chrysanthemum* species. J. Heredity, 68: 317-320.
Watanabe, K. 1983. Studies on the control of diploid-like meiosis in polyploid taxa of *Chrysanthemum* 4. Colchiploids and the process of cytogenetical diploidization. Theor. Appl. Genet., 66: 9-14.

[サクラソウ──武士が育てた園芸品種]
平井幸弘. 1983. 関東平野中央部における沖積低地の地形発達. 地理学評論, 56：679-694.
本城正憲・津村義彦・鷲谷いづみ・大澤良. 2005. 広島県芸北町サクラソウ集団の葉緑体DNA変異. 高原の自然史, 10-11：81-90.
Honjo, M., Ueno, S., Tsumura, Y., Washitani, I. and Ohsawa, R. 2004. Phylogeographic study on intraspecific sequence variation of chloroplast DNA for the conservation of genetic diversity in Japanese endangered species *Primula sieboldii*. Biological Conservation 120: 211-220.
Honjo, M., Lee, J.H., Ohsawa, R., Ueno, S., Tsumura, Y. and Washitani, I. 2007. Phylogeography of *Primula sieboldii*: Genetic relationship between Korean and Japanese populations. Abstracts of the 2nd. Scientific Congress of East Asian Federation of Ecological Societies, p 504.
Honjo, M., Ueno, S., Tsumura, Y., Handa, T., Washitani, I. and Ohsawa, R. 2008a. Tracing the origins of stocks of the endangered species *Primula sieboldii* using nuclear microsatellites and chloroplast DNA. Conservation Genetics, 9: 1139-1177.
Honjo, M., Handa, T., Tsumura, Y., Washitani, I. and Ohsawa, R. 2008b. Origins of traditional cultivars of *Primula sieboldii* revealed by nuclear microsatellite and

chloroplast DNA variations. Breeding Science, 58: 347-354.
Honjo, M., Kitamoto, N., Ueno, S., Tsumura, Y., Washitani, I. and Ohsawa, R. 2009. Management units of the endangered herb *Primula sieboldii* based on microsatellite variation among and within populations throughout Japan. Conservation Genetics, 10: 257-267.
磯野直秀. 2000. 日本博物学史覚え書　IX. 慶應義塾大学日吉紀要・自然科学, 28：60-81.
磯野直秀. 2001a. 日本博物学史覚え書　X. 慶應義塾大学日吉紀要・自然科学, 29：18-40.
磯野直秀. 2001b. 日本博物学史覚え書　XI. 慶應義塾大学日吉紀要・自然科学, 28：60-81.
磯野直秀. 2004. 日本博物学史覚え書　XIII. 慶應義塾大学日吉紀要・自然科学, 35：1-181.
Kitamoto, N., Honjo, M., Ueno, S., Takenaka, A., Tsumura, Y., Washitani, I. and Ohsawa, R. 2005. Spatial genetic structure among and within populations of *Primula sieboldii* growing beside separate streams. Molecular Ecology, 14: 149-157.
Manel, S., Gaggiotti, O.E. and Waples, R.S. 2005. Assignment methods: matching biological questions with appropriate techniques. Trends Ecol. Evol., 20: 136-142.
西廣(安島)美穂・鷲谷いづみ. 2006. 種子の空間的・時間的分散と実生の定着. サクラソウの分子遺伝生態学(鷲谷いづみ編), pp. 97-114. 東京大学出版会.
鳥居恒夫. 1985. さくらそう. 151pp. 日本テレビ.
鳥居恒夫. 2006. 色分け花図鑑　桜草. 192頁. 学習研究社.
Washitani, I., Ishihama, F., Matsumura, C., Nagai, M., Nishihiro, J. and Nishihiro, M. A. 2005. Conservation ecology of *Primula sieboldii*: Synthesis of information toward the prediction of the genetic/demographic fate of a population. Plant Species Biology, 20: 3-15.
鷲谷いづみ. 2007. 野生植物としてのサクラソウの生態. 世界のプリムラ(世界のプリムラ編集委員会編), pp. 183-188. 誠文堂新光社.
鷲谷いづみ(編). 2006. サクラソウの分子遺伝生態学. 300pp. 東京大学出版会.
山原茂. 2007. 桜草栽培史. 世界のプリムラ(世界のプリムラ編集委員会編), pp. 189-192. 誠文堂新光社.
Yoshida, Y., Honjo, M., Kitamoto, N. and Ohsawa, R. 2008. Genetic variation and differentiation of floral morphology in wild *Primula sieboldii* evaluated by image analysis data and SSR markers. Breeding Science, 58: 301-307.
Yoshida, Y., Honjo, M., Kitamoto, N. and Ohsawa, R. 2009. Reconsideration for conservation units of wild *Primula sieboldii* in Japan. Genetics Research, 91: 1-11.
Yoshioka, Y., Iwata, H., Ohsawa, R. and Ninomiya, S. 2004a. Quantitative evaluation of flower colour pattern by image analysis and principal component analysis of *Primula sieboldii* E. Morren. Euphytica, 139: 179-186.
Yoshioka, Y., Iwata, H., Ohsawa, R. and Ninomiya, S. 2004b. Analysis of petal shape variation of *Primula sieboldii* by elliptic Fourier descriptors and principal component analysis. Annals of Botany, 94: 657-664.
Yoshioka, Y., Iwata, H., Ohsawa, R. and Ninomiya, S. 2005. Quantitative evaluation of the petal shape variation in *Primula sieboldii* caused by breeding process in the last 300 years. Heredity, 94: 657-663.
Yoshioka, Y., Honjo, M., Iwata, H., Ninomiya, S. and Ohsawa, R. 2007. Pattern of

geographical variation in petal shape in wild populations of *Primula sieboldii* E. Morren. Plant Species Biology, 22: 87-93.

[コラム① 江戸中期に園芸目的で栽培された水草]
石居天平. 2008. 江戸期の園芸書における水生植物の記載について. 水草研究会誌, 90：24-31.
伊藤伊兵衛政武. 1710. 増補地錦抄（京都園芸倶楽部編. 1983. 花壇地錦抄・増補地錦抄. 八坂書房）.
伊藤伊兵衛政武. 1719. 広益地錦抄（京都園芸倶楽部編. 1983. 広益地錦抄. 八坂書房）.
伊藤伊兵衛政武. 1733. 地錦抄附録（京都園芸倶楽部編. 1983. 地錦抄附録. 八坂書房）.
貝原益軒. 1694. 花譜（1973. 花譜・菜譜. 八坂書房）.
貝原益軒. 1709. 大和本草（白井光太郎考註. 1918. 考註大和本草. 春陽堂）.
中尾佐助. 1986. 花と木の文化史. 岩波書店.
小野在和子. 1985. 江戸時代における園芸植物の流行について. 造園雑誌, 48(5)：55-60.
三之丞伊藤伊兵衛. 1695. 花壇地錦抄（京都園芸倶楽部編. 1983. 花壇地錦抄・増補地錦抄. 八坂書房）.
下田路子. 2006. 古文書から読みとる農村の環境と村人の暮らし（下）"江戸時代の村人と植物とのかかわり"の多様さ. 農林経済, 9803：2-6.
橘保国. 1755. 画本野山草.
寺島良安. 1713. 和漢三才図絵.
渡辺達三. 1992. 松平定信におけるハス事績. 造園雑誌, 56(3)：193-208.

[雲南の野生バラ——気品の起源]
Hurst, C.C. 1941. Notes on the origin and evolution of our garden roses. J. Roy. Hort. Soc., 66: 73-82.
Jacquin, N.J. 1768. Rosa chinensis. Observationum Botanicarum, part III: 7.
Joichi, A., Yomogida, K., Awano, K. and Ueda, Y. 2005. Volatile componenets of tea-scented modern roses and ancient Chinese roses. Flavour Fragrance Journal, 20: 152-157.
大場秀章. 1997. バラの誕生. 249pp. 中公新書.
荻巣樹徳. 1994. コウシンバラの歴史を探る. 新花卉, 164：50-52.
上田善弘. 1995. 光質と花色発現. 農業技術大系・花卉編3 環境要素とその制御. pp. 209-214. 農山漁村文化協会.
上田善弘・村上智弘・巫水欽・賀海洋・前原克彦. 2000. バラ属の変異と栽培バラへの系譜（第7報） ITS領域塩基配列によるラオスの栽培バラの系統解析. 園芸学雑誌, 69別1：314.
Wang, G. 2007. A study on the history of Chinese roses from ancient works and images. Acta Horticulturae, 751: 347-356.
Widrlechner, M.P. 1981. History and utilization of *Rosa damasecena*. Economic Bot., 35: 42-58.
蓬田勝之. 1998. ローズオイルの香気組成について. Aromatopia, 28：1-5.
蓬田勝之. 2004. 現代バラの香り研究. 香料, 222：129-140.
中国科学院中国植物志編輯委員会（編著）. 1985. 中国植物志, pp. 360-455. 科学出版社.

[チャ──癒し空間をつくる植物,その起源]
Ashihara, H. and Crozier, A. 1999. Biosynthesis and metabolism of caffein and related purine alkaloids. Adv. Bot. Res., 30: 117-205.
張宏達. 1981. 山茶属植物的系統研究. 中山大学報(自然科学), 1: 1-180.
中国農業百科全集 茶業巻. 1988. 369pp. 農業出版社.
橋本実. 1988. 茶の起源を探る. 222pp. 淡交社.
Huard, P. and Durand, M. 1954. Connaissence du Viet-Nam. 357pp. Imprimerie Nationale, Paris.
石原一郎. 1942. 仏領印度支那の茶業. 66pp. 日本茶輸出協会.
Le Bar, F.M. 1957. Miang: Fermented tea in North Thailand. Behavior Science Notes, 2: 105-121.
Matsumoto, S. 2006. Studies on the differentiation of Japanese tea cultivars (Camellia sinensis var. sinensis) according to the genetic diversity of phenylalanine ammoniglyase. Bull NIVT, 5: 63-111.
松下智. 1998. 茶の民族誌. 雄山閣. 317pp.
松崎芳郎. 1992. 年表茶の世界史. 330pp. 八坂書房.
Ming, T.L. 1992. A revision of Camellia sect. Thea. Acta Bot. Yunnanica 14(2): 115-132.
中尾佐助. 1976. 栽培植物の世界. 250pp. 中央公論社.
中林敏郎・伊奈和夫・坂田完三. 1991. 緑茶, 紅茶, 烏龍茶の化学と機能. 179pp. 弘学出版社.
Tanaka, J. 2006. Study on the utilization of DNA markers in tea breeding. Bull. NIVT. 5: 113-155.
東亜研究所(編). 1942. 茶. 仏領印度支那の農業, pp. 288-307.
鳥屋尾忠之. 1966. こうろ茶樹に関する研究(第1報) こうろ型形質の遺伝と茶樹の自然自殖率の推定. 茶業技術研究, 32: 18-22.
鳥屋尾忠之. 1967. こうろ茶樹に関する研究(第2報) こうろ型特徴形質の多面発現. 茶業技術研究, 35: 25-31.
鳥屋尾忠之. 1979. チャの白葉ならびにこうろ型形質の遺伝解析. 茶業技術研究, 57: 1-5.
Willson, K.C. and Clifford, M.N. (ed.). 1992. Tea, Cultivation and Consumption. 769pp. Chapman & Hall.
呉振鐸. 1987. 香櫞種(皐蘆)茶樹的探究. 科学農業, 35(3-4): 63-73.
Yamaguchi, S. and Tanaka, J.I. 1995. Origin and spread of tea from China to Eastern Asian regions and Japan. Proc. '95 Intern. Tea-Qual.-Human Health Symp., Shanghai, China. pp. 279-286.
Yamaguchi, S., Matsumoto, S. and Tanaka, J.I. 1999. Genetic dispersal of tea plant. In: Global Advances in Tea Science (ed. Jain, N.K.), pp. 413-426. Aravali Books, New Delhi.
山口聰. 2010. 照葉樹林文化論再考. ユーラシア農耕史(第4巻), pp. 307-344. 臨川書房.

[コラム② 栽培菊と外来ギクによる日本産野生ギクの遺伝的汚染]
遠藤伸夫. 1969. 栽培菊の染色体研究(第1報). 栽培菊の染色体数について(その1). 園芸学雑誌, 38: 267-274.
いがりまさし. 2005. 山溪ハンディ図鑑11 日本の野菊. 279pp. 山と溪谷社.

北村四郎. 1934. 家菊の原種に関する植物分類学者の見解. 植物分類, 地理, 3：201-213.
北村四郎. 1967. 日本の野生菊の分布に関する報告. 植物分類, 地理, 22：109-137.
中田政司. 1989. 2n=62の染色体を持つ, ワカサハマギクとキク(栽培菊)との推定自然雑種. 国立科学博物館研究報告B(植物), 15：143-149.
中田政司. 1999. ワカサハマギクの自生地とその現状. 富山県中央植物園研究報告, 4：47-58.
中田政司. 2012. 準絶滅危惧種ワカサハマギクの減少要因とレッドリストの再評価―個体群の約30年後の追跡調査から. 植物地理・分類研究, 59：89-99.
中田政司・伊藤隆之. 2003. ノリ面緑化現場における外来シマカンギクと在来ノジギクとの自然交雑事例. 保全生態学研究, 8：169-174.
中田政司・伊藤隆之. 2009. 個体群が拡大したノリ面緑化現場の外来シマカンギク(キク科). 分類, 9：55-59.
中田政司・竹内基. 1998. 氷見市大境産サンインギク個体群の変異. 富山県中央植物園研究報告, 3：1-16.
Nakata, M., Hong, D.-Y., Zhang, D.-M., Qiu, J.-Z., Liu, D.-X., Hoshino, T., Aoyama, M., Uchiyama, H. and Tanaka, R. 1992. Chromosome counts in *Dendranthema* of China collected in the 1988-1991 field studies. In "Cytogenetics on plants correlating between Japan and China" (Tanaka, R. ed.), pp. 3-41. Nishiki Print Co. Ltd.
中田政司・関太郎・伊藤隆之・小川誠・松岸得之介・熊谷明彦・工藤信. 1995. 最近道路法面に発見されるキクタニギクとイワギクについて. 植物地理・分類研究, 43：124-126.
中田政司・須藤晃延・谷口研至. 2001. キクとの雑種を含むワカサハマギク個体群の14年後の追跡調査. 保全生態学研究, 6：21-27.
中田政司・田中隆荘・谷口研至・下斗米直昌. 1987. 日本産キク属の種：細胞学および細胞遺伝学からみたその実体. 植物分類, 地理, 38：241-259.
荻巣樹徳. 1997. 菊. 絵で見る伝統園芸植物と文化(柏岡精三・荻巣樹徳監修), pp. 226-234. アボック社出版局.
Ohashi, H. and Yonekura, K. 2004. New Combinations in *Chrysanthemum* (Compositae — Anthemideae) of Asia with a list of Japanese species. J. Jpn. Bot., 79: 186-195.
下斗米直昌. 1932. 園芸菊の染色体数. 植物学雑誌, 46：690-700.
進野久五郎. 1973. 富山の植物. 761 pp. 巧玄出版.
進野久五郎・大田弘. 1966. 氷見―伏木海岸の植生と分布. 氷見海岸・二上山学術調査書(富山県編), pp. 18-37. 富山県.

［黒潮洗う八丈島におけるコブナグサの栽培化］

Harlan, J.R. 1984. 作物の進化と農業・食料(熊田恭一・前田栄三共訳). pp. 117-129. 学会出版センター.
石神真智子・梅本信也・中山祐一郎・山口裕文. 2001. 栽培および野生コブナグサの出穂と形態的形質に見られる変異. 雑草研究, 46(3)：194-200.
笠原安夫. 1985. コブナグサ. 日本雑草図説, 419p. 養賢堂.
長田武正. 1993. コブナグサ. 増補改訂日本産イネ科植物図譜, pp. 724-725. 平凡社.
大井次三郎. 1975. コブナグサ. 改訂増補新版 日本植物誌 顕花篇, pp. 188-189. 至文堂.
東京都八丈島八丈町教育委員会. 1993. 改訂増補版 八丈島誌. 948pp. 東京都八丈島八丈町役場.

梅本信也. 1997. タカサブロウの起原―痩果からの一考察. 雑草の自然史―たくましさの生態学―(山口裕文編著), pp. 34-45. 北海道大学図書刊行会.
山口裕文. 1979. 東アジアのカラスムギ(*Avena fatua* L. sens. ampl.)の生態的分化. 種生物学研究, 3：47-58.
吉本忍. 1991. 八丈島の絹織物と手織物. 海と列島文化 7 黒潮の道, pp. 439-477. 小学館.

[ヤナギタデの栽培利用――「葉タデ」と「芽タデ」と愛知県佐久島の半栽培タデ]
青葉高. 1991. 蓼(タデ). 野菜の日本史, pp. 249-254. 八坂書房.
Araki, Y. 1952. Spicilegia Florae Nipponiae (3). J. Jap. Bot., 27: 255-259.
波田善男. 1983. 水辺の植生と植物. 日本の植生図鑑 II 人里・草原(矢野悟道ほか著), pp. 105-124. 保育社.
ハーラン, J.R. 1984. 作物の進化と農業・食糧(熊田恭一・前田英三訳). 210pp. 学会出版センター.
平塚明. 1984. タデ科植物の生活史と個体群動態. 植物の生活史と進化 1―雑草の個体群統計学(河野昭一編), pp. 57-80. 培風館.
印南敏秀. 1999. 佐久島の島嶼性と住まい空間. 愛知県史民俗調査報告書 2 西尾・佐久島(『愛知県史民俗調査報告書 2 西尾・佐久島』編集委員会編), pp. 194-206. 愛知県総務部県史編さん室.
加藤雅啓. 1999. 形態の適応と進化―渓流沿い植物. 植物の進化形態学, pp. 131-183. 東京大学出版会.
木下エビ子. 1987. 球磨の食. 聞き書 熊本の食事(「日本の食生活全集 熊本」編集委員会編), pp. 78-131. 農山漁村文化協会.
小林史郎. 2009. タデ科. 高知県植物誌(高知県・高知県牧野記念財団編), pp. 161-172. 高知県牧野記念財団.
Makino, T. 1903. Observations on the flora of Japan, Bot. Mag. Tokyo, 17: 144-152.
宮ノ原淳也・山口裕文. 1995. ベニタデにみられる栽培化現象の評価. 育種学雑誌, 45(別)：302.
村越三千男. 1940. たで科. 内外植物原色大図鑑. pp. 689-702. 誠文堂新光社.
根本莞爾. 1936. 日本植物總覽補遺. pp. 168-177. 春陽堂.
日本新薬株式会社山科植物資料館. 2009. タデ科. 植物目録 2009, pp. 21-22.
大井次三郎. 1953. タデ属. 日本植物誌. pp. 462-474. 至文堂.
土屋和三. 1989. タデの文化史. 園芸植物大事典 3(青葉高ほか編), pp. 157-158. 小学館.
土屋和三ほか. 1989. タデ属. 世界有用植物事典(堀田満ほか編), pp. 835-841. 平凡社.
Warwick, S.I. and Briggs, D. 1979. The genecology of lawn weeds. III. Cultivation experiments with *Achillea millefolium* L., *Bellis perennis* L., *Plantago lanceolata* L., *Plantago major* L. and *Prunella vulgaris* L. collected from lawns and contrasting grassland habitats. New Phytol., 83: 509-536.
山口裕文. 2001. 栽培植物の分類と栽培化症候. 栽培植物の自然史(山口裕文・島本義也編著), pp. 3-15. 北海道大学出版会.
山崎妙子. 1987. 瀬戸内沿岸・島しょの食. 聞き書 広島の食事(「日本の食生活全集 広島」編集委員会編), pp. 14-86. 農山漁村文化協会.
Yasuda K. and Yamaguchi, H. 2005. Genetic diversity of vegetable water pepper (*Persicaria hydropiper* (L.) Spach) as revealed by RAPD markers. Breed. Sci., 55: 7-14.
Yonekura, K. 2006. Polygonaceae. In "Flora of Japan IIa" (ed. Iwatsuki, K. et al.), pp.

122-176. Kodansha. Tokyo.
吉川雅之. 2005. 薬用食品の機能解明―胃保護作用成分. 薬用植物・生薬開発の新展開（佐竹元吉監修）, pp. 165-184. シーエムシー出版.

[タイワンアブラススキの民族植物学]

Camus, A. 1923. Note sur le Genre "Eccoilopus" Steudel(Graminees). Annal de la Société Linnéenne de Lyon 70: 92.
Chen, S.L. and Phillips, S.M. 2006. SPODIOPOGON Trinius, Fund. Agrost. 192. 1820. Flora of China., 22: 573-576.
Clayton, S.D. and Renvoize, S.A. 1986. Genera Graminum: Grasses of the World. Kew Bulletin additional sereis XIII. 389pp. Royal Botanic Gardens, Kew, London.
古野清人. 1996(1945). 高砂族の祭儀生活. 466pp. 南天書局. 台北.
呉燕和. 1993. 台東太麻里渓流域的東排湾人. 民族学研究所資料彙編第七期, 402pp. 中央研究院民族学研究所.
Hayata, B. 1907. Supplements to the Enumeratio Plantarum Formosanarum. The Botanical Magazin, 21(243): 49-55.
本田安次. 1925. あぶらすゝき属並びにおほあぶらすゝき属. 植物学雑誌, 458：67-69.
許功明・柯惠譯. 2004(1998). 排湾族古楼村的祭儀與文化. 234pp. 稲郷出版社, 台北.
馬淵東一. 1936. ブヌン族の祭と暦. 民族学研究, 2(3)：59-80.
馬淵東一. 1974. 高砂族に於ける鞦韆. 馬淵東一著作集第三巻，社会思想社. pp. 383-396.
小川尚義. 2006. 台湾蕃語蒐録. アジア・アフリカ基礎語彙集シリーズ49(李壬癸・豊島正之編)，東京外国語大学アジア・アフリカ言語文化研究所. 714pp.
大井次三郎. 1942. 日本の禾本科植物 第四. 植物分類地理, 11：145-193.
Rendle, A. 1904. Gramineae. In "An Enumeration of all Plants known from China Proper, Formosa, Hainan, Corea, the Luchu Archipelago, and the Island of Hong-kong, together with their Distribution and Synonymy" (eds. Forbes, F.B. and Hemsley, W.B.). The Journal of the Linnean Society, 36: 351-440.
佐々木高明. 2003. 南からの日本文化(下). 311pp. 日本放送出版協会.
佐々木舜一. 1928. 台湾植物名彙. 588pp. 台湾博物学会, 台北.
島田彌市. 1915. 蕃人の農作物. 烏來の自然界. 200pp. 台湾博物学会, 台北.
瀬川孝吉. 1954. 高砂族の生業. 民族学研究, 18(1-2)：49-66.
台湾総督府蕃族調査会. 1919. 臨時台湾旧慣調査会第一部蕃族調査報告書　武崙族前篇. 262pp. 台湾総督府蕃族調査会, 台北.
台湾総督府蕃族調査会. 1921. 臨時台湾旧慣調査会第一部　蕃族調査報告書　排彎族・獅設族. 469pp. 台湾総督府蕃族調査会, 台北.
台湾総督府蕃族調査会. 1922. 臨時台湾旧慣調査会第一部番族慣習調査報告書 5-3. 452 pp. 台湾総督府蕃族調査会, 台北.
台湾総督府中央研究所林業部. 1921. 台湾タイヤル蕃族利用植物. 台湾総督府中央研究所, 台北.
台湾総督府中央研究所. 1923. パイワン蕃族利用植物. 台湾総督府中央研究所林業部彙報, 1号：1-64.
台湾総督府警務局. 1936-39. 高砂族調査書　第一編〜第六編.
竹井恵美子. 2008. 台湾固有の小穀類タイワンアブラススキの植物学的記載の再検討. 大阪学院大学人文自然論叢, 57：43-66.
Tsang, C.H. 2005. Recent discoveries at the Tapenkeng culture sites in Taiwan:

implications for the problem of Austronesian origins. In (eds. "The peopling of East Asia", Sasgart, L., Blench, R. and Sanchez-Mazas, A), pp. 63-74. Routledge Curzon, London.
湯浅浩史. 2001. 瀬川孝吉台湾先住民写真誌 ツオウ篇. 235pp. 東京農大出版会.
湯浅浩史. 2009. 瀬川孝吉台灣原住民族映像誌 布農族篇. 305pp. 南天書局. 台北.

[東南アジアの極小粒ダイズ——山戎菽の末裔か？]
Abe, J., Hasegawa, A., Fukushi, H., Mikami, T., Ohara, M. and Shimamoto, Y. 1999. Introgression between wild and cultivated soybeans of Japan revealed by RFLP analysis for chloroplast DNAs. Econ. Bot., 53: 285-291.
Abe, J., Xu, D.H., Suzuki, Y, Kanazawa, A. and Shimamoto, Y. 2003. Soybean germplasm pools in Asia revealed by nuclear SSRs. Theor. Appl. Genet., 106: 445-453.
阿部純・島本義也. 2001. ダイズの進化—ツルマメの果たしてきた役割. 栽培作物の自然史(山口裕文・島本義也編), pp. 77-95. 北海道大学図書刊行会.
阿部純・島本義也. 2010. ダイズの起源と伝播. ダイズの全て(喜多村啓介ほか編), pp. 4-12. サイエンスフォーラム.
Hirata, T., Abe, J. and Shimamoto, Y. 1999. Genetic structure of the Japanese soybean population. Genet. Res. Crop Evol., 46: 441-453.
郭文韜編, 渡部武訳. 1998. 中国大豆栽培史, pp. 134-139. 農山漁村文化協会.
Kanazawa, A., Tozuka, A. and Shimamoto, Y. 1998. Sequence variation of chloroplant DNA that involves *EcoR* I and *Cla* I restriction site polymorphisms in soybean. Genes Genet. Syst, 73: 111-119.
Lee, G.A., Crawford, G.W., Liu, L., Sakai, Y. and Chen, X. 2011. Archaeological soybean (*Glycine max*) in East Asia: Does size matter? Plos one, 6: e26720.
Li, Z. and Nelson, R.L. 2001. Genetic diversity among soybeans accessions from three countries measured by RAPD. Crop Sci., 41: 1337-1347.
Liu, B., Fujita, T., Yan, Z.-H., Sakamoto, S., Xu, D. and Abe, J. 2007. QTL mapping of domestication related traits in soybean (*Glycine max*). Ann. Bot., 100: 1027-1038.
王連錚. 1998. 大豆の起源, 変遷およびその伝播. 大豆科学, 4：1-6. (郭文韜編, 渡辺武訳. 1998. 中国大豆栽培史 附録. pp. 261-274.)
小畑弘己・佐々木由香・仙波靖子. 2007. 土器圧痕からみた縄文時代後・晩期における九州の大豆栽培. 植生史研究, 15：97-114.
小畑弘己. 2009. 日本先史時代のマメ類と栽培化. ユーラシア農耕史 4. 様々な栽培植物と農耕文化, pp. 252-261. 臨川書店.
坂本晋一. 2004. 野生ダイズの硬実性の遺伝的制御機構とダイズの栽培化における遺伝的役割. 125pp. 北海道大学博士論文.
Schmutz, J., Cannon, S.B., Schlueter, J., et al. 2010. Genome sequence of the palaeopolyploid soybean. Nature, 463: 178-183.
島本義也. 2003. 起源と品種分化 1. ダイズ. わが国における食用マメ類の研究(海妻矩彦ほか編), pp. 1-14. 中央農業総合研究センター.
Xu, D.H., Abe, J. Sakai, M., Kanazawa, A. and Shimamoto, Y. 2000. Sequence variation of non-coding regions of chloroplast DNA of soybean and related wild species and its implications for the evolution of different chloroplast haplotypes. Theor. Appl. Genet., 101: 724-732.
Xu, D.H., Abe, J., Kanazawa, A., Gai, J.Y. and Shimamoto, Y. 2001. Identification of

sequence variations by PCR-RFLP and its application to the evaluation of cpDNA diversity in wild and cultivates soybeans. Theor. Appl. Genet., 102: 683-688.
Xu, D.H., Abe, J., Gai, Y. and Shimamoto, Y. 2002. Diversity of chloroplast DNA SSRs in wild and cultivated soybeans: evidence for multiple origins of cultivated soybean. Theor. Appl. Genet., 105: 645-653.

[雲南の植物食に見られる文化多様性]
毕堅(Bi jing) 1998. 雲南少数民族风味集锦, 98-135. 天地出版社.
常章富(Chan zhang-fu). 2001. 野菜疗法. 湖南科学技术出版社.
管開雲(Guan kai-yun). 1999. 雲南の野生花き資源. 人と自然, 106-119. 大谷文成堂.
管開雲・魯元学(Lu yuan-xue). 2003. 雲南花紀行, 10-23. 東京印書館.
管開雲・山口裕文ほか. 2007. Traditional Uses of Begonias (Begoniaceae) in China(中国秋海棠属植物的伝統利用). Acta. Bot. Yunnan. (雲南植物研究), 29(1):58-66.
近田文弘・裴盛基(Pei sheng-ji). 1989. アジアの花食文化, 27-30. 誠文堂新光社.
李延輝(Li yan-hui)主編. 1996. 西双版纳高等植物名录. 625pp. 雲南民族出版社.
李秀(Li xiu). 2006. 雲南思茅民族食花植物[J]思茅师范高等专科学校学报, (3):10-12.
劉怡涛(Liu yu-tao). 1997. 雲南少数民族食花文化. 植物雑誌, 139(5):14-15.
劉怡涛. 1999. 澜沧江畔一个以花为生的民族. 山茶人文地理, 100(2):20-27.
劉怡涛. 2000. 雲南少数民族的食花文化. 雲南画報, 2(2):18-25.
劉怡涛. 2002. 神奇雲南奇花异草, 65-127. 雲南科技出版社.
劉怡涛・龍春林(Long chun-lin). 2001. 雲南各民族食用花卉的初步研究. 雲南植物研究, 2002(1):42-57.
龍春林. 1999. 基诺族传统文化中的生物多样性管理与利用. 雲南植物研究, 21(2):237-248.
龍春林・王潔如(Wang jie-ru). 1994. 民族植物学——社会及文化价值初探. 植物资源与环境, 3(2):45-50.
陸樹剛(Lu shu-gang). 1993. 滇东南壮族民族植物学简介. 植物杂志(5):30-33.
中尾佐助. 1966. 栽培植物と農耕の起源(岩波新書). 192pp. 岩波書店.
中尾佐助. 1980. 東南アジア文化試論. 東南アジアの農村における果樹を中心とした植物利用の生態学的研究, 82-97.
倪索碧(Ni su-bi). 1999a. 中国食品杂志, 2(3):213-21.
倪素碧. 1999b. 植物杂志, 149(3):14-15.
大野朋子・前中久行・山口裕文. 2007. 少数民族の暮らしと竹——中国雲南省西双版納のタイ族. Bamboo Journal, 24:42-51.
大野朋子・Maythasith Konkarn・魯元学・前中久行・山口裕文. 2008. ゴールデントライアングルとその周辺におけるタケの種類と利用. Bamboo Journal, 25:35-46.
裴盛基. 1990. 中国本草図录(第八卷), 10-200. 人民卫生出版社.
裴盛基・賀善安(He shan-an)编译. 1998. 民族植物学手册, 125-126. 雲南科技出版社.
裴盛基・龍春林. 1998. 応用民族植物学, 184pp. 雲南民族出版社.
佐々木高明. 2007. 照葉樹林文化とは何か——東アジアの森が生み出した文明(中公新書1921). 322pp. 中央公論社.
沙平(Sha ping). 2004. 大理地区的食花文化. 东方食疗与保健, (8):12-13.
湯寛沢(Tang kuan-ze). 1992. 花卉食疗. 312pp. 交通大学出版社.
上山春平(編). 1969. 照葉樹林文化——日本文化の深層(中公新書). 208pp. 中央公論社.
上山俊平・中尾佐助・佐々木高明. 1976. 続・照葉樹林文化——東アジア文化の源流(中

公新書 438). 238pp. 中央公論社.
王潔如・龍春林. 1995. Ethnobotanical study of traditional edible plants of Jinuo Nationality（基诺族传统食用植物的民族植物学研究）. Acta. Bot. Yunnan. （雲南植物研究），17(2)：161-168.
許又凱(Xu you-kai)・劉宏茂(Liu hong-mao). 2002. 中国雲南热帯野生蔬菜. 243pp. 科学出版社.
徐志輝(Xu zhi-hui). 2007. 最美雲南, 264-267. 雲南人民出版社.
楊敏杰(Yang min-jie)ほか. 2004. 雲南野生蔬菜资源调査研究报告. 西南农业学报, 2004, 17(1)：90-96.
吉田よし子. 1997. おいしい花　花の野菜・花の薬・花の酒. 249pp＋xiv. 八坂書房.
吉田よし子・菊池裕子. 2001. 東南アジア市場図鑑. 弘文堂.
張紹雲(Zhang shao-yun)主編. 1996. 中国拉祜族医药, 57-96. 雲南民族出版社.
中国医学科学院薬用植物研究所編. 1991. 西双版納药用植物名录. 520pp. 雲南民族出版社.
中国科学院昆明植物研究所編. 1984. 雲南种子植物名录. 雲南人民出版社.
中国科学院昆明植物研究所編. 1997. 雲南植物志. 科学出版社.
周武忠(Zhou zhong-wu). 1992. 中国花卉文化. 花城出版社.
思茅地区民族伝統医薬研究所編, 1987. 拉祜族常用药, 31-327. 雲南民族出版社.
全国中草薬汇編組. 1978. 全国中草药汇编. 北京：人民卫生出版社.

索　引
第 15 章の中国植物名については画数順に配列

【ア行】
アイタデ　241
アカザ　271
赤サビ病　132
アサインメントテスト　169
アザブタデ　240
アシタバ　217
亜種　85
アズキ　32
アズキ亜属　32
アズキの栽培起源地　38
アズマザサ　60, 78
アズマザサ属　75, 76, 78, 83, 84
アズマネザサ　60, 74, 75
亜地帯　74
厚物　151
亜熱帯林帯　74, 76
アブラススキ　271
アブラナ属　90
アフリカイネ　89
天宇受賣命　67
アメリカハリグワ　88
鮎タデ　231
アワ　256
異型花　131, 133
異型花柱性　160
伊邪那美之尊　91
意識的選択　249
異質倍数性　72, 123
異質倍数体　123
イシミカワ　127, 128
異種ゲノム　72
移植　220
異親対合　146
伊豆諸島　215

出雲国風土記　91
イソギク　140
イチジク　88
一季咲き　184
逸周書　279
遺伝距離　47
遺伝資源　119, 122, 134, 188
遺伝資源探索　198
遺伝子流動　289
遺伝子領域　39, 40
遺伝侵略　16
遺伝的集団構造　35
遺伝的多様性　37
遺伝的分化　33, 47, 162
イトゼリ　22
イトバゼリ　23
稲作　93
稲作以前　71
イヌビエ　8
イネ　89, 270, 272
イネ科　61, 62, 79
イネ科植物　59
イネ連　89, 90
癒し植物　12
イワインチン　140
インヨウチク　64, 83, 84, 91, 93
陰陽竹　64
インヨウチク属　82〜84, 92
ウド　21
ウラゲノギク　143
ウルチ性　270
雲南　291
雲南省　106, 291
雲南省西部の怒江傈僳族自治州　115
栄養生長相　60

栄養繁殖　64,126,132,160,178
エスケープ　41
枝変わり　151
絵手本集　175
江戸時代　216
篤　69
延喜式　29,196
園芸書　175
塩蔵発酵　100
塩蔵法　104
横断山脈　292
オオイワインチン　140
大型タケ類　62,64,75,92
大菊　151
オオシマノジギク　142
陸稲畑　10
オカメザサ属　84
晩生　52
遅咲き型　26
オモダカ　175
オールドローズ　183
オロシマチク　70,82,83

【カ行】
開花期間　26
開花小穂　80
開花フェノロジー　54
カイコ　88
外来種　126
外来植物　126
カオ・ラム　99,104
花卉園芸文化　175
攪乱　250
カジノキ　65
花色　180
花色変異　154
画像解析　172
家畜化　2
カット　194
花粉流動　54

河姆渡文化圏　206
釜炒り　195
カライモ　65
からたけ　65,66
唐竹　66
ガリカローズ　183
仮軸分岐　75
仮軸分岐型　76
刈り取り　246
カリヤス　217
夏緑林　61,73
夏緑樹林帯　74
カレン族　108
カロテノイド　154
河竹　66
カワタデ　236
管子　279
観賞　179
稈鞘　62
観賞癒し植物　4
観賞植物　13,65
稈節　59
カンチク属　84
帰化植物　63,91,119
キクタニギク　142
気候(の)変動　33,36,72
機能性成分　119,122
黄八丈　215
基本染色体数　71
キメラ　153
休眠性　39,246
休眠性の喪失　40
競争　249
玉露　197
切り返し　5
儀礼　264,266,268,270
管物　151
クリオザサ　76,78
くれ　66
グレーゾーン　12

くれたけ	63, 65
クレたけ	66
呉竹	63, 66
黒潮	215
クローン成長	160
クワ	88
クワ科	88
クワコ	88
群集	72
形質進化	38
形態進化	32
形態的特徴	236
系統解析	32
系譜	179
ケツルアズキ	32, 37
ゲノム	71, 145
原住民	253
減数分裂	84, 147
現代バラ	185
剣弁高芯咲き	184
香気成分	190
交雑	38, 79, 82, 93
交雑親和性	79
交雑不親和性	79
交雑不和合性	79
交雑和合性	79
広食性	87
更新世	30
コウシンバラ	185
香水	179
コウゾ属	88
紅茶	196
高度経済成長政策	219
交配実験	79, 81
コウホネ	175
コウヤザサ	90
広葉樹林	73
皐蘆	195
小菊	149
コク	221
穀物食	293
固形茶	195
古事記	67, 91
古代日本	66
古代の神話	91
黒海	31
古典園芸植物	177
古倍数体植物	290
コハマギク	145
コブナグサ	215
こぼれ種	233
コムギ属	90
コムギ連	85, 86
固有種	63, 66, 70, 253
コーロ遺伝子	206

【サ行】

最終氷期	35, 36
栽培アズキ	32, 37
栽培化	2, 5, 31, 37, 215
栽培化症候群	3, 8, 249
栽培ギク	139, 148
栽培コムギ類	85
栽培実験	223
栽培植物	3, 4, 31, 63, 65, 92
栽培セリ	23
栽培タケ類	59
栽培品種	30, 251
斉民要術	246
サカキ	218
佐久島	232
作物起源説話	271
サクラソウ	159
サクラソウの園芸史	167
サケバゼリ	22
ささ	60, 61, 66〜69, 71, 92, 93
ササ	59, 60, 66〜71
佐佐	67
笹	66, 68, 71, 92
小竹	71

佐々木高明　258,263
ササ亜連　70
ササ属　73〜80,82〜84,86,87,91,92
ササタケ　91
小竹葉　67
ササ類　61,62,69,70,82,84
雑種　74,79
雑種形成　75,286
雑種後代　42
雑種植物　79
雑種説　153
雑種属　84〜86,91,92
雑種第1世代　50
雑種第2世代　52
雑草　3
雑草アズキ　32,37,40
雑草型　40
雑草性　3
サツマイモ　65
サツマノギク　142
里域　215
里山　62
サヤヌカグサ　90
笊取り法　106
山戎菽　279
サンショウバラ　182
散生型　101
三大嚙み料植物　194
三大茶飲料植物　194
シオギク　140
自家授粉　81
自家不和合性　79,122,132
史記　279
四季海棠　301
四季咲き　184
詩経　279
資源植物　215
シコクビエ　256,258,263,267
西双版納傣族自治州　106
紫笋　204

自生地　160,174
自生地保全　57
史前帰化植物　63,65,91,92
自然交雑　82
自然雑種　69,83,90,92,144
自然雑種属　75,93
自然誌　66
自然誌的　61
自然選択　249
自然淘汰　56
持続的利用　218
始祖集団　287
しっぺい　67
竹籠　67
シードバンク　39
しの　68〜71,93
しのだけ　69
篠竹　69
しのべ　68
シホウチク　93
シマカンギク　142
島田彌市　269
'島根みどり'　30
種　85
種・属間交雑　79
種概念　85
種間交雑　144
種間差異　90
種間雑種　187
主座標解析　47
種子　79,87,215
種子の色　40
主成分分析　226
シュッコンソバ　120
宿根ソバ　120,135
出筍　75
出穂　223
主働遺伝子　85
種内倍数体　140
種内分類群　23

索　引　361

種内変異株　178
種の概念　85
種分化　33, 64, 73, 84, 92, 121, 122
篠　69
子葉　249
少食性　87
少数民族　317
上代語　67
沼泥　217
障壁　33
照葉樹林　59, 61, 73〜75, 77
照葉樹林帯　35, 59, 73〜76, 93
照葉樹林地域　73
照葉樹林地帯　59
照葉樹林文化　59
照葉樹林文化論　291
小葉片の形状　24
常緑広葉樹林　73
昭和時代　218
食性　88, 93
植生の破壊　36
食草　87
続日本後紀　29
食花文化　317
植物食文化　293, 318
植物の形態　31
食用菊　151
除雄　81
シロバナアブラギク　211
人為交配　81
人為雑種　51
人為授粉　81
人為的管理度　8
人為的交雑　144
進化　31
人工交雑　79
人工交配　81
人工授粉　81
ジーンバンク　46
針葉樹林帯　74

親民観月集　250
推定雑種　84
すず　68, 69, 71, 93
スズ　69
篶　69
篠　69
ススキ　228
スズザサ属　60, 75, 84
スズタケ　69
スズダケ　69, 72
スズダケ属　60, 69, 74〜76, 84
スダジイ　218
スプレーギク　149
生育相　60
制限酵素断片長多型　280
成熟分裂　84, 86
生殖生長相　60, 86
生殖的隔離　45, 86
生態サービス　57
生長の同調　39
正倍数体　145
セイバンアカザ　264, 266, 271
生物学的種概念　85, 86, 93
生物多様性　1, 43
瀬川孝吉　256, 258
セキショウ　177
節　61
セリ　21
セリ属　21
染色体組　71
染色体構成　85
染色体数　27, 71, 149
鮮新世　64
煎茶　196
染料　215
叢生型　76, 97, 101
そうふう　198
草木図説　236
草本植物　59
属間交雑親和性　92

属間交配組合せ　82
属間雑種　84,85,90,92
祖先種　31,79
祖先野生種　45
ソバ　119,121〜123,125,132
染元　220

【夕行】
ダイコン属　90
ダイサンチク　97,99
大正時代　218
タイ族　106,108
タイナンアブラススキ　271
タイヌビエ　8
待避地　35
タイヤル族　268,269
対立遺伝子　47
タイワンアブラススキ　253
台湾固有種　271
楕円フーリエ・主成分法　172
竹垣　67
タカサブロウ　228
他家授粉　80
竹箒　67
たかむら　67
竹叢　67
篁　67
タキキビ連　87
炊干し法　104
タケ　59〜63,66〜71,86,87,91,93
タケ亜科　61,87,89,93
タケ亜連　70
竹の皮　62,66,67,76
タケノコ　101
竹の子　303
筍　59,66,303
タケノホソクロバ　89,90,93
多ゲノム性半数体　85
竹紐　111
竹文化　93

竹マット　112
竹飯　295
タケ類　59,61〜63,69,70,84
竹類　63
タケ連　61,66,68,71〜76,82〜87,90,92
多田元吉　198
ダッタンソバ　119,121,122,125
タツノヒゲ　90
タツノヒゲ連　87
脱粒性　8,223,246
タデ科　231
タデ汁　233
タデ酢　231
タデ味噌　232,251
多倍数体　71
タバコ　194
タブノキ　217
ダマスクローズ　183
単一起源　38
暖温帯性　75
炭化種子　272
短花柱花　131,132
単軸分岐　75
単純反復配列　280
単食性　87
団茶　195
竹板　111
竹筆　67
竹本　59
竹林景観　115
竹林文化　93
チシマザサ　69,70,72,77
チシマザサ節　72
地方品種　139
チマキザサ　77
チャ　193
チャイナ系　184
チャイネンシスバラ　184
茶色　196

索　引　363

茶樹王　193
茶植物　193
茶葉研究所　202
中間的特徴　40
中菊　149
中国大葉種　201
中国ギク　151
チュウゴクザサ　77,83,91
中国植物誌　30
中国大陸　228
長花柱花　132,133
チョウシチク　97
チョウセンノギク　154
地理的分布　73,74
ツォウ族　268
ツクシガヤ　89
ツツジの花　305
ツバキ　218,229
ツルアズキ　37
つる性　32,39
つるバラ　186
ツルマメ　280
ティー系　184
ティーの香り　180
ティーロード　197
適応　39
出穂み　224
テリハノイバラ　186
田螺山遺跡　206
トーアン　277
トイレタリー　12
東亜植物区系　292
唐音　67
同質倍数性　72,123
同質倍数体　123,143
同質四倍体　146
同親対合　145
淘汰　55
トウチク　82,83
トウチク属　84

導入種　70
トオナオ　277
土着種　63,74
徳宏傣族景頗族自治州　108
渡来植物　67

【ナ行】
中尾佐助　59,291
ナカガワノギク　142
ナチュラルヒストリー　92
ナリヒラダケ属　83,84
ナルコティクス　12
ナンバンビエ　254
ナンブスズ節　84
二価染色体　145
ニジガハマギク　145
二次作物　10
日鋳　204
二倍性花粉　147
日本在来　69
日本特産野菜　21
日本土着　70
日本列島　72,73
寧波　197
ネザサ　76
ネザサ節　76,77
ネザサ類　71,73,77
熱帯樹林　76
ネマガリダケ　69,70,72
稔性　82,86,93,145
の　68
ノイバラ　186
農作物　4
農地保全　57
ノジギク　142,212
ノラアズキ　10

【ハ行】
配偶子形成　84
倍数性　72,123

倍数性系列　71
ハイブリッドティー系統　185
パイワン族　264
泡茶　197
ハス　177
葉タデ　231
ハチク　60,63〜66
淡竹　66
八丈島　215
発酵ダイズ　275
ハナイソギク　209
ハプロタイプ　53,162,282
早咲き型　26
ハリグワ　88
春の七草　21
半栽培　7,233,317
反復DNA　156
半野生状態　65
非意識的選択　249
ヒエ　255,256,258,259,265,266,268,270
東アジア原産水草　178
ヒガンバナ　63,65
ヒサカキ　5
人里植物　271
比婆山　91
比婆山久米神社　91
ヒメコウゾ　88
ヒメハチク　64
冷し汁　251
標本　182
広物　151
餅茶　195
ビンロウ　194
風媒花　79
フキ　21
複二倍体　154,158
房咲き　186
ブッシュローズ　186
ブナースズダケ林(群集)　72

ブナーチシマザサ林(群集)　72
ブヌン族　266,268
不稔　63,64,84,86
不稔性　64,84
プラントハンター　182
プロトタイプ　41
フロリバンダ系統　186
フワット　106
分枝　246
分布域　35
白族　108
ヘテロ接合　51
紅タデ　231
放任授粉　81
豊年祭　259,264
ホウライチク　70,76,90,93,97
ホウライチク属　84
母系　284
母性遺伝　53
保全　228
細葉　249
ホソバタデ　242
北方植物要素　292
ホテイチク　60,63,64,66
ポリアンサ系統　186
ポリネーター　54
本草綱目　236
本草綱目啓蒙　66,68

【マ行】
マイクロサテライト　38,162,165
マイクロサテライト領域　46
マウント群落　35
前川(文夫)　63,64,90
牧野富太郎　236
マコモ　87,90
マスクサ　215
マダケ　63〜66,91
真竹　63,66
マダケ属　59,72,84

マチク　97
麻竹　111
抹茶　195
マテ　194
馬淵東一　268
マメ科　31
丸葉　249
蔓生型　101
万葉集　29,66,68
ミズアオイ　175
水掛祭り　295
ミトコンドリアゲノム　280
ミナカミザサ　83
ミニチュア系統　186
ミヤコザサ節　72
都染め　218
ムスクローズ　181
ムラサキアイタデ　241
ムラサキタデ　242
メダケ　69,70,81
メダケ属　68,70,73〜79,82〜84,89
メタセコイア　64
芽タデ　231
モウソウチク　59,63,64,87,92,95
木菜文化　319
モチ性　270
モッコウバラ　181
戻し交雑　149

【ヤ行】
矢柄　65
焼畑　258,263,264,266,267,269,270,273
焼畑農業　71
䕃　80
薬用　183
野菜　21
安来市伯太町横屋　91
野生化　16
野生種　31,68,87,92

野生セリ　23
野生蔬菜　296
野生祖先種　45
野生茶　200
ヤダケ　65,69,84
ヤナギタデ　231
やぶきた　198
ヤブツバキ　230
ヤブツルアズキ　32,37
ヤマイモ　310
山田金治　265
有用植物　65,115
葉緑体DNA　32,53,162
葉緑体ゲノム　280
黄泉の国　91
四倍性　71
四倍性群　72

【ラ行】
礼記　249
ライムギ属　90
落葉広葉樹林　73
落葉広葉樹林帯　74
離島　215
リュウキュウイモ　65
リュウキュウチク　70,97
リュウキュウチク節　76,77
龍青竹　82,83
リュウノウギク　142,211
リョクチク　95
リョクトウ　32,37
類縁　79,89
類縁関係　82
ルカイ族　259
ルチン　119,122
歴史的変遷　35,36
レフュジア　35
レプリカ・セム法　287
連鎖地図　154
六倍性　71

六倍性群　72
六倍体種　76
ローズウォーター　189
ローズオイル　190
龍井　204

【ワ行】
ワカサハマギク　142,210,211
早生　57
ワセヤナギタデ　239

【記号】
2核性細胞　147

【A】
AFLP解析　200
Artona funeralis　89

【B】
Bamboo group　62
Bambusa bambos　106
Bambusa lapidea　115
Bambusa multiplex　76
Bambusa oldhamii　95
Bambusa polymorpha　112
Bambusa tulda　102
Bambusa vulgaris　97,115
Bambusa vulgaris 'Striata'　97
biological species concept　85
Borinda grossa　112

【C】
Camellia irrawadiensis　193
Camellia sinensis　193
Camellia sinensis var. *assamica*　193
Camellia sinensis var. *sinensis*　193
Cephalostachyum pergracile　99,112
Clayton and Renvoize　61,87
CmCCD4a　155

【D】
Dendrocalamus giganteus　99
Dendrocalamus latiflorus　97,111
Dendrocalamus strictus　102
DNA解析　199
DNA多型　46

【E】
Eccoilopus cotulifer (Thunb.) A. Camus　271
Eccoilopus formosanus (Rendl.) A. Camus　253

【F】
F_1雑種　83,145
F_1世代　50
F_2世代　52

【G】
Gao Lu　195
Genetic admixture解析　47
Glycine max　45
Glycine soja　45

【H】
hybrid genus　84
Hybridization-differentiation cycles　45

【I】
IGS領域　156
*in-situ*保全　57

【M】
Mayr, E.　86

【O】
Oenanthe　21
Oenanthe javanica DC.　28
Oenanthe linearis Wall. ex DC.　29

on-farm 保全　57

【P】
PCR 反応　46
perennial buckwheat　120
Persicaria hydropiper　231
Phyllostachys aurea　60
Phyllostachys bambusoides　63,83
Phyllostachys edulis　95
Phyllostachys nigra var. *henonis*　60
Phyllostachys pubescens　59
polyhaploid　85
Pseudoxytenanthera albociliata　99,104
putative hybrid　84

【R】
RAPD　288
RAPD 解析　199
RAPD 分析　251

【S】
Sasa group　62
SNP　281
species　85
Spodiopogon formosanus Rendl　253
Spodiopogon cotulifer (Thumb.) Hack　271
Spodiopogon Kawakamii Hayata　254
Spodiopogon tainanensis Hayata　271
sport　153

【T】
Thyrsostachys siamensis　97,115
Triticeae　85

中国植物名

【3画】
小根蒜　299

【4画】
木番茄　309
木棉花　307
水蕨菜　313,315
火燒花　308

【5画】
白花樹　306
石花菜　316
台湾油芒　253
石菖蒲　299

【6画】
地参　311
地涌金蓮　312

【7画】
何首烏　312
花糯飯　293

【8画】
刺五加　301
刺芋　300
長松羅　316

【9画】
海菜花　307
臭菜　300
草果　314
香椿　301
香糯竹　295

【11画】
甜竹　304
萍　315

魚腥草　311

【12 画】
雲南山葵　301
雲南石梓　294

【14 画】
箬竹　298
蜜蒙花　294
粽粑葉　296

【15 画】
箭竹　304
蕨菜　314

執筆者紹介

阿部　　純(あべ　じゅん)
　北海道大学大学院農学研究科博士課程修了
　北海道大学大学院農学研究院教授　農学博士
　第 14 章執筆

石居　天平(いしい　てんぺい)
　大阪府立大学大学院農学生命科学研究科修士課程修了
　株式会社フェリシモ法務知財部上席係長
　コラム①執筆

歌野　　礼(うたの　あや)
　大阪府立大学大学院農学生命科学研究科修士課程修了
　自然食品＆フェアトレードショップ　自遊館
　コラム③執筆

上田　善弘(うえだ　よしひろ)
　大阪府立大学大学院農学研究科修士課程修了
　岐阜県立国際園芸アカデミー学長　博士(農学)
　第 9 章執筆

梅本　信也(うめもと　しんや)
　京都大学大学院農学研究科博士課程修了
　京都大学フィールド科学教育研究センター紀伊大島実験所所長・准教授
　京都大学農学博士
　第 11 章執筆

大澤　　良(おおさわ　りょう)
　筑波大学大学院農学研究科博士課程修了
　筑波大学大学院生命環境系教授　農学博士
　第 8 章執筆

大野　朋子(おおの　ともこ)
　大阪府立大学大学院農学生命科学研究科博士課程修了
　大阪府立大学大学院生命環境科学研究科助教　博士(農学)
　第 5 章執筆

加賀　秋人(かが　あきと)
　神戸大学大学院自然科学研究科博士課程修了
　農業生物資源研究所主任研究員　学術博士
　第 3 章執筆

黒田　洋輔(くろだ　ようすけ)
　京都大学大学院アジア・アフリカ地域研究研究科博士課程修了
　北海道農業研究センター主任研究員　博士(地域研究)
　第 3 章執筆

執筆者紹介

瀬尾　明弘(せお　あきひろ)
　京都大学大学院理学研究科博士課程修了
　京都大学大学院理学研究科研究員　博士(理学)
　第1章執筆

竹井恵美子(たけい　えみこ)
　京都大学大学院農学研究科博士課程修了
　大阪学院大学国際学部教授　京都大学博士(農学)
　第13章執筆

谷口　研至(たにぐち　けんじ)
　広島大学大学院理学研究科博士課程修了
　広島大学大学院理学研究科附属植物遺伝子保管実験施設准教授　博士(理学)
　第7章執筆

中田　政司(なかた　まさし)
　広島大学大学院理学研究科博士課程中退
　富山県中央植物園園長　博士(理学)
　コラム②執筆

中山祐一郎(なかやま　ゆういちろう)
　京都大学大学院農学研究科博士課程修了
　大阪府立大学大学院生命環境科学研究科・大阪府立大学現代システム科学域准教授
　博士(農学)
　第12章執筆

本城　正憲(ほんじょう　まさのり)
　筑波大学大学院生命環境科学研究科博士課程修了
　東北農業研究センター主任研究員　博士(農学)
　第8章執筆

三村真紀子(みむら　まきこ)
　ブリティッシュコロンビア大学森林科学大学院修了
　玉川大学農学部生物資源学科助教　Ph.D
　第2章執筆

村松　幹夫(むらまつ　みきお)
　ミズーリ大学大学院(遺伝学,農学分野)博士課程卒業
　岡山大学名誉教授　日本育種学会名誉会員　Ph.D，農学博士
　第4章執筆

保田謙太郎(やすだ　けんたろう)
　大阪府立大学大学院農学研究科博士課程修了
　秋田県立大学生物資源科学部准教授　博士(農学)
　第12章執筆

山口　聰(やまぐち　さとし)
　大阪府立大学大学院農学研究科博士課程中退
　植物育種研究家(花と茶)　農学博士(大阪府立大学)
　第10章執筆

山口　裕文(やまぐち　ひろふみ)　別　記

山根　京子(やまね　きょうこ)
　京都大学大学院農学研究科博士課程修了
　岐阜大学応用生物科学部助教　博士(農学)
　第6章執筆

管　　開雲(Guan kai-yun)
　雲南師範大学外国語学部卒業後，英国エジンバラ植物園，大阪府立大学大学院生命環境科学研究科客員研究員を経て，大阪府立大学博士(応用生命科学)
　新疆植物園園長・中国科学院昆明植物研究所教授
　第15章執筆

魯　　元学(Lu yuan-xue)
　雲南師範大学生命科学院卒業
　中国科学院昆明植物研究所高級実験師(准教授)
　第15章執筆

山口　裕文（やまぐち　ひろふみ）
　1946年　長崎県佐世保市に生まれる
　1977年　大阪府立大学大学院農学研究科博士課程修了
　現　在　東京農業大学農学部教授，大阪府立大学名誉教授
　　　　　農学博士
　主　著　植物の自然史(分担執筆，北海道大学図書刊行会，1994)，雑草の自然史(編著，北海道大学図書刊行会，1997)・栽培植物の自然史・雑穀の自然史(共編著，北海道大学図書刊行会，2001，2003)，ヒエという植物(編著，全国農村教育協会，2001)，バイオセラピー学入門(共編著，講談社，2012)など多数

栽培植物の自然史 II ——東アジア原産有用植物と照葉樹林帯の民族文化
2013年10月10日　第1刷発行

　　　　編 著 者　山口　裕文
　　　　発 行 者　櫻井　義秀

発行所　北海道大学出版会
札幌市北区北9条西8丁目　北海道大学構内(〒060-0809)
Tel. 011(747)2308・Fax. 011(736)8605・http://www.hup.gr.jp/

㈱アイワード　　　　　　　　　　　　　Ⓒ 2013　山口　裕文

ISBN978-4-8329-8206-2

栽培植物の自然史 —野生植物と人類の共進化—	山口裕文 編著 島本義也	A5・256頁 価格3000円
雑穀の自然史 —その起源と文化を求めて—	山口裕文 編著 河瀬真琴	A5・262頁 価格3000円
野生イネの自然史 —実りの進化生態学—	森島啓子編著	A5・228頁 価格3000円
麦の自然史 —人と自然が育んだムギ農耕—	佐藤洋一郎 編著 加藤 鎌司	A5・416頁 価格3000円
雑草の自然史 —たくましさの生態学—	山口裕文編著	A5・248頁 価格3000円
帰化植物の自然史 —侵略と攪乱の生態学—	森田竜義編著	A5・304頁 価格3000円
攪乱と遷移の自然史 —「空き地」の植物生態学—	重定南奈子 編著 露崎 史朗	A5・270頁 価格3000円
植物地理の自然史 —進化のダイナミクスにアプローチする—	植田邦彦編著	A5・216頁 価格2600円
植物の自然史 —多様性の進化学—	岡田 博 植田邦彦編著 角野康郎	A5・280頁 価格3000円
高山植物の自然史 —お花畑の生態学—	工藤 岳編著	A5・238頁 価格3000円
花の自然史 —美しさの進化学—	大原 雅編著	A5・278頁 価格3000円
森の自然史 —複雑系の生態学—	菊沢喜八郎 編 甲山 隆司	A5・250頁 価格3000円
カナダの植生と環境	小島 覚著	A5・284頁 価格10000円
北海道高山植生誌	佐藤 謙著	B5・708頁 価格20000円
被子植物の起源と初期進化	髙橋 正道著	A5・526頁 価格8500円
日本産花粉図鑑	三好 教夫 藤木 利之著 木村 裕子	B5・852頁 価格18000円
植物生活史図鑑 I 春の植物No.1	河野昭一監修	A4・122頁 価格3000円
植物生活史図鑑 II 春の植物No.2	河野昭一監修	A4・120頁 価格3000円
植物生活史図鑑 III 夏の植物No.1	河野昭一監修	A4・124頁 価格3000円

北海道大学出版会

価格は税別